KB078858

3D 프린터운용 기능사 실기

장미선 · 정상준 공저

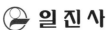 일진사

"반복은 완벽을 만들 수 있는 가장 쉬운 방법입니다."

4차 산업의 다양한 분야 중에서 3D프린팅은 각각의 분야에 다양한 형태로 적용되어지고 있습니다. 의학, 자동차, 건축 등의 분야도 있지만, 전문적이지 않은 사람들이 디자인하고 메이킹하여 직접 3D프린팅을 할 수도 있습니다.

사람들의 아이디어와 손끝의 실력으로 다양한 콘텐츠가 만들어지고, 메이킹의 결과물들이 그들의 분야에 적용이 되고 녹아 내려져 또 다른 콘텐츠가 재생산이 됩니다.

이러한 흐름에 3D프린터운용기능사 자격증은 전문적인 분야, 교육적인 분야, 취미적인 분야 등에서 활용할 수 있는 자격증입니다.

이 교재는 3D프린터운용기능사 자격 시험을 준비하는 수험생들에게 훌륭한 지침서가 될 수 있도록 다음 사항에 중점을 두어 구성하였습니다.

첫째, 전체적으로 시험에 대비하여 반복적인 명령어 사용과 설명으로 교재를 따라만 하더라도 자연스럽게 3D모델링을 할 수 있도록 만들었습니다.

둘째, 3D프린팅과 3D모델링의 경험이 없더라도 시험에 도전해 볼 수 있도록 교수자가 옆에서 설명하듯이 풀이과정을 이미지와 명령어로 나열하였습니다.

셋째, 시험 대비 핵심 명령어와 모델링 시 주의사항, 3D프린팅, 슬라이싱, 3D프린터 세팅, 후처리의 시험 팁을 구체적으로 설명하였습니다.

교재의 내용을 반복하여 연습하면 3D프린터운용기능사 실기 시험에서 좋은 결과를 얻을 수 있습니다. 이 책을 통하여 많은 분들이 3D프린터운용기능사 자격증 시험에 합격하기를 진심으로 기원합니다.

끝으로, 이 책을 출판하는 데 도움을 주신 Stratasys와 Makerbot, 영일교육시스템 관계자 분들과 도서출판 **일진사** 직원 여러분께 감사드립니다.

저자 씀

차례

PART 1

Fusion360으로 실전 대비   23

PART 2

3D프린터운용기능사 공개도면 모델링 따라하기   43

3D프린터운용기능사 시험 안내

(1) 시험 일정

구분	필기원서접수 (인터넷) (휴일제외)	필기시험	필기합격 (예정자)발표	실기원서접수 (휴일제외)	실기시험	최종합격자 발표일
2021년 정기 기능사 2회	2021. 03. 30 ~ 2021. 04. 02	2021. 04. 18 ~ 2021. 04. 24	2021. 05. 07	2021. 05. 10 ~ 2021. 05. 13	2021. 06. 12 ~ 2021. 06. 30	2021. 07. 09
2021년 정기 기능사 4회	2021. 09. 07 ~ 2021. 09. 10	2021. 10. 03 ~ 2021. 10. 09	2021. 10. 22	2021. 10. 25 ~ 2021. 10. 28	2021. 11. 27 ~ 2021. 12. 15	2021. 12. 24

① 큐넷 : www.q-net.or.kr

② 수수료 : 14500원, 실기 : 27000원

③ 검정방법
- 필기 : 객관식 4지 택일형 60문항(60분)
- 실기 : 작업형(3시간 정도, 100점)

④ 합격기준
- 필기 : 100점을 만점으로 하여 60점 이상
- 실기 : 100점을 만점으로 하여 60점 이상

(2) 수험자 지참 준비물

※ 2020년 기준이므로 2021년 실기 일정이 나올 시 큐넷에서 꼭 확인하세요.

번호	재료명	규격	단위	수량	비고
1	PC(노트북)	시험에 요구되는 기능을 갖춘 것	대	1	필요 시 지참
2	니퍼	범용	EA	1	서포트 제거용
3	롱노우즈플라이어	범용	EA	1	서포트 제거용
4	방진마스크	산업안전용	EA	1	
5	보호장갑	서포트 제거용	개	1	
6	칼 혹은 가위	소형	EA	1	서포트 제거용
7	테이프/시트	베드 안착용	개	1	탈부착이 용이한 것 필요 시 지참
8	헤라	플라스틱 등	개	1	출력물 회수용

① 시험장의 소프트웨어 사용이 어려운 경우, 개인 PC를 지참하여 시험에 응시할 수 있다.(단, PC 포맷 및 정품 소프트웨어 설치 여부 등을 감독위원 확인 후 사용가능하며, 시험에서 요구하는 소프트웨어 기능이 모두 포함되어야 함)

② 시험장에서는 시험 전, 후를 포함하여 시험 중 인터넷 사용이 불가능하므로 온라인 인증이 필요한 소프트웨어 사용 시 반드시 사전에 인증 완료를 해야 한다.(시험 전 인증불가 등의 문제로 소프트웨어 사용이 어려울 경우, 불이익은 수험자 개인 책임)

※ 사전 주의사항(2020년 기준)

---

1. 시험장의 3D모델링 프로그램과 3D프린터 장비, 슬라이싱 프로그램을 꼭 확인하세요.
2. 시험장은 인터넷이 안 되므로 3D모델링 프로그램, 슬라이싱 프로그램 등 온라인 인증, 로그인 등이 필요한 경우 사전에 인증, 로그인 등을 준비합니다.
3. 개인 PC 지참 시 준수사항을 꼭 확인하세요.
 PC 포맷 후 시험 관련 프로그램만을 설치, 지정된 시간에 입실
 (포맷 인정 기준 : 응시일 기준 응시 7일 전 ～ PC 검사 시작 전까지)
 * PC 포맷 인정 기준일 : PC 포맷 조치 후 "윈도우 설치 일자"
4. 개인 PC 검사 시작 전에 개인 PC 사용 의사 철회가 가능합니다.
5. 슬라이싱 프로그램은 개인 PC 지참을 하여도 시험장 PC 슬라이서 프로그램 사용이 가능합니다.
6. 수험자 지참 공구를 잘 준비하세요.
 방진마스크, 보호장갑은 미착용 시 감점요인이 될 수 있으니 꼭 준비하여 착용하세요.

---

(3) 3D프린터운용기능사 실기시험장 시설장비 현황(2020년 4회 기준)

시험장 사정에 따라 일부 변경될 수 있으니 시험 전 해당 지부·지사로 문의하여 꼭 확인하세요.

번호	지사명	시험장소명	재료명	시설현황
1	서울	서초문화예술 정보학교	3D프린터	Inventor 2018(한글판) Fusion 360(영문판) 3DWOX 슬라이싱 프로그램 [신도리코 DP200 6대, DP103 5대 무작위 배치]
2	서울서부	경기기계공업 고등학교	3D모델링 소프트웨어	3D프로그램 : Inventor 2020(한글) 큐비콘 싱글플러스 8대 마크봇 리플리케이터+ 3대 큐비크레이터4 마크봇 프린트
3	서울서부	미래산업과학 고등학교	3D모델링 소프트웨어	[3D모델링 소프트웨어] -SOLIDWORKS 2019 (정품 1실용) -FUSION 360-CADian 3D 2015

번호	지사명	시험장소명	재료명	시설현황
4	서울서부	미래산업과학 고등학교	3D프린터	[보유장비] – SINDOH DP 200 – 7대 – SINDOH F1 ECO – 6대 – SINDOH DP 101 – 2대 – Makerbot replicator_plus – 5대 – Makerbot replicator_5GE – 1대
5	서울서부	미래산업과학 고등학교	슬라이서 소프트웨어	[슬라이서 소프트웨어] – SINDOH 3D WOX – Makerbot desktop–Makerbot print
6	서울서부	서울북부 기술교육원	3D모델링 소프트웨어	Rhino5(한글) Fusion 360(영문) 슬라이서소프트웨어: 3D WOX 3D프린터기 : 신도리코 3D WOX
7	서울서부	한양공업고등학교	3D모델링 소프트웨어	inventor 2020(한글) SolidWorks 2014 Maker Bot Replicato 메이컷 봇 리플리케이터(+도 있음)
8	부산	동의대학교 (건윤관)	3D모델링 소프트웨어	INVENTOR 2017
9	부산	동의대학교 (건윤관)	슬라이서 소프트웨어	3D WOX 1.4.2316.1
10	부산	새동아직업 전문학교 (주차 절대불가)	3D모델링 소프트웨어	프린터 – 3D WOX ECO(신도리코) 모델링SW – AutoCAD2017(한글), Inventor 2017(한글) 슬라이싱SW – 3D WOX_v1.4.2316.1
11	인천	인천미래생활 고등학교 (주차불가)	3D모델링 소프트웨어	3D 프린터 모델명 – 신도리코 DP101 14대 – 신도리코 DP102 4대 모델링 소프트웨어 – 퓨전360, 인벤터PRO 2016 슬라이서 프로그램 – 신도리코 3D wox
12	인천	인하공업 전문대학	3D모델링 소프트웨어	3D프린터 기종 – Makerbot Replicator+ 모델링 소프트웨어 – Autodesk 123D Design (버전2.2.14) – Autodesk AutoCAD 2018 – Autodesk Fusion 360 (실시간 업데이트로 버전 최신화) – Inventor 2018(한글) 슬라이서 소프트웨어 – Makerbot print (www.makerbot.com에서 무료 다운로드 가능)

번호	지사명	시험장소명	재료명	시설현황
13	광주	조선이공대학교 3호관	3D프린터	3D프린터 – 큐비콘(Cubicon)–Single Plus(3DP–310F) 모델링 소프트웨어 　– 인벤터(Inventor) 2015(한글) 　– 솔리드웍스(SolidWorks) 2014(한글) 　– 라이노(Rhino) 3D(한글) 　– 캐디안(CADian) 2015(한글) 슬라이싱 프로그램 　– Cubicreator3 3.6.8(큐비크리에이터)
14	서울남부	금천문화예술 정보학교	3D모델링 소프트웨어	3D프린터 기종 : 신도리코 ECO 호환 기종 모델링 SW : Fusion 360 슬라이서 SW : 3D WOX Desktop(64bit)
15	서울남부	서울공업고등학교	3D모델링 소프트웨어	3D프린터　기종 : 신도 DP103 Inventor 2020 슬라이스 3D WOX
16	서울남부	한국폴리텍대학 서울강서캠퍼스	3D모델링 소프트웨어	3D프린터 기종 : Makerbot Replicator Plus 모델링SW : Inventor 2018, NX8.5, NX12.0, CADian3D 2015 슬라이서 SW : Cura14.07, Makerbot
17	충남	신성대학교 산학협력관 1층 융합교육센터	3D모델링 소프트웨어	1. CATIA V5, 123D DESIGN 2. 큐비콘(320c,싱글프러스), 모멘트(m160) 3. Cubocreator4, Simplify3D
18	울산	울산창조경제 혁신센터 (울산대학교)	3D모델링 소프트웨어	3D프린터 모델 – GP200 3D모델링 SW – Fusion360 슬라이서 SW – CURA 15.04.6
19	경기	경기스마트고등학교 (구, 시화공고) 주차장 협소	3D모델링 소프트웨어	신도리코 DP303 솔리드웍스 2018
20	경기	평촌공업고등학교 (주차장 협소, 우천 시 주차 절대불가)	3D모델링 소프트웨어	메이커봇(MakerBot), 솔리드웍스2018
21	강원	한국폴리텍대학 춘천2캠퍼스 (우두동)	3D모델링 소프트웨어	3D프린터모델 　– Zortrax 300 　– Zortrax 200 3D모델링 SW 　– 씨마트론13/라이노5/퓨전360 슬라이서 SW 　– Zortrax 전용 　– CURA 장착 비고 – FDM 3D 프린터
22	충북	충청대학교 F동 (도서관 3층)	3D모델링 소프트웨어	모델링 SW : 캐디언3D 슬라이서 SW : makebot print

번호	지사명	시험장소명	재료명	시설현황
23	충북	충청대학교 F동 (도서관 3층)	3D프린터	MakerBot Replicator +
24	충북	한국산업연수원 충북직업전문학교	3D모델링 소프트웨어	모델링 s/w : 퓨전360, 인벤터 슬라이서 s/w : cura15 / cura4.6
25	충북	한국산업연수원 충북직업전문학교	3D프린터	3D WOX 1(신도리코) NEMO (주)네오
26	대전	충남기계공업 고등학교(주차불가)	3D모델링 소프트웨어	Solidworks 2014
27	대전	충남기계공업 고등학교 (주차불가)	3D프린터	신도리코 3D WOX DP200
28	대전	충남기계공업 고등학교 (주차불가)	슬라이서 소프트웨어	신도리코 3D WOX 전용
29	대전	한국폴리텍IV 대학대 전캠퍼스 나래관 로봇자동화과 5층	3D모델링 소프트웨어	Solidworks 2018
30	대전	한국폴리텍IV 대학대 전캠퍼스 나래관 로봇자동화과 5층	3D프린터	신도리코 3D WOX DP102
31	대전	한국폴리텍IV 대학대 전캠퍼스 나래관 로봇자동화과 5층	슬라이서 소프트웨어	신도리코 3D WOX 1.4.2102
32	전북	전북인력개발원	3D모델링 소프트웨어	소프트웨어 모델링 : 오토데스크 인벤터 2016(한글판) 슬라이싱 소프트웨어 및 3D 프린터 : makerBot Replicater+
33	전북	한국폴리텍대학신기 술교육원	3D모델링 소프트웨어	모델링 SW : Solidworks 2018(한글판) 슬라이싱 SW : Cura Creatable Edition ver. 16.12.05. (한글판) 프린터 기종 : D3 Creatable
34	전남	여수공업고등학교 (금연구역, 주차 절대불가)	3D모델링 소프트웨어	1. 프로그램 : 3D인벤터 2018, 오토캐트 2018 2. 변환 : 3D WOX 3. 프린터기기 : 신도리코 DP201
35	전남	한국폴리텍대학 순천캠퍼스	3D모델링 소프트웨어	모델링 SW : INVENTOR 2015, 슬라이싱 SW : 3D WOX 1 통합슬라이서 프린터 기종 : 신도리코 DP201
36	경북	한국폴리텍VI대학영 주캠퍼스	3D모델링 소프트웨어	모델 : sindoh 3dwox1 설계 소프트웨어 : 인벤터 2017, 2020 슬라이스 소프트웨어 : sindoh 3dwoxdesktop version 1.4.2481.0

번호	지사명	시험장소명	재료명	시설현황
37	제주	한국폴리텍I대학 제주캠퍼스	3D모델링 소프트웨어	RHINO 5.0
38	제주	한국폴리텍I대학 제주캠퍼스	3D프린터	FINEBOT 9600
39	제주	한국폴리텍I대학 제주캠퍼스	슬라이서 소프트웨어	Ultimaker Cura 4.0

40	강원동부	강릉중앙
		고등학교
			3D모델링
			소프트웨어
				3D모델링 S/W : Inventor 2018 한글, SolidWorks 2019 한글, 캐디안 3D
				슬라이서 S/W : 메이커봇 리플리케이터+ 전용
				3D 프린터 : 메이커봇 리플리케이터+
				개인용 PC
				  – 운용체제 : 윈도우10
				  – CPU : i5-6500 3.2G – MEMORY : 8G

41	전남서부	남악복합주민센터	PC	캐디안3D 신도리코 DP200 3D프린터(FFF/FDM) Meshmixer(오류검출 SW) 3DWOXDESKTOP(슬라이서 SW) PC최신사양
42	부산남부	부산전자공업 고등학교 전자통신실습동	3D모델링 소프트웨어	모델링 SW : Inventor professional 2021 or Rhino 6 Educational 슬라이싱 SW : 3D WOX 통합 슬라이서 프린터 기종 : Sindoh 3DP103, Sindoh 3DP102Q
43	경북동부	포항공과대학교 나노융합기술원	3D모델링 소프트웨어	모델링 SW : 123D 슬라이싱 SW : Cura(큐라) 프린터 : CORE 200

44	경기동부	여주대학교
		(봉사관)
			3D프린터	모델링 S/W
				  – Creo Parametric2.0
				  – Autodesk Inventor2019
				슬라이서 S/W
				  – Cubicreator
				  – Makerbot
				3D프린터
				  – Cubicon Single (8대), Plus-A15C, Nozzle 0.4
				    (150L x 150W x 150H)
				  – Makerbot (2대)
				Replicator+, Nozzle 0.4 (295L x 195W x 175H)

45	경북서부	경북과학기술 고등학교	3D모델링 소프트웨어	Ender – 3 인벤터 2015 Cura 15.04.01
46	경기남부	용인송담대학교	3D모델링 소프트웨어	모델링소프트웨어 : Solidworks 2017, Inventor 2021 3D프린터 : Cubicon single plus (240x190x200) 오류검출 S/W, 슬라이서 S/W : Cubicreator3 3.6.8

(4) 시험 출제기준

출제기준(실기)

직무 분야	전기 · 전자	중직무 분야	전자	자격 종목	3D프린터운용기능사	적용 기간	2021.01.01.~ 2023.12.31.

○ 직무내용 : 3D프린터 기반으로 아이디어를 실현하기 위하여 시장조사, 제품스캐닝, 디자인 및 엔지니어링 모델링, 출력용 데이터 확정, 3D프린터 SW설정, 3D프린터 HW설정, 제품출력, 후가공, 장비 관리 및 작업자 안전사항 등의 직무 수행

○ 수행준거 : 1. 3D프린터 작품제작의 원활한 3D프린팅을 위하여 출력과정 중 출력오류에 대처하고 출력 후 안전하게 제품을 회수할 수 있다.

2. 3D 모델링의 비정형 객체를 생성하기 위해 3D 모델링 프로그램을 사용하여 정해진 디자인스케치나 도면을 3차원 형상 데이터로 생성할 수 있다.

3. 대상물의 형상을 X, Y, Z 값의 수치정보를 가진 데이터로 취득하여 컴퓨터상에 3D데이터로 구현하기 위하여 스캐너를 결정하고, 스캔 데이터의 후처리를 보정할 수 있다.

4. 3D프린터 유지보수를 위한 점검을 통한 장비 보전을 하고 고장부위를 정비하거나 유지 및 보전할 수 있다.

실기검정방법	작업형	시험시간	4시간 정도

실기과목명	주요항목	세부항목	세세항목
3D프린팅 운영실무	1. 제품 스캐닝	1. 스캐너 결정하기	1. 세미나자료, 스캐너 활용영상을 통해서 3차원 스캐닝의 기본개념, 원리, 스캐닝 방식을 파악할 수 있다. 2. 스캐닝의 개념, 원리, 스캐닝 방식 정보를 활용하여 측정할 대상에 따라 적용 가능한 스캐닝(Scanning) 방식을 선택할 수 있다. 3. 선택한 스캐닝 방식을 고려하여 최적의 스캐너(Scanner)를 선택할 수 있다.
		2. 대상물 스캔하기	1. 선정한 스캐너(Scanner)의 필요한 부대장비, 준비사항을 파악할 수 있다. 2. 파악한 부대장비, 준비사항의 정보를 고려하여 스캔 대상물의 측정범위, 스캐닝 설정을 할 수 있다. 3. 측정범위, 스캐닝 설정이 된 스캐너를 활용하여 스캔을 실시하고 스캔데이터로 저장할 수 있다.
	2. 넙스 (Nurbs) 모델링	1. 3D 형상 모델링하기	1. 결정된 디자인을 구현하기 위하여 넙스(Nurbs) 방식의 3D CAD 프로그램 기능과 활용방법을 파악할 수 있다. 2. 파악된 넙스(Nurbs) 방식의 3D CAD 프로그램 기능을 바탕으로 필요한 작업방식을 선정할 수 있다. 3. 선정된 작업방식을 활용하여 제품의 용도, 효용성, 규격, 디자인 요구사항에 대한 정보를 도출하여 작업지시서를 작성할 수 있다. 4. 작성된 작업지시서를 기반으로 정확한 치수 구현 기술을 통하여 객체 형상 데이터를 구현할 수 있다.

실기과목명	주요항목	세부항목	세세항목
		2. 3D 형상 데이터 편집하기	1. 각각의 생성된 객체를 변환 명령에 의하여 편집, 변형할 수 있다. 2. 변형이 완료된 객체를 합치기, 빼기, 결합하기 등을 이용하여 통합된 객체를 생성할 수 있다. 3. 하나의 완성된 객체를 생성하기 위하여 통합된 객체 형상 데이터를 조립할 수 있다.
		3. 출력용 데이터 수정하기	1. 편집된 객체를 제품의 용도, 효용성, 오류 개선, 디자인 요구사항의 변화에 따라 수정할 수 있다. 2. 3D프린팅 출력물의 후가공 작업 편리성을 위하여 3D 형상 데이터를 분할할 수 있다. 3. 3D프린팅 출력물의 품질을 고려하여 3D 형상 데이터에 출력보조물을 추가하고 출력용 디자인 모델링 데이터로 저장할 수 있다.
	3. 엔지니어링 모델링	1. 2D 스케치하기	1. 결정된 디자인 구현을 위하여 3D 엔지니어링 소프트웨어 기능을 파악할 수 있다. 2. 파악된 3D 소프트웨어 기능을 활용하여 정투상도 중 한 개의 평면을 선택할 수 있다. 3. 선택한 평면상에 다양한 기하학적 형상을 드로잉(Drawing)할 수 있다. 4. 드로잉(Drawing)된 형상에 설계 변경이 용이하도록 구속 조건을 부여할 수 있다.
		2. 3D 엔지니어링 객체 형성하기	1. 드로잉(Drawing)한 형상을 바탕으로 설계 조건을 고려하여 파트(Part)를 만드는 순서를 정할 수 있다. 2. 정해진 작업순서에 따라 드로잉(Drawing)한 형상을 활용하여 입체화할 수 있다. 3. 입체화된 파트의 관리가 용이하도록 부품명, 속성을 부여할 수 있다.
		3. 객체 조립하기	1. 조립의 기준이 될 파트(part)를 우선 배치할 수 있다. 2. 우선 배치 된 기준 파트를 중심으로 나머지 파트를 조립할 수 있다. 3. 조립된 파트 간의 정적간섭, 틈새여부, 충돌여부를 파악하여 파트를 수정할 수 있다.
		4. 출력용 설계 수정하기	1. 3D프린터 방식과 재료를 고려하여 파트의 공차, 크기, 두께를 변경할 수 있다. 2. 3D프린팅 출력물 후가공 작업 편리성을 위하여 파트를 분할할 수 있다. 3. 3D프린팅 출력물의 품질을 고려하여 파트의 부가요소를 추가하고 출력용 엔지니어링 모델링 데이터로 저장할 수 있다.
	4. 3D프린터 SW 설정	1. 출력 보조물 설정하기	1. 확정된 출력용 데이터를 근거로 출력 보조물의 필요성을 판단할 수 있다. 2. 출력 보조물이 필요할 경우 슬라이서(Slicer) 프로그램으로 형상을 분석할 수 있다. 3. 분석된 형상을 토대로 출력 보조물을 선정할 수 있다. 4. 선정된 정보를 활용하여 슬라이서 프로그램에서 출력 보조물을 설정할 수 있다.

실기과목명	주요항목	세부항목	세세항목
		2. 슬라이싱 하기	1. 선정된 3D프린터에서 지원하는 적층 값의 범위를 파악할 수 있다. 2. 파악된 적층 값의 범위 내에서 적층 값을 결정할 수 있다. 3. 결정된 적층 값을 활용하여 제품을 슬라이싱 할 수 있다.
		3. G코드 생성하기	1. 슬라이싱 된 파일을 활용하여 실제 적층을 하기 전 가상 적층을 실시하여 슬라이싱의 상태를 파악할 수 있다. 2. 슬라이서(Slicer) 프로그램의 3D프린터 설정기능을 활용하여 기타 설정 값을 설정할 수 있다. 3. 슬라이싱 된 파일과 기타 설정 값을 기준으로 G코드를 생성할 수 있다.
	5. 3D 프린터 HW 설정	1. 소재 준비하기	1. 선택한 소재를 바탕으로 3D프린터 장착방식을 파악할 수 있다. 2. 파악한 3D프린터 장착 방식에 따라 소재를 3D프린터에 장착할 수 있다. 3. 소재가 장착된 3D프린터를 활용하여 정상 출력 여부를 파악할 수 있다.
		2. 데이터 준비하기	1. 선택한 3D프린터를 바탕으로 데이터업로드 방법을 파악할 수 있다. 2. 파악된 데이터업로드 방법에 따라 G코드 파일을 업로드 할 수 있다. 3. G코드 파일이 3D프린터에 정상적으로 업로드 되었는지 3D프린터 LCD화면을 통해 파악할 수 있다.
		3. 장비출력 설정하기	1. 선택한 3D프린터의 매뉴얼을 활용하여 작동방법, 원리, 출력방식을 파악할 수 있다. 2. 파악된 정보를 활용하여 3D프린터의 출력을 위한 사전준비를 할 수 있다. 3. 사전준비된 3D프린터의 상태를 점검하여 출력 조건을 최종 확인할 수 있다.
	6. 출력용 데이터 확정	1. 문제점 파악하기	1. 저장된 출력용 파일의 종류와 특성을 검토할 수 있다. 2. 파악된 출력용 파일의 특성에 맞추어 오류 검출 프로그램을 선택할 수 있다. 3. 선택된 프로그램으로 출력용 파일을 불러 들여 오류 검사를 실행할 수 있다. 4. 오류 검사 수행 결과를 기반으로 문제점 리스트를 작성할 수 있다. 5. 오류가 없을 경우 오류 검출 프로그램에서 최종 출력용 모델링 파일의 형태로 저장할 수 있다.
		2. 데이터 수정하기	1. 파악된 문제점 리스트를 기반으로 자동오류수정 기능을 수행할 수 있다. 2. 자동오류수정 수행 결과를 바탕으로 자동으로 수정되지 않는 부분은 수동으로 수정 가능 여부를 확인할 수 있다. 3. 수동 수정이 불가능 시 출력용 모델링 데이터를 모델링 소프트웨어에서 재수정하도록 문제점 리스트를 작성할 수 있다.
		3. 수정데이터 재생성하기	1. 재수정 요청된 문제점 리스트를 바탕으로 원본 모델링데이터의 수정 부분을 파악할 수 있다. 2. 파악된 부분의 원본 모델링데이터를 수정하여 출력용 모델링파일로 저장할 수 있다.

실기과목명	주요항목	세부항목	세세항목
			3. 재저장된 출력용 모델링파일을 활용하여 오류 검출 프로그램에서 자동 검사를 실행할 수 있다.
			4. 실행 결과를 바탕으로 최종 모델링파일의 형태로 재저장할 수 있다.
	7. 제품출력	1. 출력과정 확인하기	1. 3D프린터 출력 중 제품이 바닥에 단단히 고정되어 있는지 확인할 수 있다.
			2. 3D프린터 출력 중 출력 보조물이 정상적으로 출력되고 있는지 확인할 수 있다.
			3. 3D프린터 출력 중 제품 출력경로가 G코드와 일치하는지 확인할 수 있다.
		2. 출력오류 대처하기	1. 출력오류 감지 시 3D프린터를 중지하여 프린터장치의 오류를 파악할 수 있다.
			2. 프린터장치의 오류를 바탕으로 G코드 상의 오류를 파악할 수 있다.
			3. 파악한 문제점을 활용하여 소프트웨어 프로그래밍, 3D프린터, 출력 방식별로 출력오류에 대처할 수 있다.
		3. 출력물 회수하기	1. 고체방식 3D프린터는 재료를 녹여 적층하는 방식으로써 전용공구를 이용하여 회수할 수 있다.
			2. 액체방식 3D프린터는 광경화성 수지에 광원을 활용한 방법으로써 제품회 방법으로써 제품회 시 전용공구를 이용하여 회수할 수 있다.
			3. 액체방식 3D프린터는 제품 회수 후 표면을 세척제로 세척할 수 있다.
			4. 액체방식 3D프린터는 세척된 출력물을 경화기를 이용하여 경화시킬 수 있다.
			5. 분말방식 3D프린터는 분말을 광원으로 용융시켜 제품을 제작하거나 분말에 접착제를 분사하여 제품을 제작하는 형태로써 표면에 붙은 가루 분말들을 제거할 수 있다.
	8. 3D프린팅 안전관리	1. 안전수칙 확인하기	1. 산업안전보건법에 따라서 3D프린팅의 안전수칙을 준수할 수 있다.
			2. 산업안전보건법에 따라 안전보호구를 준비하고 착용할 수 있다.
			3. 안전사고 행동 요령에 따라 사고 발생 시 행동에 대비할 수 있다.
			4. 3D프린터의 안전수칙을 숙지하여 장비에 의한 사고에 대비할 수 있다.
		2. 예방점검 실시하기	1. 안전사고 예방을 위하여 3D프린팅 작업환경을 정리·정돈하여 관리할 수 있다.
			2. 안전사고 예방을 위하여 3D프린터 관련 설비를 점검할 수 있다.
			3. 안전사고 예방을 위하여 3D프린터 관리 지침을 만들고 점검할 수 있다.
		3. 안전사고 사후대책 수립하기	1. 작업자의 안전을 위하여 안전사고 예방수칙과 행동지침을 숙지할 수 있다.
			2. 숙지한 행동지침을 현장 근무자들에게 안내할 수 있다.
			3. 사고원인, 결과, 재발방지에 대한 사후대책 보고서를 작성할 수 있다.

(5) 공개 시험지

[공개]

국가기술자격 실기시험문제

자격종목	3D프린터운용기능사	[시험 1] 과제명	3D모델링 작업

비번호		시험일시		시험장명	

※ 시험시간 : [시험 1] 1시간

1. 요구사항

※ 지급된 재료 및 시설을 사용하여 아래 작업을 완성하시오.

※ 작업순서는 | 가. 3D모델링 | → | 나. 어셈블리 | → | 다. 슬라이싱 | 순서로 작업하시오.

가. 3D모델링

　　1) 주어진 도면의 부품 ①, 부품 ②를 1 : 1 척도로 3D모델링한 후, 각각의 파일로 저장하시오.(단, 각 파일명을 비번호_01, 비번호_02와 같이 저장하시오.

　　　예시) 비번호가 01인 경우 01_01, 01_02입니다.)

　　2) 상호 움직임이 발생하는 부위의 치수 A, B는 수험자가 결정하여 3D모델링하시오.

　　　(단, 해당부위의 기준 치수와 차이를 ±1 mm 이하로 하시오.)

　　3) 도면과 같이 지정된 위치에 부여받은 비번호를 모델링에 각인하시오.

　　　(단, 글자체, 글자 크기, 글자 깊이 등은 별도의 정보가 없으므로 도면과 유사한 모양 및 크기로 작업하시오. 예시) 비번호가 02인 경우 02로 각인하시오.)

　　4) 완성된 각 3D모델링 파일은 '수험자가 사용하는 모델링 소프트웨어의 기본 확장자' 및 'STP(STEP) 확장자' 2가지로 저장하시오.(단, STP 확장자 저장 시 버전이 여러 가지일 경우 상위 버전으로 저장하시오.)

나. 어셈블리

　　1) 완성된 각 3D모델링 부품을 도면과 같이 1 : 1 척도 및 조립된 상태로 어셈블리하고, 별도의 파일로 저장하시오.(단, 각 파일명을 비번호_03과 같이 저장하시오.

　　　예시) 비번호가 01인 경우 01_03입니다.)

[공개]

자격종목	3D프린터운용기능사	[시험 1] 과제명	3D모델링 작업

2) 어셈블리 파일은 도면과 같이 지정된 위치에 부여받은 비번호를 각인하여 '수험자가 사용하는 모델링 소프트웨어의 기본 확장자', 'STP(STEP) 확장자' 2가지로 저장하시오.(단, 어셈블리 파일 저장 시 조립된 형태의 하나의 파일로 저장하시오.)

다. 슬라이싱

1) 어셈블리 형상을 1 : 1 척도 및 조립된 상태로 출력할 수 있도록 슬라이싱 작업을 하시오.
2) 어셈블리 형상의 움직이는 부분은 출력을 고려하여 움직임 범위 내에서 임의로 이동시켜 'STL 확장자'로 저장하시오.(단, 각 파일명을 비번호_04와 같이 저장하시오.
  예시) 비번호가 01인 경우 01_04입니다.)
3) STL 파일을 슬라이서 소프트웨어를 사용하여 3D프린터 출력용 프로그램을 작성하시오.(단, 각 파일명을 비번호_04와 같이 저장하시오.
  예시) 비번호가 01인 경우 01_04입니다.)
4) 작업 전 반드시 수험자가 직접 출력할 3D프린터 기종을 확인한 후 슬라이서 소프트웨어의 설정값을 결정하여 작업하시오.(단, 3D프린터의 사양을 고려하여 슬라이서 소프트웨어에서 3D프린팅 출력시간이 1시간 20분 이내가 되도록 설정값을 결정하시오.)

라. 최종 제출파일 목록

구분	작업명	파일명	비고
1	3D모델링(부품 ①)	01_01.***	확장자 : 수험자 사용 소프트웨어 규격
2		01_01.STP	채점용
3	3D모델링(부품 ②)	01_02.***	확장자 : 수험자 사용 소프트웨어 규격
4		01_02.STP	채점용
5	어셈블리	01_03.***	확장자 : 수험자 사용 소프트웨어 규격
6		01_03.STP	채점용(※ 비번호 각인 확인)
7	슬라이싱	01_04.STL	슬라이서 소프트웨어 작업용
8		01_04.***	3D프린터 출력용 확장자 : 수험자 사용 소프트웨어 규격

※ 슬라이서 소프트웨어 상 출력예상시간을 감독위원에게 확인받고, 최종 제출파일을 지급된 저장 매체(USB 또는 SD-card)에 저장하여 제출하시오.
※ 채점 시 STP 확장자 파일을 기준으로 평가하오니, 이를 유의하여 변환하시오.

[공개]

자격종목	3D프린터운용기능사	**[시험 1] 과제명**	3D모델링 작업

2. 수험자 유의사항

※ 다음의 유의사항을 고려하여 요구사항을 완성하시오.

1) 시험 시작 전 장비 이상유무를 확인합니다.

2) 시험 시작 전 감독위원이 지정한 위치에 본인 비번호로 폴더를 생성 후 작업내용을 저장하고, 시험 종료 후 저장한 작업내용을 삭제합니다.

3) 인터넷 등 네트워크가 차단된 환경에서 작업합니다.

4) 정전 또는 기계고장을 대비하여 수시로 저장하시기 바랍니다.

   (단, 이러한 문제 발생 시 "작업정지시간 +5분"의 추가시간을 부여합니다.)

5) 시험 중에는 반드시 감독위원의 지시에 따라야 합니다.

6) 다음 사항에 대해서는 채점대상에서 제외하니 특히 유의하시기 바랍니다.

   가) 기권

   ⑴ 수험자 본인이 수험 도중 시험에 대한 포기의사를 표하는 경우

   ⑵ 실기시험 과정 중 1개 과정이라도 불참한 경우

   나) 실격

   ⑴ 시설·장비의 조작 또는 재료의 취급이 미숙하여 위해를 일으킬 것으로 감독위원 전원이 합의하여 판단한 경우

   ⑵ 시험 중 봉인을 훼손하거나 저장매체를 주고받는 행위를 할 경우

   ⑶ 시험 중 휴대폰을 소지/사용하거나 인터넷 및 네트워크 환경을 이용할 경우

   ⑷ 3D프린터운용기능사 실기시험 3D모델링 작업, 3D프린팅 작업 중 하나라도 0점인 과제가 있는 경우

   ⑸ 감독위원의 정당한 지시에 불응한 경우

   다) 미완성

   ⑴ 시험시간 내에 작품을 제출하지 못한 경우

   ⑵ 요구사항의 최종 제출파일 목록(3D모델링 부품 ①, ②, 어셈블리, 슬라이싱)을 1가지라도 제출하지 않은 경우

   라) 오작

   ⑴ 슬라이싱 소프트웨어 설정 상 출력예상시간이 1시간 20분을 초과하는 경우

   ⑵ 어셈블리 STP 파일에 비번호 각인을 누락 또는 오기한 경우

   ⑶ 어셈블리 STP 파일에 비번호 각인을 지정된 위치에 하지 않은 경우

   ⑷ 채점용 모델링 및 어셈블리 형상을 1 : 1 척도로 제출하지 않은 경우

   ⑸ 채점용 어셈블리 형상을 조립된 상태로 제출하지 않은 경우

   ⑹ 모델링 형상 치수가 1개소라도 ±2 mm를 초과하도록 작업한 경우

[공개]

국가기술자격 실기시험문제

자격종목	3D프린터운용기능사	[시험 2] 과제명	3D프린팅 작업

비번호		시험일시		시험장명	

※ 시험시간 : [시험 2] 2시간

1. 요구사항

※ 지급된 재료 및 시설을 사용하여 아래 작업을 완성하시오.

※ 작업순서는 가. 3D모델링 세팅 → 나. 3D프린팅 → 다. 후처리 순서로 작업시간의 구분 없이 작업하시오.

가. 3D프린터 세팅

1) 노즐, 베드 등에 이물질을 제거하여 출력 시 방해요소가 없도록 세팅하시오.
2) PLA 필라멘트 장착 여부 등 소재의 이상여부를 점검하고 정상 작동하도록 세팅하시오.
3) 베드 레벨링 기능 등을 활용하여 베드 위치를 세팅하시오.
※ 별도의 샘플 프로그램을 작성하여 출력 테스트를 할 수 없습니다.

나. 3D프린팅

1) 출력용 파일을 3D프린터로 수험자가 직접 입력하시오.
   (단, 무선 네트워크를 이용한 데이터 전송 기능은 사용할 수 없습니다.)
2) 3D프린터의 장비 설정값을 수험자가 결정하시오.
3) 설정 작업이 완료되면 3D모델링 형상을 도면치수와 같이 1 : 1 척도 및 조립된 상태로 출력하시오.

다. 후처리

1) 출력을 완료한 후 서포트 및 거스러미를 제거하여 제출하시오.
2) 출력 후 노즐 및 베드 등 사용한 3D프린터를 시험 전 상태와 같이 정리하고 감독위원에게 확인받으시오.

2. 수험자 유의사항

※ 다음의 유의사항을 고려하여 요구사항을 완성하시오.

1) 시험 시작 전 장비 이상유무를 확인합니다.
2) 출력용 파일은 1회 이상 출력이 가능하나, 시험시간 내에 작품을 제출해야 합니다.
3) 정전 또는 기계고장을 대비하여 수시로 저장하시기 바랍니다.
   (단, 이러한 문제 발생 시 "작업정지시간 +5분"의 추가시간을 부여합니다.)
   (단, 작업 중간부터 재시작이 불가능하다고 감독위원이 판단할 경우 3D프린팅 작업을 처음부터 다시 시작합니다.)

4) 시험 중 장비에 손상을 가할 수 있으므로 공구 및 재료는 사용 전 관리위원에게 확인을 받으시기 바랍니다.

5) 시험 중에는 반드시 감독위원의 지시에 따라야 합니다.

6) 시험 중 날이 있는 공구, 고온의 노즐 등으로부터 위험 방지를 위해 보호장갑을 착용하여야 하며, 미착용 시 채점상의 불이익을 받을 수 있습니다.

7) 3D프린터 출력 중에는 유해가스 차단을 위해 방진마스크를 반드시 착용하여야 하며, 미착용 시 채점상의 불이익을 받을 수 있습니다.

8) 3D프린터 작업은 창문개방, 환풍기 가동 등을 통해 충분한 환기상태를 유지하며 수행하시기 바랍니다.

9) 다음 사항에 대해서는 채점대상에서 제외하니 특히 유의하시기 바랍니다.

가) 기권

⑴ 수험자 본인이 수험 도중 시험에 대한 포기의사를 표하는 경우

⑵ 실기시험 과정 중 1개 과정이라도 불참한 경우

나) 실격

⑴ 시설·장비의 조작 또는 재료의 취급이 미숙하여 위해를 일으킬 것으로 감독위원 전원이 합의하여 판단한 경우

⑵ 시험 중 봉인을 훼손하거나 저장매체를 주고받는 행위를 할 경우

⑶ 시험 중 휴대폰을 소지/사용하거나 인터넷 및 네트워크 환경을 이용할 경우

⑷ 수험자가 직접 3D프린터 세팅을 하지 못하는 경우

⑸ 수험자의 확인 미숙으로 3D프린터 설정조건 및 프로그램으로 3D프린팅이 되지 않는 경우

⑹ 서포트를 제거하지 않고 제출한 경우

⑺ 3D프린터운용기능사 실기시험 3D모델링 작업, 3D프린팅 작업 중 하나라도 0점인 과제가 있는 경우

⑻ 감독위원의 정당한 지시에 불응한 경우

다) 미완성

⑴ 시험시간 내에 작품을 제출하지 못한 경우

라) 오작

⑴ 도면에 제시된 동작범위를 100 % 만족하지 못하거나, 제시된 동작범위를 초과하여 움직이는 경우

⑵ 일부 형상이 누락되었거나, 없는 형상이 포함되어 도면과 상이한 작품

⑶ 형상이 불완전하여 감독위원이 합의하여 채점 대상에서 제외된 작품

⑷ 서포트 제거 등 후처리 과정에서 파손된 작품

⑸ 3D모델링 어셈블리 형상을 1 : 1 척도 및 조립된 상태로 출력하지 않은 작품

⑹ 출력물에 비번호 각인을 누락 또는 오기한 작품

- 실기 시험방법, 평가요소, 공개정보는 큐넷(www.q-net.or.kr)의 공지 내용을 꼭 확인하세요.
- 공개 시험지, 공개도면 자료 확인 : 큐넷 − [자료실] − [공개문제] − '3D프린터운용기능사' 검색(큐넷 − 통합검색 '3D프린터운용기능사')

3D프린터운용기능사 시험 팁

(1) 시험 1 : 3D모델링 작업 (3D모델링 – 어셈블리 – 슬라이싱) 1시간

구분	유의사항
3D모델링	치수 A와 B를 주의하여 모델링합니다. (감점요인, 구동에 영향을 끼쳐 실격요인) A와 B에 해당 부위의 기준 치수와 차이는 ±1mm 이하로 합니다. 도면과 같이 지정된 위치에 비번호 모델링, 각인을 꼭 합니다. (실격요인) 주서에 명시되어 있는 것을 모델링합니다. (감점요인)
어셈블리	도면과 같이 조립된 상태로 어셈블리하여 제출합니다. (제출용 파일) 출력을 위한 STL 파일은 출력을 고려하여 모델링을 정한 후 저장합니다. (출력용 파일)
슬라이싱	서포트 유무 확인, 출력방향을 잘 선택합니다. 출력 예상 시간이 1시간 20분 이내가 되도록 슬라이싱합니다. (실격요인) 슬라이싱 파일이 잘 저장되었는지 확인합니다. (저장 폴더에 저장이 되었는지 확인)

(2) 시험 2 : 3D프린팅 작업 (3D프린터 세팅 – 3D프린팅 – 후처리) 2시간

구분	유의사항
3D프린터 세팅	노즐과 베드에 이물질이 없도록 합니다. (감점요인) 베드 장착이 잘 되었는지 확인합니다. (출력 오류요인)
3D프린팅	필라멘트 공급이 잘 되는지 출력 중에 살펴봅니다.
후처리	파손과 안전에 주의합니다. (실격요인) 안전장갑과 방진마스크를 꼭 착용합니다. (감점요인) 시간 내에 후처리를 합니다. 서포트와 거스러미를 꼼꼼히 제거합니다. (감점요인) 노즐, 베드 이물질 제거, 패널 화면 원래대로 놓기 등 3D프린터를 시험 전의 상태로 정리합니다. (감점요인)

(3) 2021년 변경된 내용

공개도면이 새로 공지되었다.

	변경 전	변경 후
㉠㉡㉢ 도면 표기	㉠㉡㉢ 도면 표기	㉠㉡㉢ 도면 표기 없음
공개도면 ⑪	부품 ② 14 치수 표기	부품 ② 14 치수 표기 없음
공개도면 ⑬	부품 ② 4 치수 표기	부품 ② 4 치수 표기 없음
공개도면 ⑮	주서 있음	주서 없음

PART 1

Fusion360으로
실전 대비

3D PRINTER

3D프린터운용기능사 시험에 응시할 수 있는 3D모델링 프로그램 Fusion360 프로그램의 설치 및 회원가입과 3D프린터운용기능사 공개도면에서 자주 사용하는 핵심 명령어를 정리하였다.

1-1 ▶ Fusion360으로 시험 준비하기

(1) Fusion360 소개

Autodesk사의 Fusion360은 3D모델링을 하기 위한 클라우드 기반의 CAD/CAM 프로그램이다. 디자인 모델링, 엔지니어링 모델링, 공동 작업 및 가공을 결합한 제품 개발을 할 수 있다.

(2) Autodesk Fusion360 시스템 요구사항

운영체제	Apple® macOS™ Big Sur 11.0*; Catalina 10.15; Mojave v10.14; High Sierra v10.13 Microsoft® Windows® 8.1(64비트)(2023년 1월까지 지원) Microsoft Windows Windows 10(64비트)
CPU	64비트 프로세서(32비트 지원되지 않는다.)
메모리	4GB RAM(통합 그래픽에서는 6GB 이상 권장)
그래픽 카드	DirectX 11 이상 버전의 경우 지원됨 1GB 이상의 VRAM을 갖춘 전용 GPU 6GB 이상의 RAM을 갖춘 통합 그래픽
디스크 공간	3GB 저장 용량

① 시스템 사양 확인하는 방법

컴퓨터에서 [내 PC] 마우스 오른쪽 버튼 클릭 ⇨ [속성] ⇨ [디스플레이] 창의 [시스템 종류]에서 확인할 수 있다.

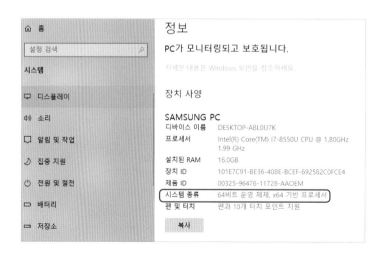

(3) Fusion360 설치와 회원가입

① 오토데스크 코리아 홈페이지 접속하기

https://www.autodesk.co.kr

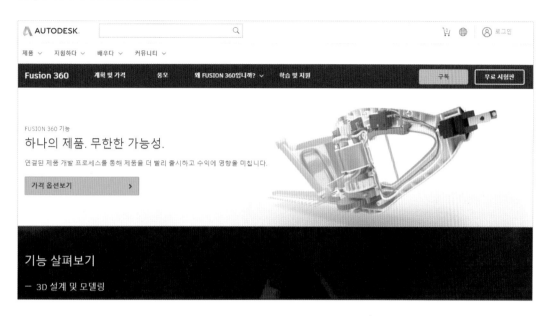

② Fusion360 무료 평가판(체험판) 다운로드하기

- [제품] ⇨ [무료 체험판 다운로드] 클릭 ⇨ Fusion360 무료 평가판 라이센스 선택하기
- https://www.autodesk.com/products/fusion-360/free-trial

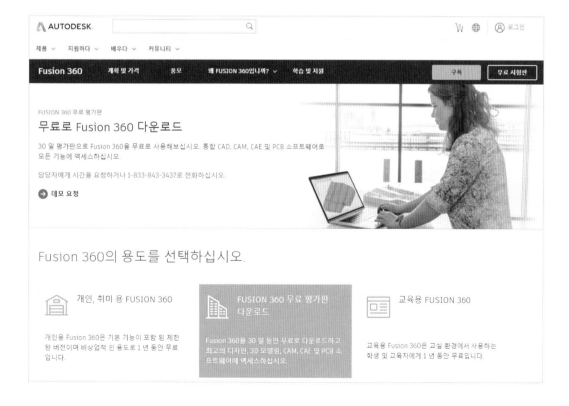

(가) 라이센스 종류

㉮ Fusion360 무료 평가판 다운로드 : Fusion360을 30일 동안 무료로 사용할 수 있다.

㉯ Personal User(개인, 취미용) : 기본 기능이 포함된 제한된 버전이며 비상업적인 용도로 1년 동안 무료로 사용할 수 있다.

㉰ Education User : 교육용 사용자인 학생이나, 교육 및 학업에 대해 무료로 3년 구독할 수 있다. 오토데스크에 증빙 서류를 제출해야 한다.

③ 회원가입하기

● 이메일 등록과 회원가입하기(이메일이 로그인에 사용되므로 잘 기억해두기)

● 등록된 이메일로 인증 메일이 발송되면 메일 확인하여 링크 클릭하기

㉮ Education User

● Education User는 교육 기관 등록을 해야한다.

● '레코드 추가'를 하여 교육 기관을 등록한다.

● 계정 설정에서 [계속]을 클릭한다.

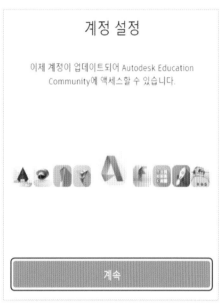

- '교육용 계정 등록' ⇨ '소프트웨어 다운로드 01' 단계에서 '다운로드'
- '소프트웨어 다운로드 02' 단계에서 '메일 입력, 개인정보 수집, 마케팅 체크'
- '소프트웨어 다운로드 03' 단계에서 자동 다운로드 진행

④ 프로그램 설치하기

(4) Fusion360 화면 구성

❶ 메뉴바 : 데이터 패널, 파일저장, 내보내기, 되돌리기 등의 기본메뉴

❷ 계정관리와 도움말 : 계정관리, 로그인, 온라인, 오프라인 관리 설정

　　　　　　　　　　　　(시험 볼때는 오프라인으로 설정하기)

❸ 툴바 : 모델링에 필요한 툴(도구) 모음

❹ 브라우저 : 모델링 과정의 생성(스케치, 바디, 부품, 참조사항 등)

❺ 작업창 : 모델링을 작업하는 공간

❻ 뷰큐브 : 화면 시점을 뷰큐브에서 보여주고, 뷰큐브로 화면 시점을 조절할 수도 있다.

❼ 타임라인 : 모델링 과정이 기록되고 재생, 수정을 할 수 있다.

❽ 화면 제어 : 화면을 제어하는 도구(화면 회전, 확대와 축소, 작업 판 모눈 표시 등)

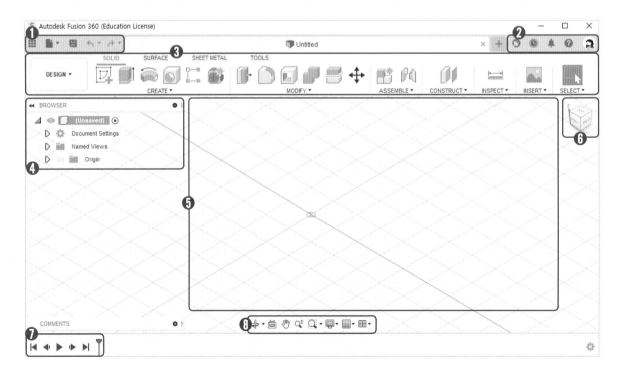

(5) Fusion360 환경설정

- 사용자 이름 클릭 ⇨ 마우스 오른쪽 버튼 클릭 ⇨ [Preferences] 환경설정 클릭

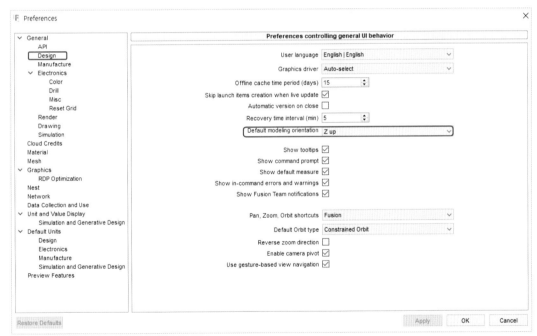

- [Design] ⇨ [Default modeling orientation] 'Z up'으로 설정하기(뷰큐브의 Z축은 모델링 시 가로, 세로, 높이 중 높이를 의미한다.)

(6) Fusion360 마우스 조작법

● 마우스 오른쪽 버튼 클릭 : 퀵 **메뉴 열림**

● 마우스 휠 버튼 상하 스크롤 : **화면 확대, 축소**

● Shift + 마우스 휠 : **화면 회전**

● 마우스 휠 버튼 누르고 드래그 : 화면 **이동**

1-2 ▶ 공개도면 모델링 핵심 명령어

공개도면에서 자주 사용하는 사용 도구들을 정리하였다. 3장에서 공개도면 모델링 따라하기를 하기 전 핵심 명령어 연습을 하면 더욱 효율적인 학습이 될 것이다.

(1) SKETCH

2D(2차원) 스케치를 할 수 있는 도구로 [SKETCH] 스케치 도구, [MODIFY] 스케치 편집, [CONSTRAINTS] 구속조건, [SKETCH PALETTE] 스케치 파레트의 작업 도구가 분류되어 있다.

① Sketch 기능 핵심 명령어

(가) Create Sketch(크레이트 스케치/스케치 작성)

● Create Sketch를 선택 후 스케치를 시작할 면을 선택하면 스케치를 할 수 있다.

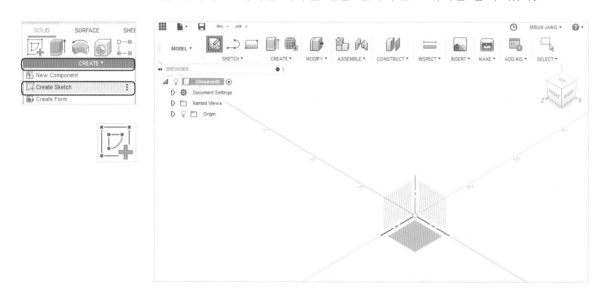

(나) Line(라인/선)

- 직선 그리기, 직선을 그리는 중 호 그리기를 할 수 있다.
- 호를 그릴 때는 마우스 왼쪽을 누르면서 그릴 위치로 마우스 포인트를 움직이면 된다.

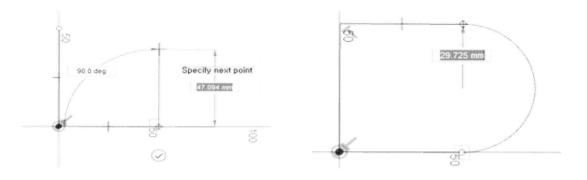

(다) Rectangle(렉탱글/사각형)

- 2-Point Rectangle(2점 사각형) 대각선 방향으로 두 점을 클릭하여 사각형을 작성한다.
- Center Rectangle(중심점에서 시작하는 사각형) 점의 중심을 이용해 사각형을 작성한다.

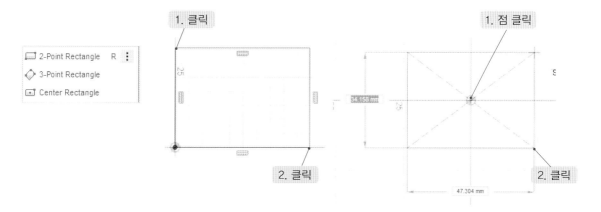

(라) Circle(서클/원)

- Center Diameter Circle(중심점에서 시작하는 원) 중심점을 지정하고 지름값을 입력해 원을 작성한다.

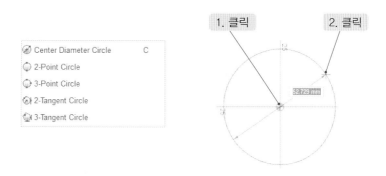

(마) Arc(아크/호) : 3-Point Arc(3점 연결하여 호 그리기) 2점 선택 후 세 번째 점은 호를 그릴 수 있다.

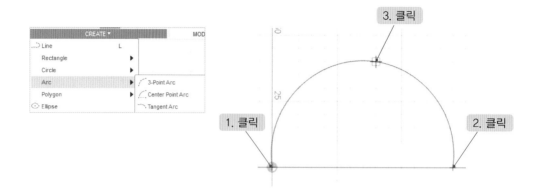

(바) Slot(슬롯/긴 타원) : Center to Center Slot 두 중심점의 길이 클릭 ⇨ '슬롯의 높이' 클릭

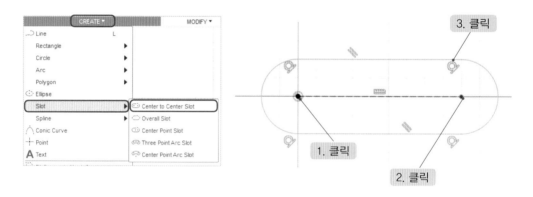

(사) Text(텍스트/문자 넣기)

- 텍스트 상자 그리기 ⇨ 옵션창 [Text] 글자 입력 ⇨ [Typeface] 'B'(진하게)
- [Alignment](정렬하기) 가로, 세로 가운데 정렬하기

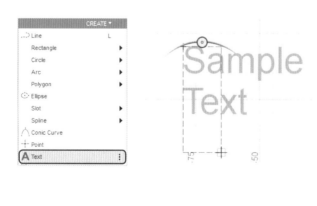 

㉮ 텍스트 상자의 테두리를 드래그 하여 텍스트 상자 크기 조절이 가능하다.

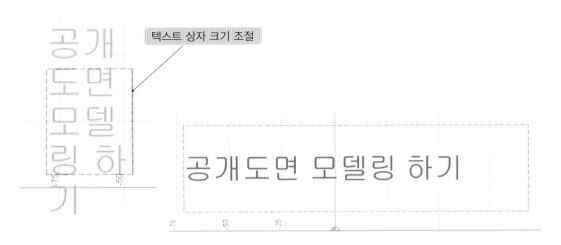

㉯ 글자를 드래그 하면 글자 이동, 글자를 더블 클릭하면 수정(옵션창)을 할 수 있다.

(아) Mirror(미러/대칭 복사하기)

- 선택한 스케치를 축을 중심으로 대칭 복사한다.
- 대칭 복사할 스케치를 선택하고 대칭선을 선택한다.

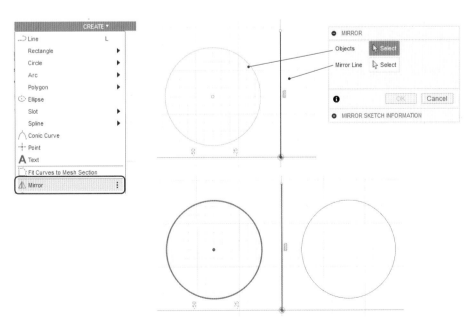

(자) Project / Include(프로젝트/투영) ⊿

- 스케치나 점, 객체의 선을 투영할 수 있다.(선을 본뜰 수 있다.)
- 투영하고 싶은 선 클릭(선 더블 클릭은 선 전체 선택) ⇨ [OK] 클릭(투영된 것은 보라색으로 보인다.)
- [Selection Filter] 투영하고 싶은 스케치 선택, 또는 객체 선택을 설정한다.

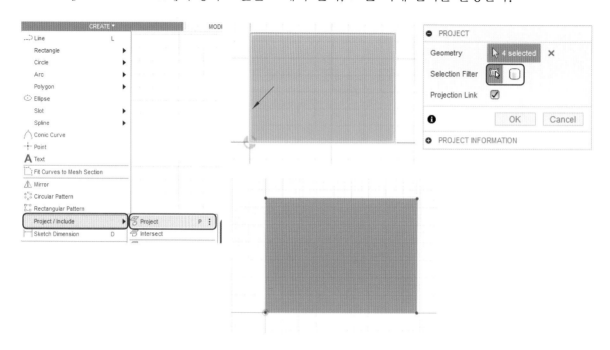

(차) Sketch Dimension(스케치 디멘전/치수 작성) ├┤

- 스케치에 치수를 작성한다.
- 선 또는 호를 선택하고 치수를 입력할 위치를 클릭 ⇨ 치수 입력
- 치수 변경은 숫자 더블 클릭
- 치수 위치 이동은 치수의 숫자를 원하는 위치로 드래그

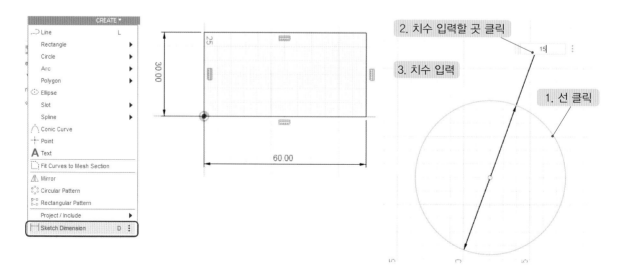

(카) Finish Sketch(스케치 끝내기)

- 스케치 작업을 끝내는 도구이다.
- 툴바 또는 스케치 파레트 도구에 Finish Sketch 메뉴가 있다.

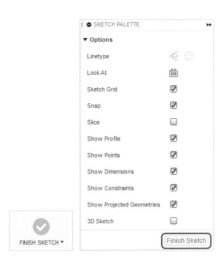

② Sketch Modify(스케치 편집) 기능 핵심 명령어

Sketch 메뉴에서 작업한 것을 수정할 수 있는 도구이다.

(가) Fillet(필렛/모깎기)

- 선택한 선분의 모서리를 둥글게 한다.
- 스케치의 모서리 클릭 ⇨ 치수 입력하기

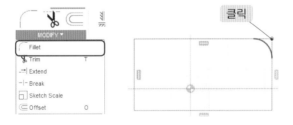

(나) Trim(트림/선 자르기)

- 선을 잘라 낸다.(단축키 'T')
- 스케치에서 잘라내고 싶은 선 마우스 갖다 대기(빨간색으로 나타남) ⇨ 잘라내고 싶은 선 클릭

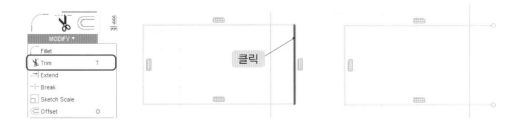

③ Sketch Constraints(스케치 구속조건) 핵심 명령어

스케치한 것을 구속(수직수평, 중심 맞추기, 원점 맞추기 등)하기 위한 메뉴이다.

❶ Horizontal/Vertical(수평/수직) : 선, 점을 스케치의 수평/수직 방향으로 정렬

❷ Coincident(일치) : 점과 점, 점과 선 등을 일치

❸ Tangent(접선) : 원, 호와 직선을 접선으로 연결

❹ Equal(동일) : 2개 요소의 길이와 지름을 동일하게 한다.

❺ Parallel(평행) : 2개 직선을 평행하게 한다.

❻ Perpendicular(직교) : 2개 직선을 직각으로 한다.

❼ MidPoint(중간점) : 선과 선, 선과 점을 선택하여 중간점으로 일치

❽ Concentric(동심원) : 원, 호, 타원의 중심점을 일치

❾ Collinear(동일선상) : 동일선상으로 선을 정렬

(2) CREATE

2D 스케치한 것을 3D 객체로 생성할 수 있으며, [MODIFY]에서는 객체를 편집할 수 있다.

① Create(입체 모델링) 핵심 명령어

평면 도형을 입체적으로 모델링할 수 있는 메뉴이다.

(가) Extrude(돌출)

닫힌 스케치(Profiles)를 돌출, 잘라내기 등을 할 수 있다.(단축키 'E')

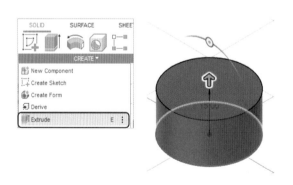

(나) Mirror(대칭 복사)

기준면을 중심으로 선택한 객체를 대칭 복사한다.

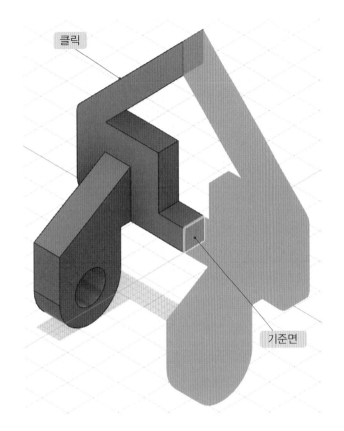

② Modify(입체 모델링 편집 도구) 핵심 명령어

(가) Fillet(필렛/모깎기)

- 모서리를 둥글게 가공한다.(단축키 'F')
- 다듬을 선 클릭 ⇨ 치수 입력하기

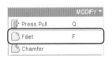

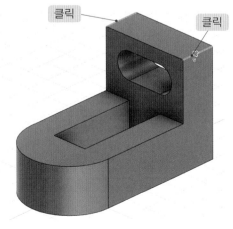

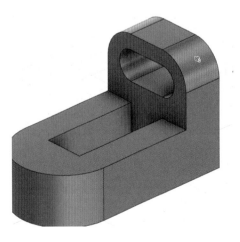

(나) Chamfer(챔퍼/모따기)

- 모서리를 경사면으로 가공한다.
- 다듬을 선 클릭 ⇨ 치수 입력하기

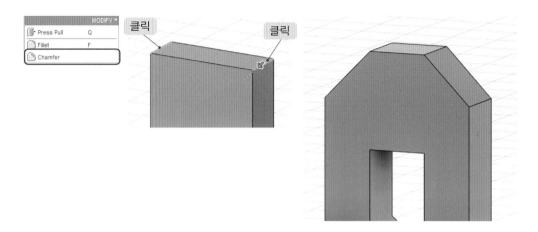

(다) Offset Face(오프셋 페이스/간격띄어 면 생성)

- 간격띄어 면 생성하기
- 면 클릭 ⇨ 치수 입력

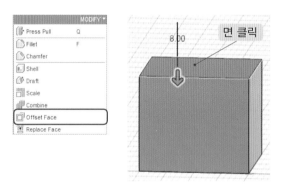

(3) ASSEMBLE

부품(조립품)과 관련된 도구이다.

① Assemble 핵심 명령어

(가) New Component(뉴 컴퍼넌트/새 부품)

- 부품으로 모델링을 한다.
- 기존의 바디를 부품으로 정할 수 있다.

(나) Joint(조인트/조립)

부품과 부품을 조립한다.(단축키 'J')

(4) CONSTRUCT

기준면, 축 점 만들기 도구이다.

① Construct 핵심 명령어

(가) Offset Plane(오프셋 플랜/간격띄어 작업평면 생성)

- 객체의 평면에서 간격을 띄어 작업평면을 생성한다.
- 객체의 평면 클릭 ▷ 치수 입력 ▷ [OK] 클릭

 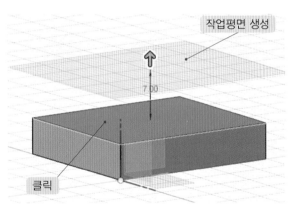

(나) Midplane(미드플랜/중간평면 생성)

- 두 평면의 중간에 작업평면을 생성한다.
- 두 평면 클릭 ▷ [OK] 클릭

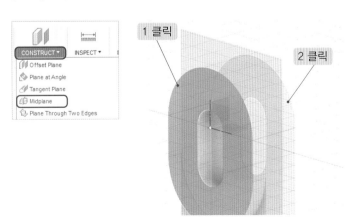

(5) INSPECT

모델링한 객체의 치수, 각도, 분석 등의 도구이다.

① Inspect 핵심 명령어

(가) Measure(메서/측정)

- 모델링한 객체 거리, 각도, 면적 등의 측정값을 표시한다.(단축키 'I')
- 측정하고 싶은 곳을 클릭하면 표시가 된다.

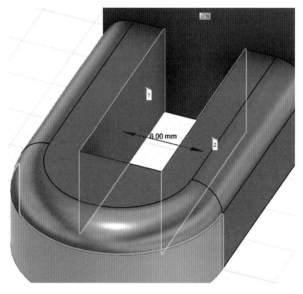

(나) Interference(인터피어런스/간섭)

- 2개 이상의 객체나 부품이 연결되어 있는 경우 서로 간섭이 있는 부분을 분석한다.
- 분석하고 싶은 객체 클릭 ⇨ [Compute] 클릭

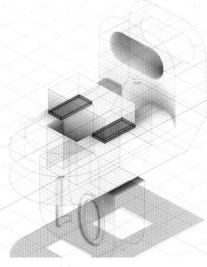
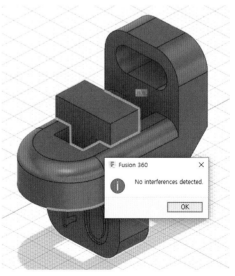

(a) 간섭이 있을 때   (b) 간섭이 없을 때

(다) Section Analysis(섹션 애널리시스/단면 분석)

- 모델링 객체의 단면 형상을 표시, 분석한다.
- 객체의 단면 클릭 ⇨ 이동툴을 움직이면 단면을 볼 수 있다.

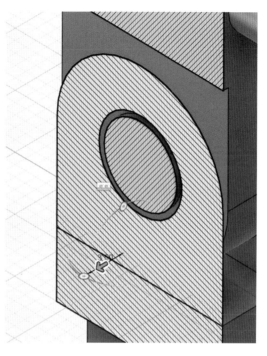

3D프린터운용기능사
공개도면
모델링 따라하기

3DPRINTER

- **공개도면 따라하기**
  공개도면 01~04 : Fusion360 명령어를 익히며 공개도면 따라하기
  공개도면 05~15 : 툴바 메뉴, 단축키, 퀵메뉴 등을 사용하여 공개도면 따라하기
  　　　　　　　　모델링하기가 편하거나 모델링 속도가 조금 빨라진다.
- **Joint**
  어셈블리 과정의 Joint는 명령어(도구)를 사용하여 Joint를 적용하는 방법으로 풀이하였다.

2-1 ▶ 파일 저장하기

① 3D프린터운용기능사 실기 시험지에서 나오는 방법을 기준으로 저장하기를 하였다.
  - 부품 ① 저장하기, 부품 ② 저장하기를 할 때 공개도면에 나오는 부품 ①과 부품 ②의 모양 그대로 저장을 하였다.
  - 어셈블리 저장하기는 어셈블리를 한 모양과 도면의 모양이 같은 상태로 하여 어셈블리 저장하기를 한다.
  - STL 저장하기는 출력을 고려하여 어셈블리 후 저장하기를 한다.

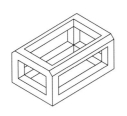 

부품 ① 저장하기 ⇨ 부품 ① 도면의 모양과
모델링이 같은 상태로 저장하기

부품 ② 저장하기 ⇨ 부품 ② 도면의 모양과
모델링이 같은 상태로 저장하기

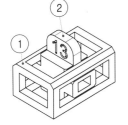 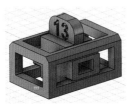

어셈블리 저장하기 ⇨ 도면의 조립된 모양과
어셈블리가 같은 상태로 저장하기

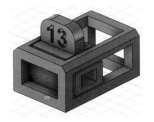

STL 저장하기 ⇨ 출력을 고려하여
어셈블리 후 저장하기

② 저장하기 과정은 동일 내용이므로 '공개도면 모델링 따라하기'에서는 간단하게 설명하였다.

(1) 부품 ① 저장하기

① 브라우저에서 부품 ① 클릭 ⇨ 마우스 오른쪽 버튼 클릭 ⇨ [Export] 클릭

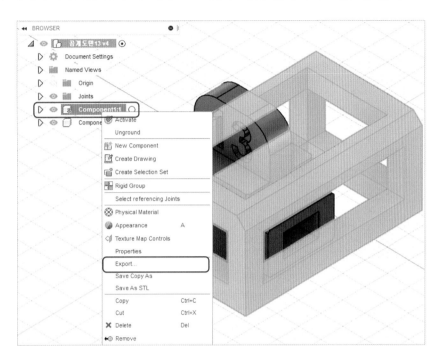

② 파일이름 '비번호_01' 입력 ⇨ Type 'Fusion Files' 선택

- 'Save to my computer'(내 컴퓨터에 저장하기)에 체크가 되었는지 확인하기
- 저장 폴더 위치 확인하기(바탕화면에 수험번호(비번호) 폴더 만들기) ⇨ [Export] 클릭
- 파일이름 '비번호_01' 입력 ⇨ Type 'STEP Files' 선택 ⇨ 저장 폴더 위치 확인하기 ⇨
  [Export] 클릭

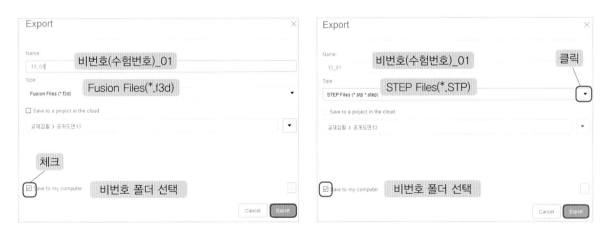

(2) 부품 ② 저장하기

③ 브라우저에서 부품 ② 클릭 – 마우스 오른쪽 버튼 클릭 ⇨ [Export] 클릭

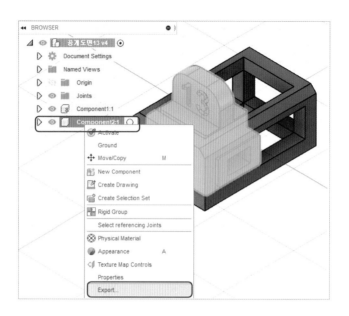

④ 파일이름 '비번호_02' 입력 ⇨ Type 'Fusion Files' 선택
- 'Save to my computer'(내 컴퓨터에 저장하기)에 체크가 되었는지 확인하기
- 저장 폴더 위치 확인하기(바탕화면에 수험번호(비번호) 폴더 만들기) ⇨ [Export] 클릭
- 파일이름 '비번호_02' 입력 ⇨ Type STEP Files' 선택 ⇨ 저장 폴더 위치 확인하기 ⇨ [Export] 클릭

(3) 어셈블리 저장하기

⑤ 브라우저에서 메인 부품 클릭 ⇨ 마우스 오른쪽 버튼 클릭 ⇨ [Export] 클릭

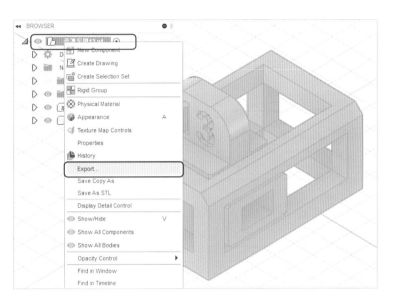

⑥ 파일이름 '비번호_03.f3d'
파일이름 '비번호_03.stp' 저장하기 ⇨ [Export] 클릭

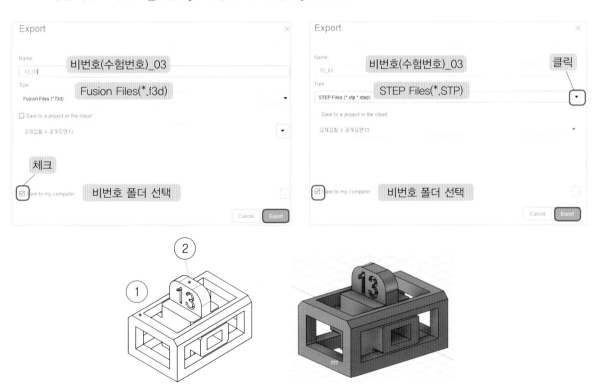

Tip 공개도면과 같은 조립된 상태로 어셈블리 된 파일을 저장합니다.

(4) STL 저장하기

출력을 고려하여 어셈블리 후 'STL' 파일을 저장합니다.

⑦ 브라우저에서 메인 부품 클릭 ⇨ 마우스 오른쪽 버튼 클릭 ⇨ [Save As STL] 클릭

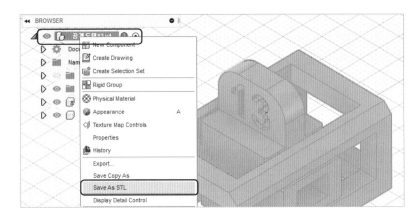

⑧ 저장 옵션창의 기본 설정 확인 후 [OK] 클릭
- 저장 창에서 파일 이름 '비번호_04' 입력
- 파일 형식 'STL' 확인하기 ⇨ [저장] 클릭

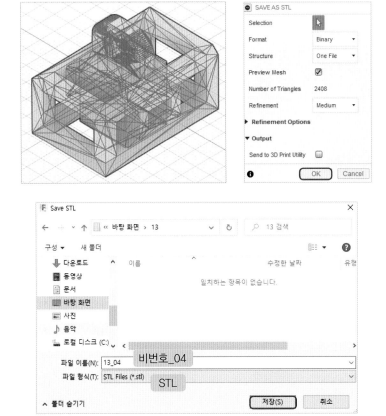

(5) G-code 파일 저장하기

⑨ Makerbot Print(메이커봇 슬라이싱 프로그램) 실행
  - STL 파일 불러오기 ⇨ 출력방향 ↻ [Orient] 선택 ⇨ 정렬하기 ▪▮ [Arrange]
  - 설정 ⚙ 에서 [Support Type] 'Breakaway Support' 클릭 ⇨ 미리보기 ⏱ [Preview] 클릭
    ⇨ [Export]

Tip 출력 예상 시간 1시간 20분이 넘어가면 ⚙ [Print Settings]에서 Layer 두께 설정하기

Support Type(서포트 생성)
Breakaway Support

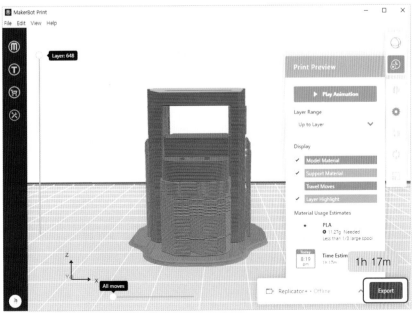

⑩ 파일 이름 '비번호_04' ⇨ 파일 형식 'Makerbot' ⇨ [저장] 클릭
● 바탕화면에 만든 비번호 폴더에 저장이 잘 되었는지 확인한다.

2-2 ▶ 공개도면 모델링 따라하기

공 개 도 면 ①

자격종목	3D프린터운용기능사	[시험 1] 과제명	3D모델링 작업	척도	NS

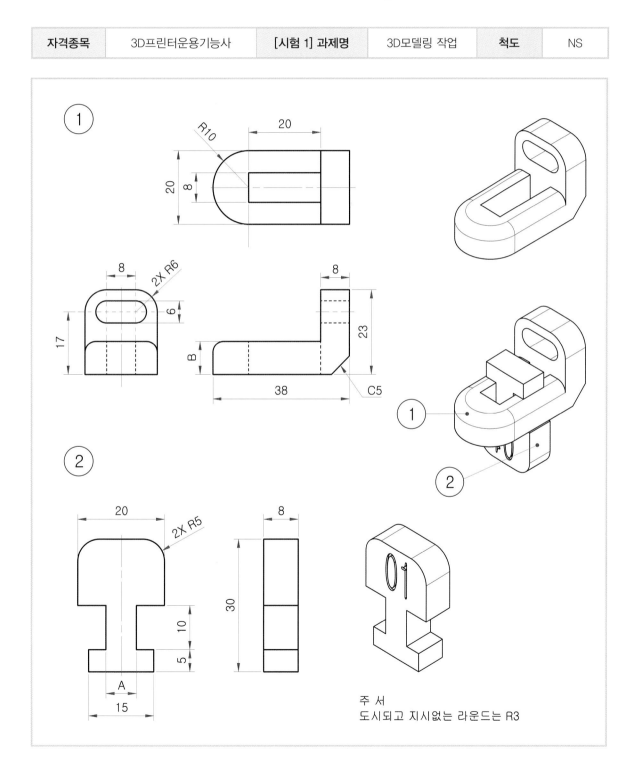

주 서
도시되고 지시없는 라운드는 R3

(1) 도면 풀이와 A, B 치수 결정하기

- A=7mm A힌트(8)=8보다 ±1mm=공차는 ±0.5mm
  (A는 A의 힌트 안으로 조립이 되므로 A가 더 작아야 한다.)
- B=9mm B힌트(10)=10보다 ±1mm=공차는 ±0.5mm
  (B는 B의 힌트 안으로 조립이 되므로 B가 더 작아야 한다.)

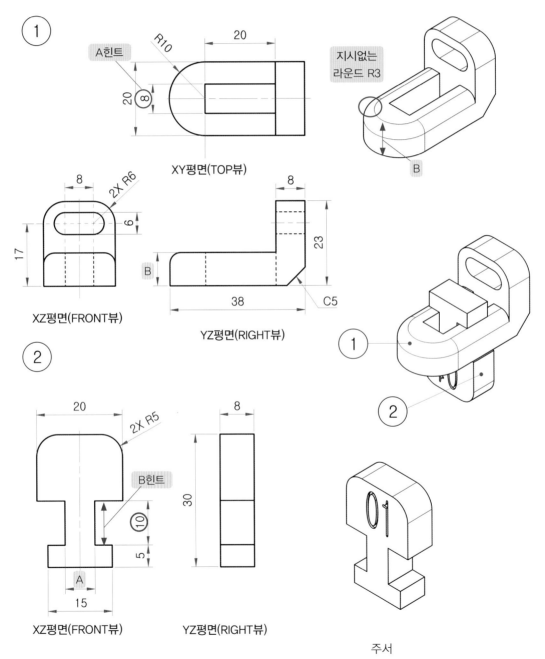

XY평면(TOP뷰)

XZ평면(FRONT뷰)

YZ평면(RIGHT뷰)

XZ평면(FRONT뷰)

YZ평면(RIGHT뷰)

주서
1. 도시되고 지시없는 라운드는 R3

풀이 도면에서 표기가 없이 둥글게 된 곳은 Fillet(필렛) 3mm를 적용하시오.

(2) 공개도면 ① 모델링 순서 생각하기

(가)	부품 ① 모델링하기 공차 부여하기	(나)	부품 ② 모델링하기 비번호 각인하기 공차 부여하기	(다)	어셈블리하기 모델링 검토하기 파일 저장하기

(가) 부품 ① 모델링하기

① [ASSEMBLE(조립)] ⇨ [New Component(새 부품)]를 클릭 ⇨ [OK]를 클릭
BROWSER에서 Component1:1 이 생성되었는지 확인하기

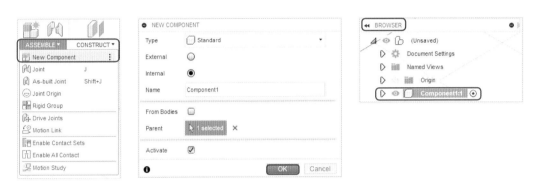

② [CREATE] ⇨ [Create Sketch] 클릭 ⇨ XY평면(TOP뷰) 클릭

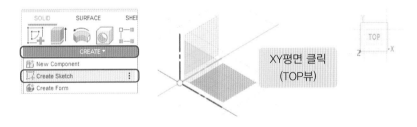

③ [CREATE] ⇨ [Line] 클릭 ⇨ Line으로 스케치 하기 ⇨ 마우스 오른쪽 버튼 클릭 ⇨ [OK]
클릭(4개의 직선을 그리고 호를 그릴 지점에서 드래그를 하여 호 그리기 ⇨ [Line]으로 나머
지 선도 그려준다.)

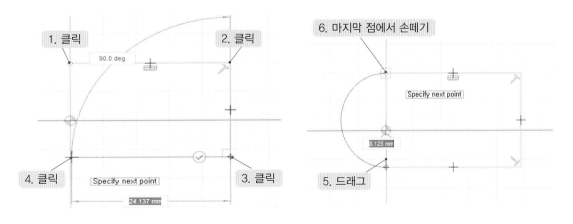

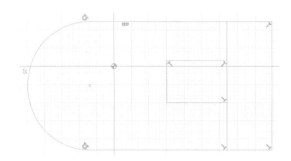

④ [CONSTRAINTS] ⇨ [Tangent] ○ 클릭 ⇨ 호와 선 클릭 ⇨ 마우스 오른쪽 버튼 클릭 ⇨ [OK] 클릭

- [CONSTRAINTS] ⇨ [Horizontal/Vertical] ⫨ 클릭 ⇨ 수직 또는 수평을 만들고자 하는 선 클릭 ⇨ 마우스 오른쪽 버튼 클릭 ⇨ [OK] 클릭
- [CONSTRAINTS] ⇨ [Coincident] └ 클릭 ⇨ 원점 클릭 ⇨ 중심점 클릭 ⇨ 마우스 오른쪽 버튼 클릭 ⇨ [OK] 클릭
- [CONSTRAINTS] ⇨ [MidPoint] △ 클릭 ⇨ 원점 클릭 ⇨ 선 클릭 ⇨ 마우스 오른쪽 버튼 클릭 ⇨ [OK] 클릭

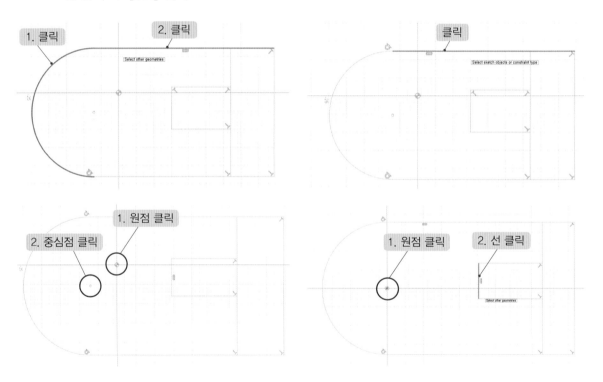

Tip

1 error(s)
Constraint has already been applied to the selected sketch object.
More Info

구속조건을 적용했더니 에러 메시지가 떠요.
스케치를 하면서 구속조건이 자동으로 적용될 때가 있습니다.
예를 들어 탄젠트가 적용되도록 스케치를 한 후에 다시 탄젠트 구속조건을 적용하면 '선택한 스케치 개체에 구속조건이 이미 적용이 되었습니다.' 라는 영문 에러 메시지가 뜹니다.

⑤ [CREATE] ⇨ [Sketch Dimension]⊢ 클릭 ⇨ 치수를 입력하고 싶은 선을 클릭 ⇨ 치수 입력할 위치로 마우스 포인트를 이동 후 클릭 ⇨ '8mm' 입력 ⇨ 다른 곳도 치수 입력하기 ⇨ Esc ⇨ [FINISH SKETCH] ✓ 클릭

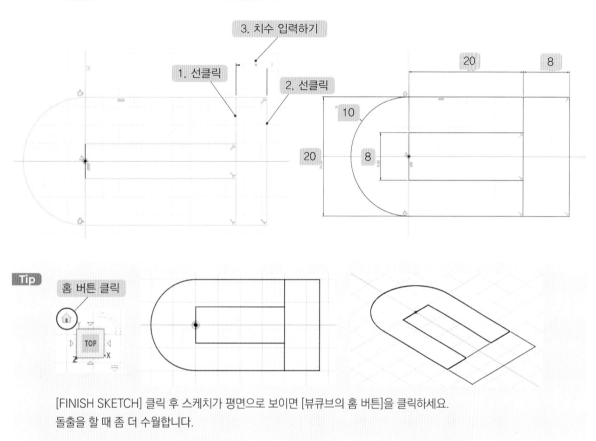

[FINISH SKETCH] 클릭 후 스케치가 평면으로 보이면 [뷰큐브의 홈 버튼]을 클릭하세요. 돌출을 할 때 좀 더 수월합니다.

⑥ [CREATE] ⇨ [Extrude]▥ 클릭 ⇨ 돌출할 Profile(면) 클릭 ⇨ [Distance] '23mm' 입력 ⇨ [OK] 클릭(스케치가 안 보이면 BROWSER(브라우저)의 스케치 ▷ 버튼을 클릭하고, 스케치 전구를 클릭하여 켜주기)

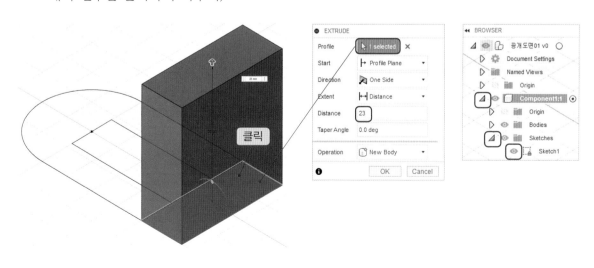

● [CREATE] ⇨ [Extrude] 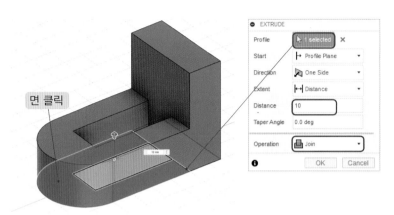 클릭 ⇨ 돌출할 Profile(면) 클릭 ⇨ [Distance] '10mm' 입력
● [Operation] ⇨ 'Join'으로 선택 ⇨ [OK] 클릭

⑦ 슬롯을 그릴 면 클릭 ⇨ 마우스 오른쪽 버튼 클릭 ⇨ [Create Sketch] 클릭
● [CREATE] ⇨ [Slot] ⇨ [Center to Center Slot] 클릭 ⇨ 슬롯 그리기 ⇨ Esc
● [CREATE] ⇨ [Sketch Dimension] 클릭 ⇨ 슬롯의 중심선의 양쪽 두 점을 각각 클릭 ⇨ 치수 입력할 위치로 마우스 포인트를 이동 후 클릭 ⇨ '8mm' 입력 ⇨ Enter ⇨ 다른 곳도 치수 입력하기

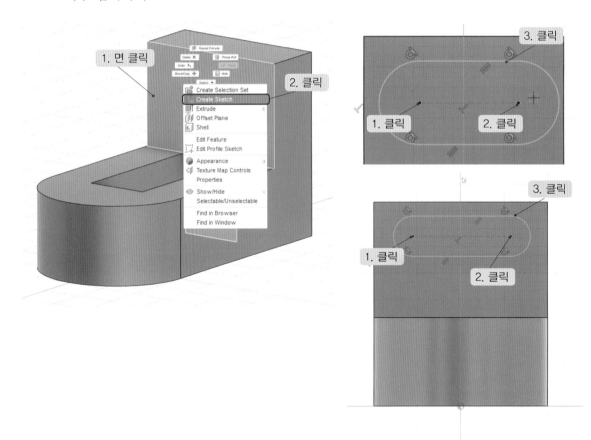

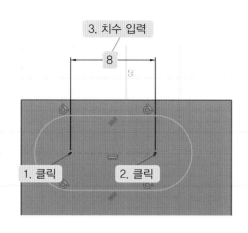 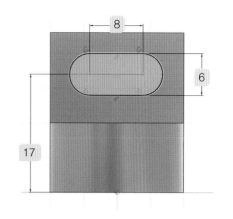

⑧ **중요 [선의 중심점을 찾아서 수직수평 구속조건 하기]**
- [CONSTRAINTS] ⇨ [Horizontal/Vertical] ⫶⫶ 클릭 ⇨ Shift + 슬롯의 중심선의 가운데 🔔, 미드포인트 마크가 나타나면 클릭 ⇨ 원점 클릭 ⇨ 마우스 오른쪽 버튼 클릭 ⇨ [OK] 클릭 ⇨ [FINISH SKETCH] ✅ FINISH SKETCH ▾ 클릭

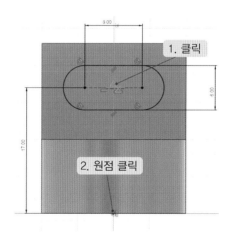

⑨ [CREATE] ⇨ [Extrude] 🔲 클릭 ⇨ 슬롯의 면 클릭 ⇨ 수직 이동툴 ➡ 을 구멍 부분이 빨간색으로 변하는 방향으로 드래그 ⇨ [OK] 클릭

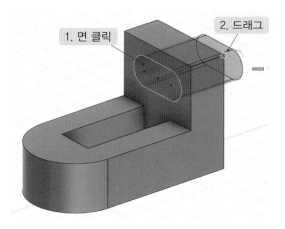 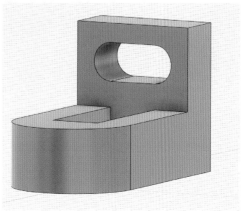

⑩ [MODIFY] ⇨ [Fillet] 🖹 클릭 ⇨ 필렛을 부여할 선 클릭 ⇨ '6mm' 입력 ⇨ 작업창에서 ➕ 클릭 ⇨ 필렛을 부여할 선 클릭 ⇨ '3mm' 입력 ⇨ [OK] 클릭

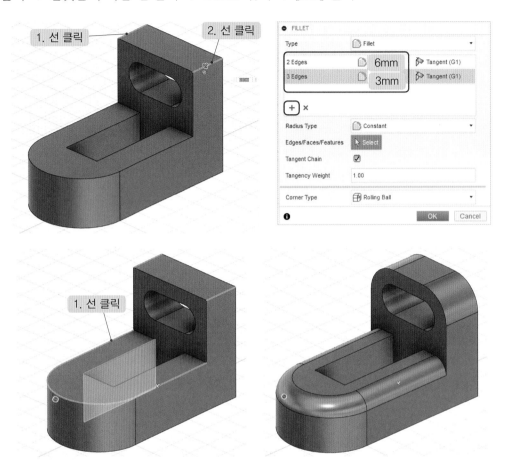

⑪ [MODIFY] ⇨ [Chamfer] 🖹 클릭 ⇨ 챔퍼를 부여할 선 클릭 ⇨ '5mm' 입력 ⇨ [OK] 클릭

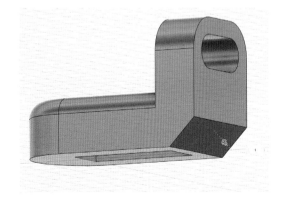 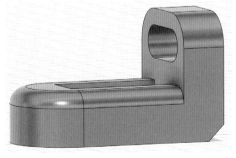

⑫ 중요 [B공차 부여하기]

- [MODIFY] ➡ [Offset Face] 🗐 클릭 ➡ 공차 부여할 면 클릭 ➡ '−1mm' 입력 ➡ [OK] 클릭

1. 면 클릭

⑬ 메인 부품의 버튼을 클릭하여 활성화하기(부품 ②를 메인 부품 아래로 포함시키기 위해서)

(나) 부품 ② 모델링하기

⑭ [ASSEMBLE(조립)] ➡ [New Component(새 부품)]를 클릭 ➡ [OK] 클릭

 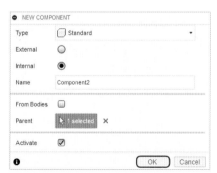 

Tip 부품 ①이 안 보이게 하고 싶을 때에는 [BROWSER]에서

▷ 👁 ⬜ Component1:1   의 전구를 꺼주세요.

⑮ [CREATE] ⇨ [Create Sketch] 클릭 ⇨ YZ평면(RIGHT뷰) 클릭

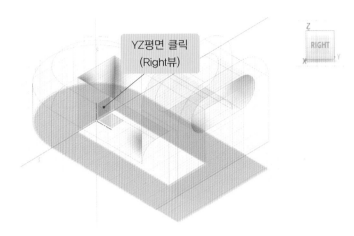

⑯ [CREATE] ⇨ [Rectangle] ⇨ [2-Point Rectangle] ☐ 클릭 ⇨ 사각형 3개 그리기
⇨ Esc

• [CONSTRAINTS] ⇨ [MidPoint] △ 클릭 ⇨ 원점 클릭 ⇨ 선 클릭(그림2~4번) ⇨ 마우스 오른쪽 버튼 클릭 ⇨ [OK]클릭

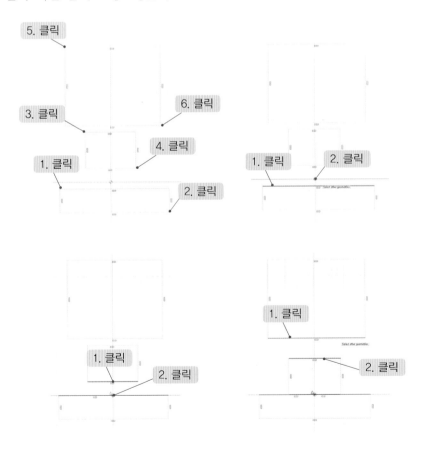

⑰ [CREATE] ⇨ [Sketch Dimension]├┤ 클릭 ⇨ 치수를 입력하고 싶은 선을 클릭 ⇨ 치수
입력 하기 ⇨ Esc

● [FINISH SKETCH] FINISH SKETCH ▾ 클릭

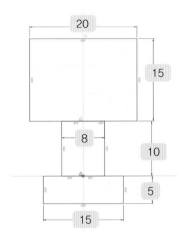

⑱ [CREATE] ⇨ [Extrude] 클릭 ⇨ [Profile] 클릭 ⇨ 돌출할 Profile(면) 클릭 ⇨
[Distance] '8mm' 입력 ⇨ [OK] 클릭

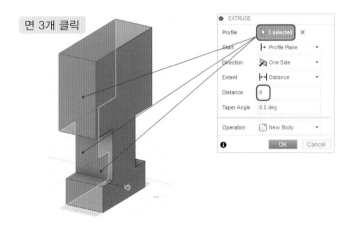

⑲ [MODIFY] ⇨ [Fillet] 클릭 ⇨ 필렛을 부여할 선 클릭 ⇨ '5mm' 입력 ⇨ [OK] 클릭

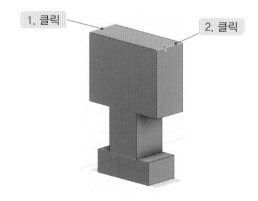

⑳ 뷰큐브의 이미지처럼 화면을 회전을 했을 때 보이는 면에서 스케치를 했어요.
- 비번호를 스케치할 면 클릭 ⇨ 마우스 오른쪽 버튼 클릭 ⇨ [Create Sketch] 클릭
- [CREATE] 클릭 ⇨ [Text] 클릭 ⇨ 텍스트 상자 그리기 ⇨ 텍스트 옵션창에 비번호 입력, B(진하게), 크기 '10mm', 가운데 정렬 클릭 ⇨ [OK] 클릭 ⇨ [FINISH SKETCH] 클릭

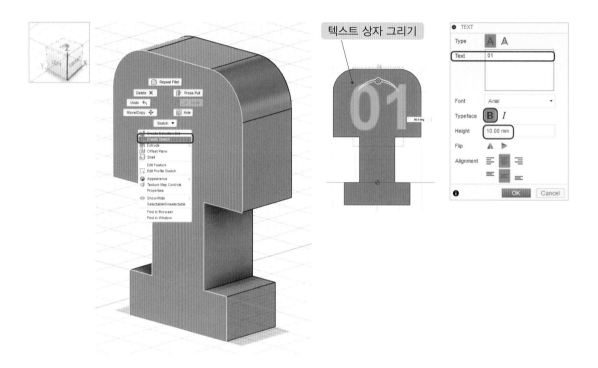

㉑ [CREATE] ⇨ [Extrude] 클릭 ⇨ 숫자의 면 클릭 ⇨ [Distance] '−1mm' 입력 ⇨ [OK] 클릭

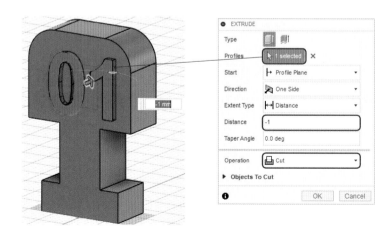

㉒ **중요 [A공차 부여하기]**
- [MODIFY] ⇨ [Offset Face] 🗗 클릭 ⇨ 공차 부여할 면 클릭 ⇨ '−0.5mm' 입력 ⇨ [OK] 클릭

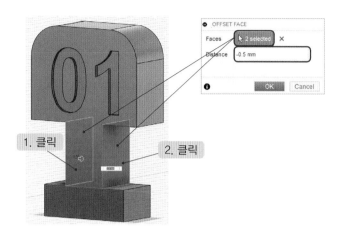

㉓ **저장하기**
- [BROWSER]에서 ▷ 👁 ⬜ Component1:1 의 전구를 켜기 ⇨ 메인 부품의 버튼을 클릭하여 활성화하기
- **[부품 ① 저장하기]** 브라우저에서 부품 ① 클릭 ⇨ 마우스 오른쪽 버튼 클릭 ⇨ [Export] 클릭 ⇨ 파일 이름 '비번호_01.f3d' ⇨ [Export] 클릭 ⇨ 파일 이름 '비번호_01.stp' ⇨ [Export] 클릭
- **[부품 ② 저장하기]** 브라우저에서 부품 ② 클릭 ⇨ 마우스 오른쪽 버튼 클릭 ⇨ [Export] 클릭 ⇨ 파일 이름 '비번호_02.f3d' ⇨ [Export] 클릭 ⇨ 파일 이름 '비번호_02.stp' ⇨ [Export] 클릭

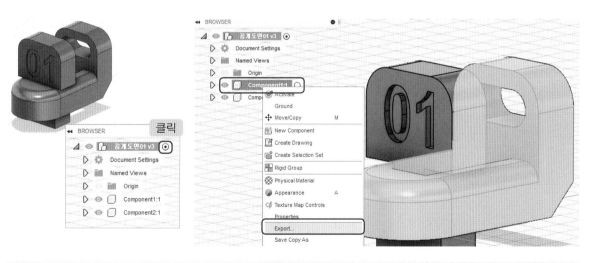

Tip 주어진 도면의 부품 ①과 부품 ②를 도면과 같이 저장하기 위해 어셈블리를 하기 전 저장을 합니다.
각각의 공개도면마다 저장하는 시점이 다를 수 있으며 학습자가 저장하기 수월한 시점에서 저장을 해도 됩니다.

24 **어셈블리 하기**

- [Component1:1] 클릭 ⇨ 마우스 오른쪽 버튼 클릭 ⇨ [Ground] 클릭(부품을 고정하기)

25 [ASSEMBLE] ⇨ [Joint] ⇨ 부품 ①과 맞닿을 곳 ◎ 을 클릭 ⇨ 부품 ②와 맞닿을 곳을 클릭 ⇨ 이동핸들과 회전핸들을 이용하여 배치하기

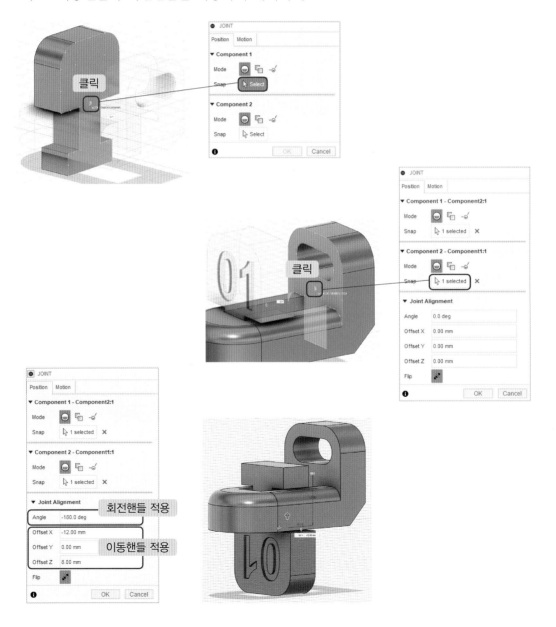

㉖ [INSPECT] ⇨ [Interference] 🔳 클릭 ⇨ 부품 ① 클릭 ⇨ 부품 ② 클릭 ⇨ 옵션창에서 [Compute]의 🔳 클릭

- [INSPECT] ⇨ [Section Analysis] 🔳 클릭 ⇨ 단면을 확인하고 싶은 면 클릭 ⇨ 이동툴 을 클릭 후 드래그 하면 단면을 확인할 수 있다.(그림은 옆면과 윗면의 단면을 확인함)

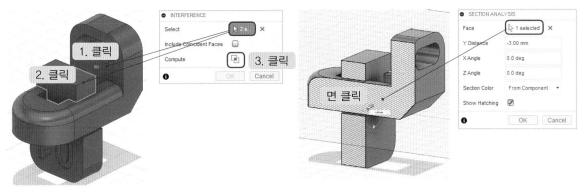

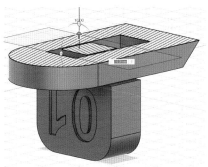

㉗ **어셈블리 저장하기**

- 브라우저에서 메인 부품 클릭 ⇨ 마우스 오른쪽 버튼 클릭 ⇨ [Export] 클릭(비번호 각인 확인하기)
- 파일 이름 '비번호_03.f3d' ⇨ [Export] 클릭 ⇨ 파일 이름 '비번호_03.stp' ⇨ [Export] 클릭

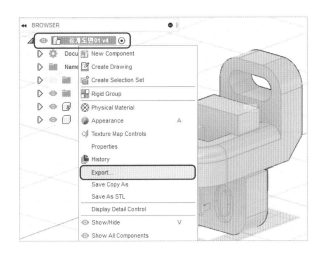

㉘ STL 저장하기

- 브라우저에서 메인 부품 클릭 ⇨ 마우스 오른쪽 버튼 클릭 ⇨ [Save As STL] 클릭
- 저장 옵션창의 기본 설정 확인 후 [OK] 클릭 ⇨ 파일 이름 '비번호_04' ⇨ 파일 형식 'STL' 확인하기 ⇨ [저장] 클릭

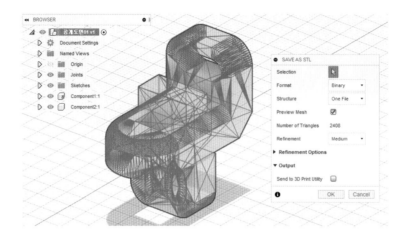

㉙ G-code 파일 저장하기

- Makerbot Print(메이커봇 슬라이싱 프로그램) 실행
- STL 파일 불러오기 ⇨ 출력방향 🔄[Orient] 선택 ⇨ 정렬하기 ⯑[Arrange]
- 설정⚙에서 [Support Type] 'Breakaway Support' 클릭 ⇨ 미리보기 🕐[Preview] 클릭 ⇨ [Export]

Tip 출력 예상 시간 1시간 20분이 넘어가면 ⚙ [Print Settings]에서 Layer 두께 설정하기

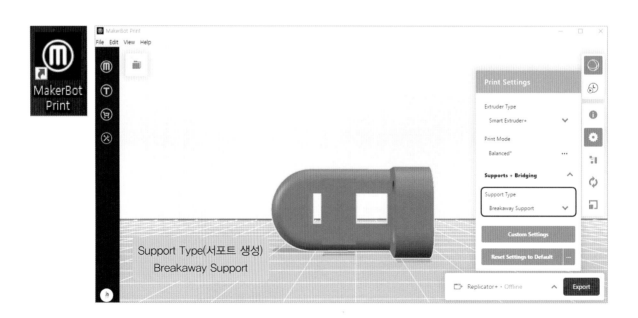

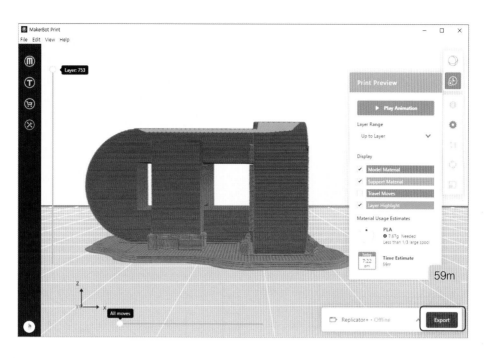

● 파일 이름 '비번호_04' ⇨ 파일 형식 'Makerbot' ⇨ [저장] 클릭
● 바탕화면에 만든 비번호 폴더에 저장이 잘 되었는지 확인한다.

㉚ 출력물 완성

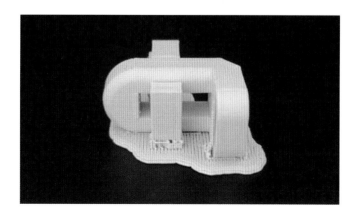

공 개 도 면 ②

자격종목	3D프린터운용기능사	[시험 1] 과제명	3D모델링 작업	척도	NS

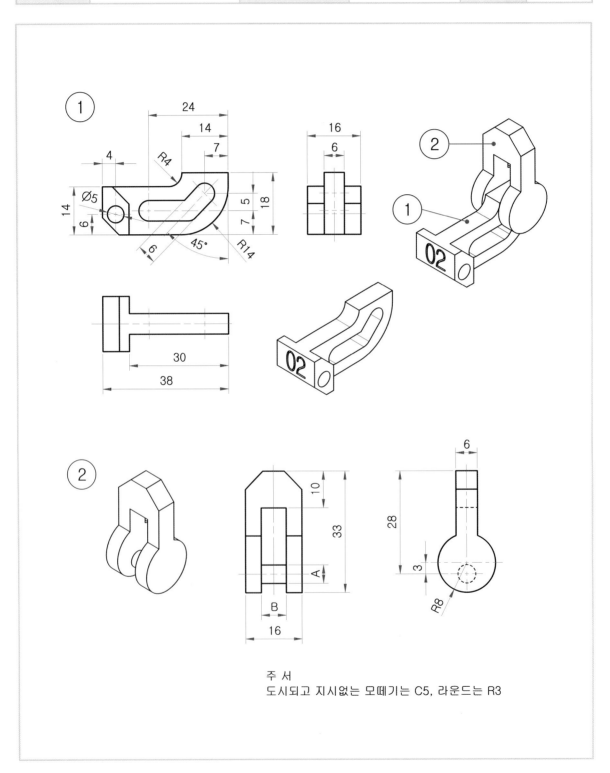

주 서
도시되고 지시없는 모떼기는 C5, 라운드는 R3

(1) 도면 풀이와 A, B 치수 결정하기

- A=5mm A힌트(6)=6보다 ±1mm=공차는 ±0.5mm
  (A는 A의 힌트 안으로 조립이 되므로 A가 더 작아야 한다.)
- B=7mm B힌트(6)=6보다 ±1mm=공차는 ±0.5mm
  (B의 힌트는 B의 안으로 조립이 되므로 B가 더 커야 한다.)

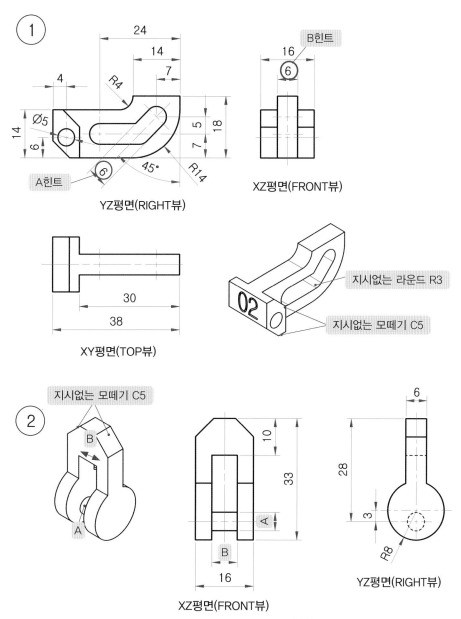

풀이 도면에서 표기가 없이 비스듬한 경사는 Chamfer(챔퍼) 5mm, 둥글게 된 곳은 Fillet(필렛) 3mm를 적용하시오.

(2) 공개도면 ② 모델링 순서 생각하기

(가)	부품 ① 모델링하기 비번호 각인하기	(나)	부품 ② 모델링하기 공차 부여하기	(다)	어셈블리하기 모델링 검토하기 파일 저장하기

(가) 부품 ① 모델링하기

① [ASSEMBLE(조립)] ⇨ [New Component(새 부품)]를 클릭 ⇨ [OK]를 클릭
   BROWSER에서 Component1:1 이 생성되었는지 확인하기

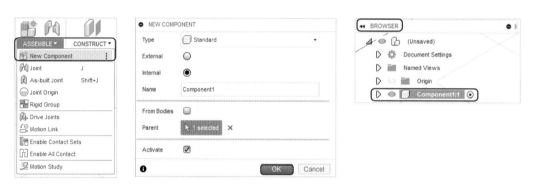

② [CREATE] ⇨ [Create Sketch] 클릭 ⇨ YZ평면(RIGHT뷰) 클릭

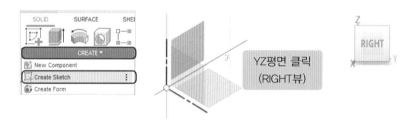

③ [CREATE] ⇨ [Line] 클릭 ⇨ Line으로 1~10까지 그리기(주의 : 선과 선이 잘 연결되도록 그리기)

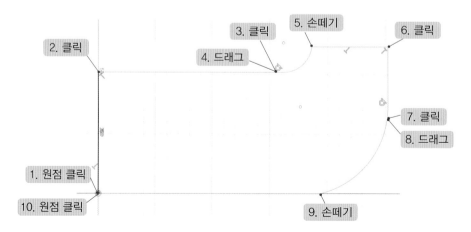

④ [CONSTRAINTS] ⇨ [Horizontal/Vertical] ⫪ 클릭 ⇨ 수직 또는 수평을 만들고자 하는 선 클릭 ⇨ Esc (수직 또는 수평 적용이 필요할 때 사용하기)

- [CONSTRAINTS] ⇨ [Tangent] ○ 클릭 ⇨ 호와 선 클릭 ⇨ Esc
- [CONSTRAINTS] ⇨ [Coincident] └ 클릭 ⇨ 1선 클릭, 원점 클릭 ⇨ 3선 클릭, 원점 클릭 ⇨ Esc

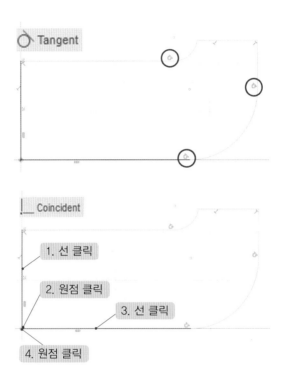

⑤ [CREATE] ⇨ [Sketch Dimension] ⊢ 클릭 ⇨ 치수를 입력하고 싶은 선 클릭 ⇨ 치수 입력할 위치로 마우스 포인트를 이동 후 클릭 ⇨ 치수 입력 ⇨ 다른 곳도 치수 입력하기 ⇨ Esc

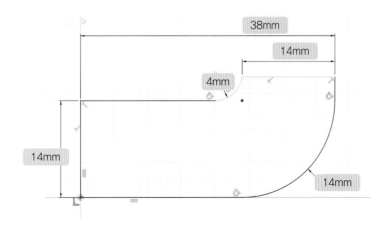

⑥ [CREATE] ⇨ [Line] 클릭 ⇨ Line으로 1~11까지 그리기
(주의 : 선과 선이 잘 연결되도록 그리기)
- [CREATE] ⇨ [Circle] ⇨ [Center Diameter Circle] 클릭 ⇨ 원 그리기 ⇨ Esc

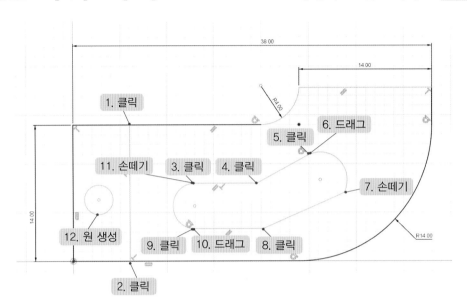

⑦ [CONSTRAINTS] ⇨ [Tangent] ◯ 클릭 ⇨ 호와 선 클릭 ⇨ Esc
- [CONSTRAINTS] ⇨ [Parallel] ⫽ 클릭 ⇨ 1~2선 클릭 ⇨ 3~4선 클릭 ⇨ Esc
- [CONSTRAINTS] ⇨ [Equal] ═ 클릭 ⇨ 1~2호 클릭 ⇨ Esc

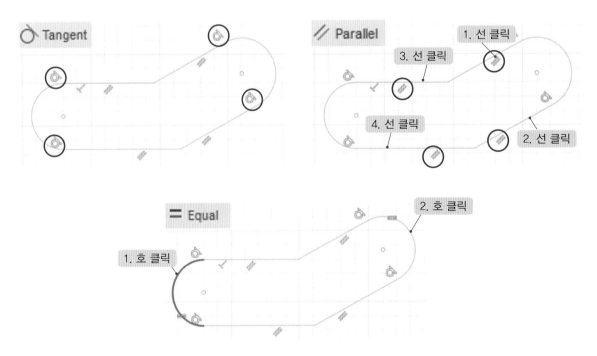

⑧ [CREATE] ⇨ [Sketch Dimension] 🗔 클릭 ⇨ 치수를 입력하고 싶은 선 클릭 ⇨ 치수 입력할 위치로 마우스 포인트를 이동 후 클릭 ⇨ 치수 입력 ⇨ Esc ⇨ [FINISH SKETCH] 🔘 FINISH SKETCH ▾ 클릭

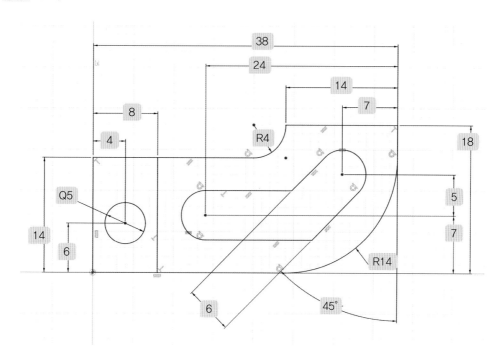

⑨ [CREATE] ⇨ [Extrude] 🔳 클릭 ⇨ 돌출할 Profile(면) 클릭 ⇨ [Direction] 'Symmetric' 클릭

- [Measurement] '🗔' 클릭 ⇨ [Distance] '6mm' 입력 ⇨ [OK] 클릭 (스케치 전구 켜기)
- [CREATE] ⇨ [Extrude] 🔳 클릭 ⇨ 돌출할 Profile(면) 클릭 ⇨ [Direction] 'Symmetric' 클릭
- [Measurement] '🗔' 클릭 ⇨ [Distance] '16mm' 입력 ⇨ [Operation] ⇨ 'Join' ⇨ [OK] 클릭

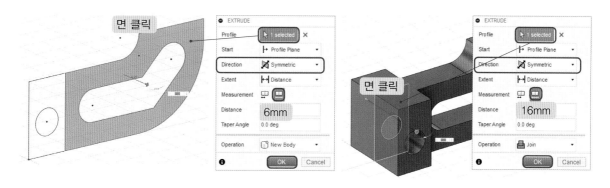

⑩ [MODIFY] ⇨ [Chamfer] 🌑 클릭 ⇨ 챔퍼를 부여할 선 클릭 ⇨ '5mm' 입력 ⇨ [OK] 클릭

⑪ [MODIFY] ⇨ [Fillet] 🌑 클릭 ⇨ 필렛을 부여할 선 클릭 ⇨ '3mm' 입력 ⇨ [OK] 클릭

⑫ 비번호를 스케치할 면 클릭 ⇨ 마우스 오른쪽 버튼 클릭 ⇨ [Create Sketch] 클릭
 • [CREATE] ⇨ [Text] 클릭 ⇨ 텍스트 상자 그리기 ⇨ 텍스트 옵션창에 비번호 입력,
 B(진하게), 크기 '7.5mm' ⇨ [OK] 클릭 ⇨ [FINISH SKETCH] 클릭

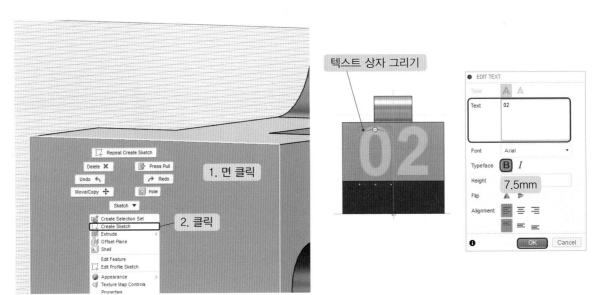

⑬ [CREATE] ⇨ [Extrude]  클릭 ⇨ 숫자의 면 클릭 ⇨ [Distance] '−1mm' 입력 ⇨ [OK] 클릭

● 메인 부품의 버튼을 클릭하여 활성화하기(부품 ②를 메인 부품 아래로 포함시키기 위해서)

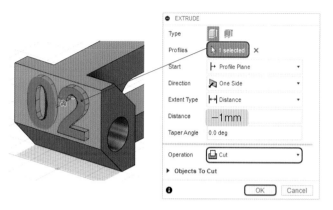

(나) 부품 ② 모델링하기

⑭ [ASSEMBLE(조립)] ⇨ [New Component(새 부품)]를 클릭 ⇨ [OK] 클릭

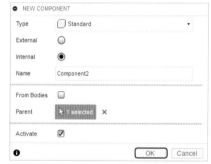

⑮ [CREATE] ⇨ [Create Sketch] 클릭 ⇨ YZ평면(RIGHT뷰) 클릭

● [CREATE] ⇨ [Circle] ⇨ [Center Diameter Circle] 클릭 ⇨ 원(16mm), 원(6mm) 2개 그리기 ⇨ Esc

● [CREATE] ⇨ [Rectangle] ⇨ [2−Point Rectangle] 클릭 ⇨ 사각형 그리기 ⇨ Esc

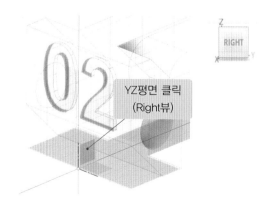
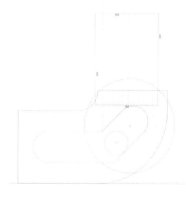

⑯ [CONSTRAINTS] ⇨ [Concentric] ◎ 클릭 ⇨ 부품 ①의 호 클릭, 큰 원의 호 클릭

- **중요 [선의 중심점을 찾아서 수직수평 구속조건 하기]**
- [CONSTRAINTS] ⇨ [Horizontal/Vertical] ⫞ 클릭 ⇨ 큰 원의 중심점 클릭, Shift +사각형의 윗선 가운데 ▨, 미드포인트 마크가 나타나면 클릭(1~2점 클릭) ⇨ 큰 원의 중심점, 작은 원의 중심점 클릭(3~4점 클릭) ⇨ Esc

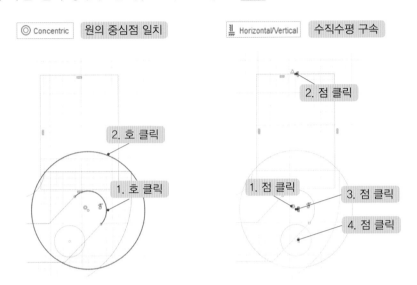

⑰ [MODIFY] ⇨ [Trim] ✂ 클릭 ⇨ 필요 없는 선 클릭 ⇨ Esc

- [CREATE] ⇨ [Sketch Dimension] ⊢ 클릭 ⇨ 치수를 입력하고 싶은 선 클릭 ⇨ 치수 입력할 위치로 마우스 포인트를 이동 후 클릭 ⇨ 치수 입력 ⇨ Esc ⇨ [FINISH SKETCH] ✓ 클릭

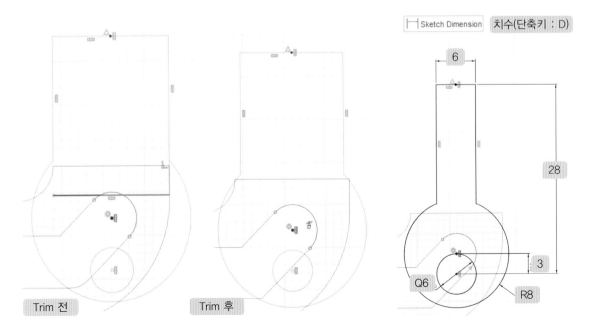

⑱ [CREATE] ⇨ [Extrude] ▮ 클릭 ⇨ 돌출할 Profile(면) 클릭 ⇨ [Direction] 'Symmetric' 클릭

● [Measurement] '⊡' 클릭 ⇨ [Distance] '16mm' 입력 ⇨ [OK] 클릭

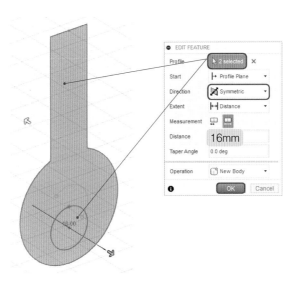

⑲ 스케치할 면 클릭 ⇨ 마우스 오른쪽 버튼 클릭 ⇨ [Create Sketch] 클릭

● [CREATE] ⇨ [Rectangle] ⇨ [2-Point Rectangle] ▢ 클릭 ⇨ 사각형 그리기 ⇨ Esc

● [CONSTRAINTS] ⇨ [Horizontal/Vertical] ⫼ 클릭 ⇨ 원점 클릭, Shift +사각형의 윗 선 가운데 ◩, 미드포인트 마크가 나타나면 클릭 ⇨ Esc

● [CREATE] ⇨ [Sketch Dimension] ⊓ 클릭 ⇨ 치수를 입력하고 싶은 선 클릭 ⇨ 치 수 입력할 위치로 마우스 포인트를 이동 후 클릭 ⇨ 치수 입력 ⇨ Esc ⇨ [FINISH SKETCH] ◉ 클릭(사각형 길게 그리기)

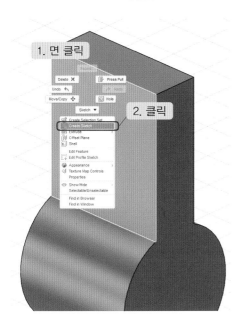

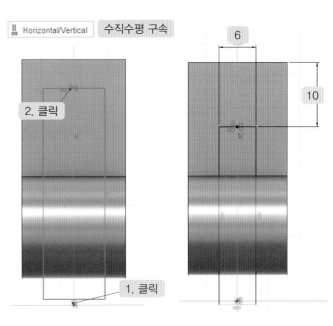

⑳ [CREATE] ⇨ [Extrude] ▦ 클릭 ⇨ 돌출할 Profile(면) 클릭 ⇨ [Direction] 'Symmetric' 클릭
  - [Measurement] '⊞' 클릭 ⇨ 수직 이동툴 ⇨ 을 드래그하여 관통되게 하기 ⇨ [OK] 클릭

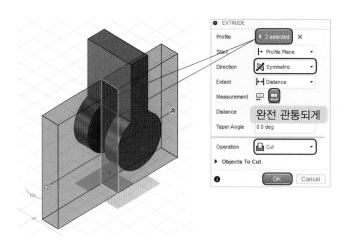

㉑ [BROWSER]에서 Comoponent2:1 ▷ 클릭 ⇨ Sketches의 ▷ 클릭 ⇨ Sketch1의 전구를 켜기
  - [CREATE] ⇨ [Extrude] ▦ 클릭 ⇨ 돌출할 Profile(면) 클릭 ⇨ [Direction] 'Symmetric' 클릭
  - [Measurement] '⊞' 클릭 ⇨ [Distance] '8~15 mm 정도' 입력 ⇨ [Operation] 'Join' ⇨ [OK] 클릭

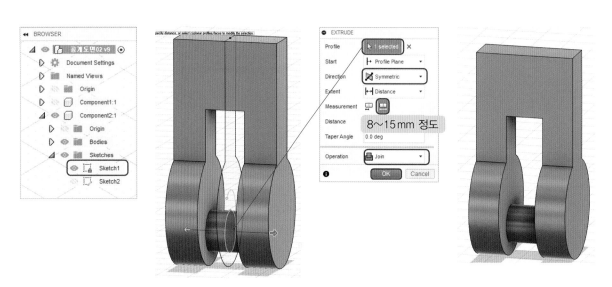

㉒ [MODIFY] ⇨ [Chamfer] 🪣 클릭 ⇨ 챔퍼를 부여할 선 2곳 클릭 ⇨ '5mm' 입력 ⇨ [OK] 클릭

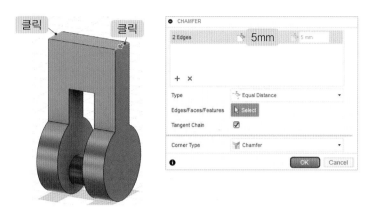

㉓ 중요 [A공차 부여하기] [MODIFY]–[Offset Face] 🗗 클릭 ⇨ 공차 부여할 면 클릭 ⇨ '-0.5mm' 입력 ⇨ [OK] 클릭

- [B공차 부여하기] [MODIFY]–[Offset Face] 🗗 클릭 ⇨ 공차 부여할 면 클릭 ⇨ '-0.5mm' 입력 ⇨ [OK] 클릭
- [INSPECT] ⇨ [Measure] 🗒 클릭 ⇨ A공차 확인할 면 클릭, B공차 확인하기

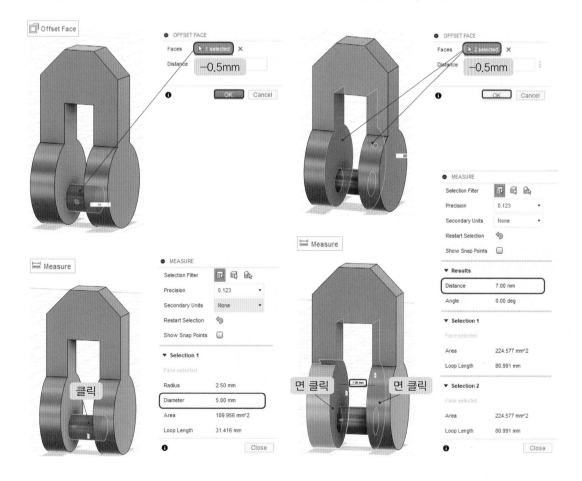

㉔ 메인 부품의 버튼을 클릭하여 활성화하기(부품 ②를 메인 부품 아래로 포함시키기 위해서)

- [Component1:1] 클릭 ⇨ 마우스 오른쪽 버튼 클릭 ⇨ [Ground] 클릭(부품을 고정하기)

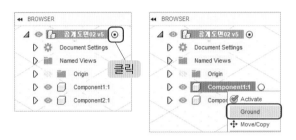

㉕ [ASSEMBLE] ⇨ [Joint] ⇨ 부품 ①과 맞닿을 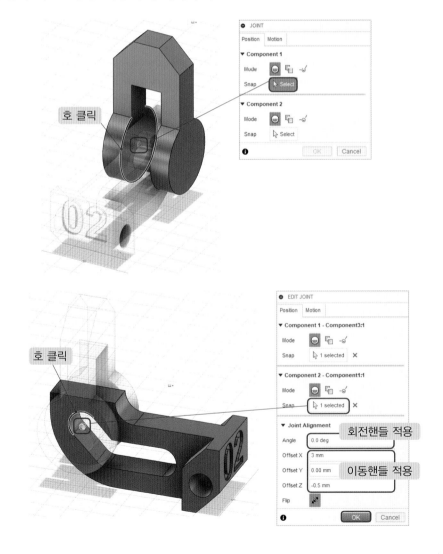을 클릭(호를 클릭하면 호의 중심점이 선택된다.) ⇨ 부품 ②와 맞닿을 곳 을 클릭(호를 클릭하면 호의 중심점이 선택된다.) ⇨ 이동 핸들과 회전핸들을 이용하여 배치하기

㉖ [INSPECT] ⇨ [Interference]▣ 클릭 ⇨ 부품 ① 클릭 ⇨ 부품 ② 클릭 ⇨ 옵션창에서 [Compute]의 ▣ 클릭

● [INSPECT] ⇨ [Section Analysis] ▦] 클릭 ⇨ 단면을 확인하고 싶은 면 클릭 ⇨ 이동툴을 클릭 후 드래그 하면 단면을 확인할 수 있다.(그림은 옆면과 윗면의 단면을 확인함)

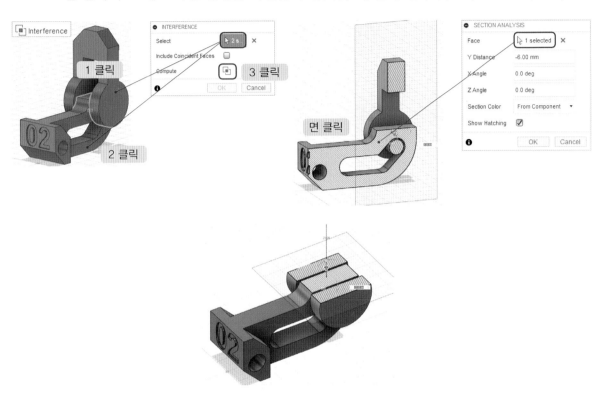

㉗ 저장하기

[부품 ① 저장하기] 브라우저에서 부품 ① 클릭 ⇨ 마우스 오른쪽 버튼 클릭 ⇨ [Export] 클릭 ⇨ 파일 이름 '비번호_01.f3d' ⇨ [Export] 클릭 ⇨ 파일 이름 '비번호_01.stp' ⇨ [Export] 클릭

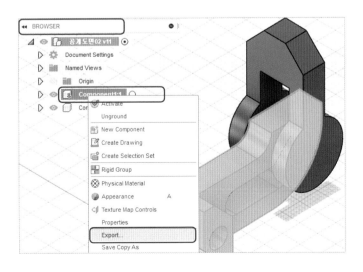

[부품 ② 저장하기] 브라우저에서 부품 ② 클릭 ⇨ 마우스 오른쪽 버튼 클릭 ⇨ [Export] 클릭 ⇨ 파일 이름 '비번호_02.f3d' ⇨ [Export] 클릭 ⇨ 파일 이름 '비번호_02.stp' ⇨ [Export] 클릭

[어셈블리 저장하기]
- 브라우저에서 메인 부품 클릭 ⇨ 마우스 오른쪽 버튼 클릭 ⇨ [Export] 클릭(비번호 각인 확인하기)
- 파일 이름 '비번호_03.f3d' ⇨ [Export] 클릭 ⇨ 파일 이름 '비번호_03.stp' ⇨ [Export] 클릭

[STL 저장하기]
- 브라우저에서 메인 부품 클릭 ⇨ 마우스 오른쪽 버튼 클릭 ⇨ [Save As STL] 클릭
- 저장 옵션창의 기본 설정 확인 후 [OK] 클릭 ⇨ 파일 이름 '비번호_04' ⇨ 파일 형식 'STL' 확인하기 ⇨ [저장] 클릭

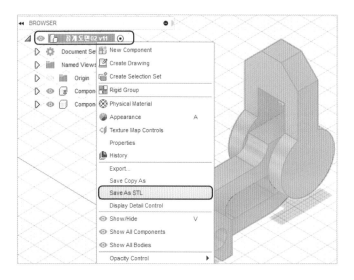

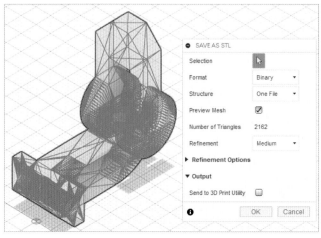

[G-code 파일 저장하기]

- Makerbot Print(메이커봇 슬라이싱 프로그램) 실행
- STL 파일 불러오기 ⇨ 출력방향 ⟳[Orient] 선택 ⇨ 정렬하기 ▐[Arrange]
- 설정 ⚙에서 [Support Type] 'Breakaway Support' 클릭 ⇨ 미리보기 🕐[Preview] 클릭
  ⇨ [Export]

Tip   출력 예상 시간 1시간 20분이 넘어가면 ⚙ [Print Settings]에서 Layer 두께 설정하기

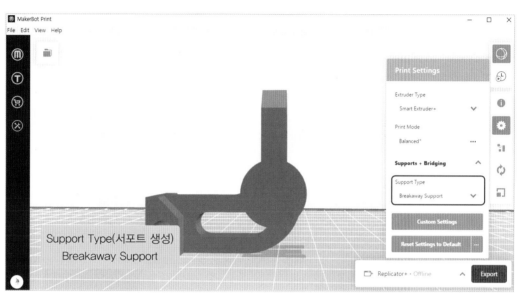

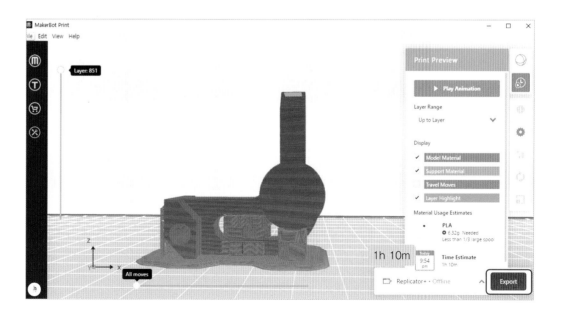

- 파일 이름 '비번호_04' ⇨ 파일 형식 'Makerbot' ⇨ [저장] 클릭
- 바탕화면에 만든 비번호 폴더에 저장이 잘 되었는지 확인한다.

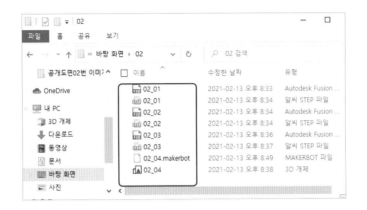

㉘ 출력물 완성

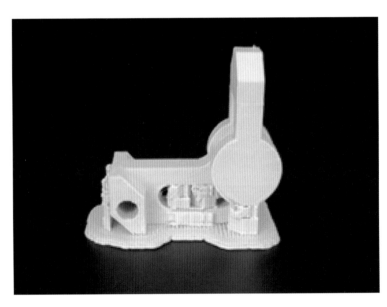

공 개 도 면 ③

자격종목	3D프린터운용기능사	[시험 1] 과제명	3D모델링 작업	척도	NS

(1) 도면 풀이와 A, B 치수 결정하기

- A=5mm A힌트(6)=6보다 ±1mm=공차는 ±0.5mm
  (A는 A의 힌트 안으로 조립이 되므로 A가 더 작아야 한다.)
- B=7mm B힌트(8)=8보다 ±1mm=공차는 ±0.5mm
  (B는 B의 힌트 안으로 조립이 되므로 B가 더 작아야 한다.)

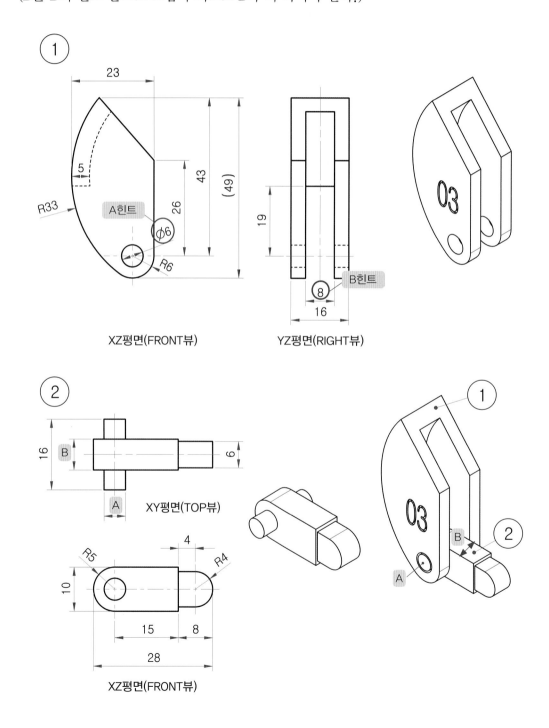

(2) 공개도면 ③ 모델링 순서 생각하기

(가)	부품 ① 모델링하기 비번호 각인하기	(나)	부품 ② 모델링하기 공차 부여하기	(다)	어셈블리하기 모델링 검토하기 파일 저장하기

(가) 부품 ① 모델링하기

① [ASSEMBLE(조립)] ⇨ [New Component(새 부품)]를 클릭 ⇨ [OK] 클릭
  * BROWSER에서 Component1:1이 생성되었는지 확인하기

  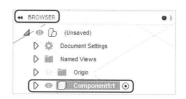

② [CREATE] ⇨ [Create Sketch] 클릭 ⇨ XZ평면(FRONT뷰) 클릭

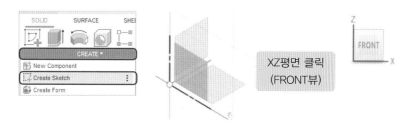

③ [CREATE] ⇨ [Circle] ⇨ [Center Diameter Circle] 클릭 ⇨ 원 그리기(6mm) ⇨ Esc
  * [CREATE] ⇨ [Line] 클릭 ⇨ Line으로 1~7까지 그리기(주의 : 선과 선이 잘 연결되도록 그리기)
  * [CONSTRAINTS] ⇨ [Horizontal/Vertical] ⫢ 클릭 ⇨ 수직 만들고자 하는 선 클릭 ⇨ Esc
  * [CONSTRAINTS] ⇨ [Tangent] ○ 클릭 ⇨ 호와 선 클릭, 호와 호 클릭 ⇨ Esc
  * [CONSTRAINTS] ⇨ [Concentric] ◎ 클릭 ⇨ 작은 원의 호 클릭 ⇨ 큰 호 클릭 ⇨ Esc

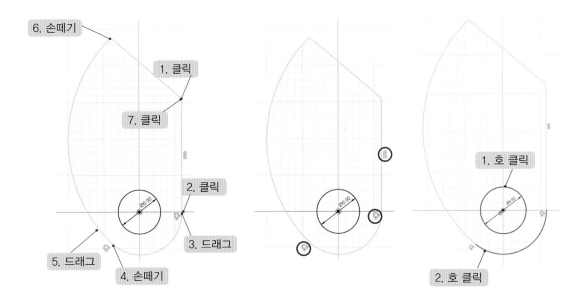

④ [CREATE] ⇨ [Sketch Dimension] ⊢ 클릭 ⇨ 치수를 입력하고 싶은 선 클릭 ⇨ 치수 입력할 위치로 마우스 포인트를 이동 후 클릭 ⇨ 치수 입력

● **중요** [호와 선의 치수 입력하기] ⇨ [CREATE] ⇨ [Sketch Dimension] ⊢ 클릭 ⇨ 마우스 오른쪽 버튼 클릭

● [Pick Circle/Arc Tangent] 클릭 ⇨ 호 클릭, 선 클릭 ⇨ 치수 입력

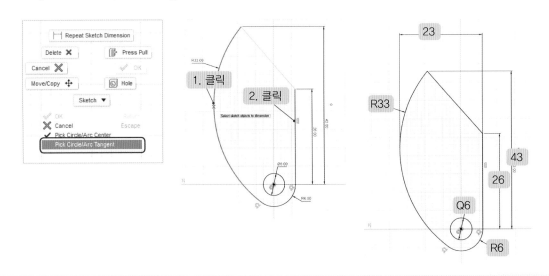

Tip

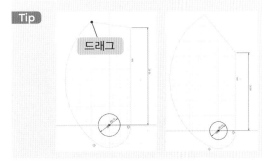

치수 입력 시 스케치 모양이 이상해지면 도면과 비슷한 모양으로 선이나 점을 이동하여 스케치 모양을 잡아줍니다.

⑤ [CREATE] ⇨ [Arc] ⇨ [3-Point Arc] 클릭 ⇨ 1~3 그리기 ⇨ [Line] ⇨ 선 그리기 ⇨ Esc

- [CONSTRAINTS] ⇨ [Concentric] ◎ 클릭 ⇨ 1호 클릭 ⇨ 2호 클릭 ⇨ Esc
- [CREATE] ⇨ [Sketch Dimension]⊢ 클릭 ⇨ 치수를 입력하고 싶은 선 클릭 ⇨ 치수 입력할 위치로 마우스 포인트를 이동 후 클릭 ⇨ 치수 입력 ⇨ Esc ⇨ [FINISH SKETCH] 클릭

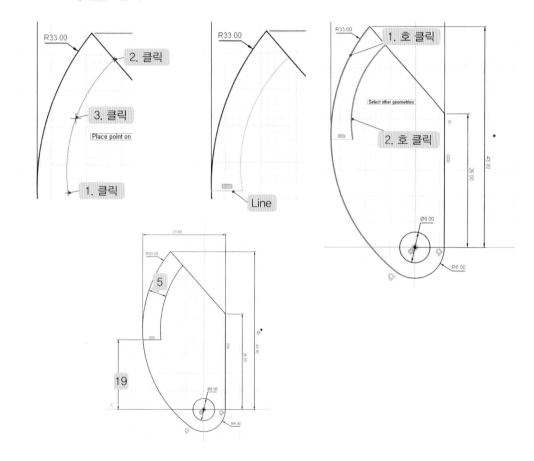

⑥ [CREATE] ⇨ [Extrude] 클릭 ⇨ 돌출할 Profile(면) 클릭 ⇨ [Direction] 'Symmetric' 클릭

- [Measurement] '몹' 클릭 ⇨ [Distance] '16mm' 입력 ⇨ [OK] 클릭

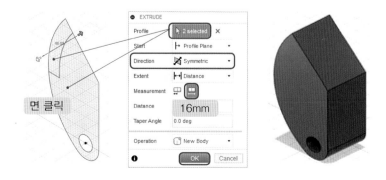

- [BROWSER]에서 Comoponent1:1 ▷ 클릭 ⇨ Sketches의 ▷ 클릭 ⇨ Sketch1의 전구를 켜기 ⇨ Bodies 전구 *끄기* ⇨ 면 클릭 ⇨ Bodies 전구 켜기
- [CREATE] ⇨ [Extrude] 🖼 클릭 ⇨ 돌출할 Profile(면) 클릭 ⇨ [Direction] 'Symmetric' 클릭
- [Measurement] '🖳' 클릭 ⇨ [Distance] '8mm' 입력 ⇨ [Operation] 'Cut' ⇨ [OK] 클릭

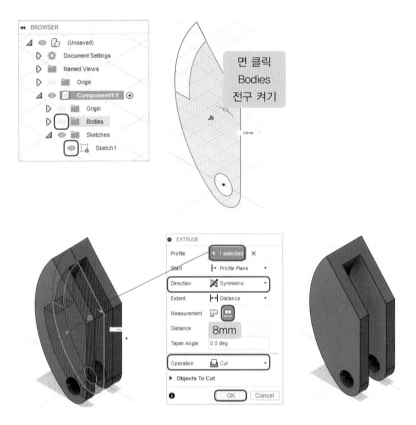

⑦ 비번호를 스케치할 면 클릭 ⇨ 마우스 오른쪽 버튼 클릭 ⇨ [Create Sketch] 클릭
- [CREATE] ⇨ [Text] 클릭 ⇨ 텍스트 상자 그리기 ⇨ 텍스트 옵션창에 비번호 입력, B(진하게), 크기 '10mm' ⇨ [OK] 클릭 ⇨ [FINISH SKETCH] 🔵 클릭

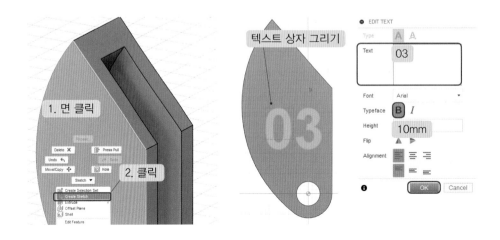

⑧ [CREATE] ⇨ [Extrude]▓ 클릭 ⇨ 숫자의 면 클릭 ⇨ [Distance] '−1 mm' 입력 ⇨ [Operation] 'Cut' ⇨ [OK] 클릭

● 메인 부품의 버튼을 클릭하여 활성화하기(부품 ②를 메인 부품 아래로 포함시키기 위해서)

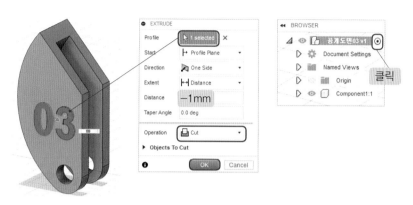

(나) 부품 ② 모델링하기

⑨ [ASSEMBLE(조립)] ⇨ [New Component(새 부품)]를 클릭 ⇨ [OK] 클릭

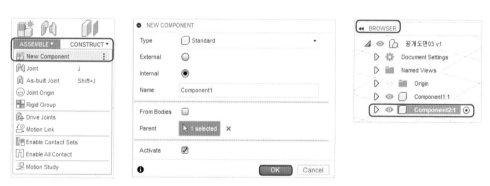

⑩ [CREATE] ⇨ [Create Sketch] 클릭 ⇨ XZ평면(FRONT뷰) 클릭

● [CREATE] ⇨ [Circle] ⇨ [Center Diameter Circle] 클릭 ⇨ 원(6mm) 그리기 ⇨ Esc (Component1:1 전구 끄기)

● [CREATE] ⇨ [Line] 클릭 ⇨ Line으로 1~6까지 그리기 ⇨ Line으로 나머지 스케치도 하기 ⇨ Esc 클릭

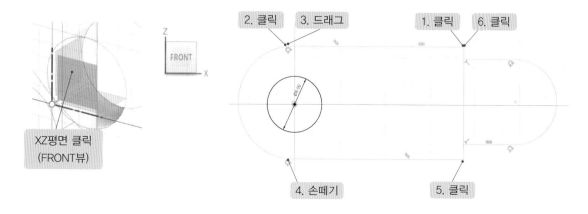

⑪ [CONSTRAINTS] ⇨ [Horizontal/Vertical] ⫶ 클릭 ⇨ 수직 또는 수평을 만들고자 하는
선 클릭 ⇨ Esc
- [CONSTRAINTS] ⇨ [Tangent] ○ 클릭 ⇨ 호와 선을 클릭하여 탄젠트 4곳 하기 ⇨
Esc
- [CONSTRAINTS] ⇨ [Concentric] ◎ 클릭 ⇨ 1호 클릭 ⇨ 2호 클릭 ⇨ Esc

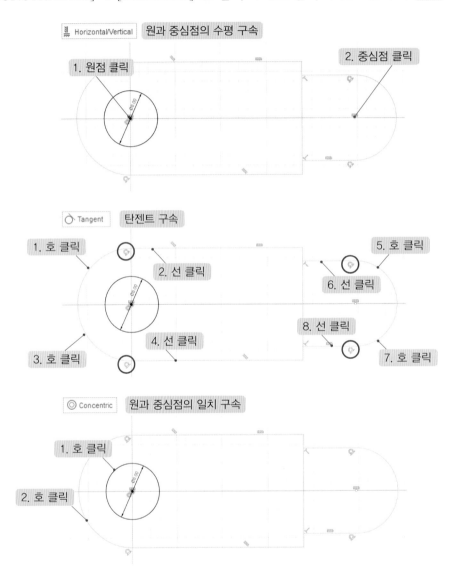

⑫ [CREATE] ⇨ [Sketch Dimension] ⊢ 클릭 ⇨ 치수를 입력하고 싶은 선 클릭 ⇨ 치수 입
력할 위치로 마우스 포인트를 이동 후 클릭 ⇨ 치수 입력
- **중요 [호와 호 치수 입력하기]** ⇨ [CREATE] ⇨ [Sketch Dimension] ⊢ 클릭 ⇨ 마우스
오른쪽 버튼 클릭 ⇨ [Pick Circle/Arc Tangent] 클릭 ⇨ 호 클릭, 치수 입력 ⇨ Esc ⇨
[FINISH SKETCH] 클릭

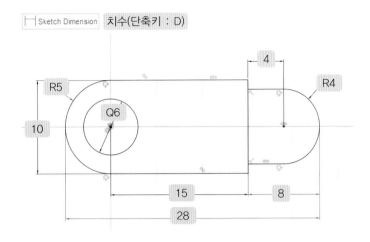

⑬ [CREATE] ⇨ [Extrude] ██ 클릭 ⇨ 돌출할 Profile(면) 클릭 ⇨ [Direction] 'Symmetric' 클릭

- [Measurement] '██' 클릭 ⇨ [Distance] '8mm' 입력 ⇨ [OK] 클릭 ⇨ [BROWSER]의 Sketch1 전구 켜기
- [CREATE] ⇨ [Extrude] ██ 클릭 ⇨ 돌출할 Profile(면) 클릭 ⇨ [Direction] 'Symmetric' 클릭
- [Measurement] '██' 클릭 ⇨ [Distance] '6mm' 입력 ⇨ [Operation] 'Join' ⇨ [OK] 클릭

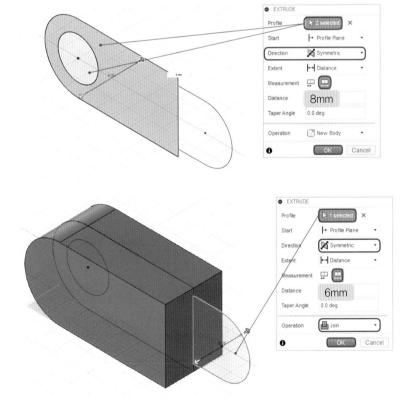

⑭ Bodies 전구를 끈 후 돌출할 면 클릭 후 Bodies 전구를 켠다.

- [CREATE] ⇨ [Extrude] ▦ 클릭 ⇨ 돌출할 Profile(면) 클릭 ⇨ [Direction] 'Symmetric' 클릭
- [Measurement] '▦' 클릭 ⇨ [Distance] '16mm' 입력 ⇨ [Operation] 'Join' ⇨ [OK] 클릭

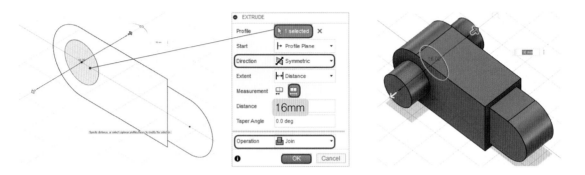

⑮ 중요 [A공차 부여하기] [MODIFY] ⇨ [Offset Face] ▱ 클릭 ⇨ 공차 부여할 면 클릭 ⇨ '-0.5mm' 입력 ⇨ [OK] 클릭

- [B공차 부여하기] [MODIFY] ⇨ [Offset Face] ▱ 클릭 ⇨ 공차 부여할 면 클릭 ⇨ '-0.5mm' 입력 ⇨ [OK] 클릭
- [INSPECT] ⇨ [Measure] ▭ 클릭 ⇨ A(5mm) 확인할 면 클릭, B(7mm) 확인할 면 클릭

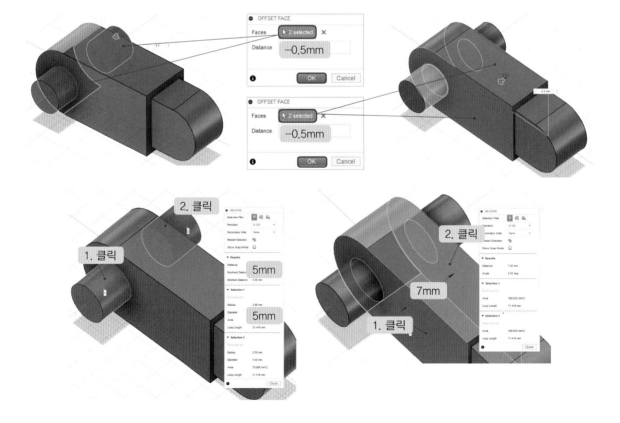

⑯ **메인 부품의 버튼을 클릭하여 활성화하기**
- [Component1:1] 클릭 ⇨ 마우스 오른쪽 버튼 클릭 ⇨ [Ground] 클릭(부품을 고정하기)

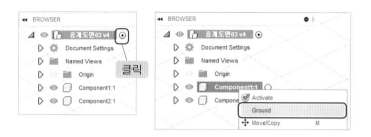

⑰ [ASSEMBLE] ⇨ [Joint] ⇨ 부품 ①과 맞닿을 곳 ⬤을 클릭(호를 클릭하면 호의 중심점이 선택된다) ⇨ 부품 ②와 맞닿을 곳 ⬤을 클릭(호를 클릭하면 호의 중심점이 선택된다.)

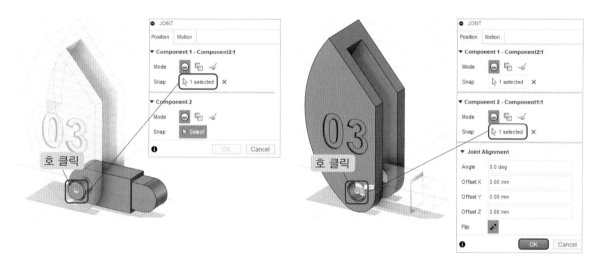

⑱ [INSPECT] ⇨ [Interference] 🔲 클릭 ⇨ 부품 ① 클릭 ⇨ 부품 ② 클릭 ⇨ 옵션창에서 [Compute]의 🔲 클릭

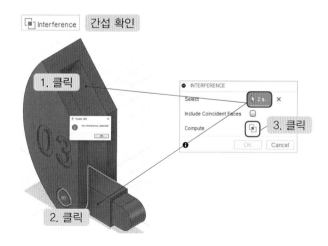

● [INSPECT] ⇨ [Section Analysis] ▦ 클릭 ⇨ 단면을 확인하고 싶은 면 클릭 ⇨ 이동툴
을 클릭 후 드래그 하면 단면을 확인할 수 있다.(그림은 옆면과 윗면의 단면을 확인함)

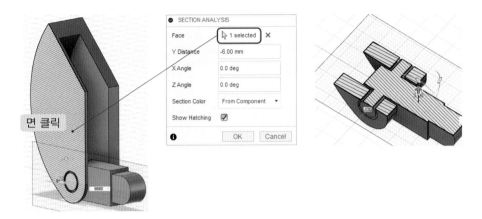

⑲ 저장하기

[부품 ① 저장하기] 브라우저에서 부품 ① 클릭 ⇨ 마우스 오른쪽 버튼 클릭 ⇨ [Export]
클릭 ⇨ 파일 이름 '비번호_01.f3d' ⇨ [Export] 클릭 ⇨ 파일 이름 '비번호_01.stp' ⇨
[Export] 클릭

[부품 ② 저장하기] 브라우저에서 부품 ② 클릭 ⇨ 마우스 오른쪽 버튼 클릭 ⇨ [Export]
클릭 ⇨ 파일 이름 '비번호_02.f3d' ⇨ [Export] 클릭 ⇨ 파일 이름 '비번호_02.stp' ⇨
[Export] 클릭

[어셈블리 저장하기]

● 브라우저에서 메인 부품 클릭 ⇨ 마우스 오른쪽 버튼 클릭 ⇨ [Export] 클릭
(비번호 각인 확인하기)

● 파일 이름 '비번호_03.f3d' ⇨ [Export] 클릭 ⇨ 파일 이름 '비번호_03.stp' ⇨ [Export]
클릭

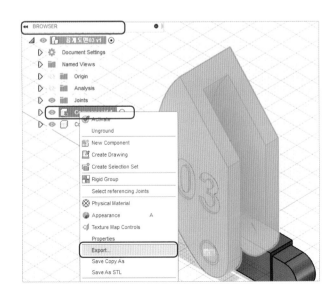

[STL 저장하기]

- 브라우저에서 메인 부품 클릭 ⇨ 마우스 오른쪽 버튼 클릭 ⇨ [Save As STL] 클릭
- 저장 옵션창의 기본 설정 확인 후 [OK] 클릭 ⇨ 파일 이름 '비번호_04' ⇨ 파일 형식 'STL' 확인하기 ⇨ [저장] 클릭

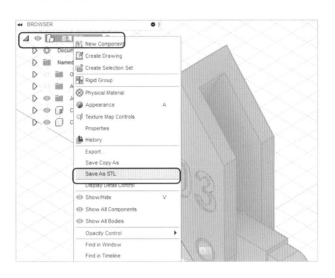

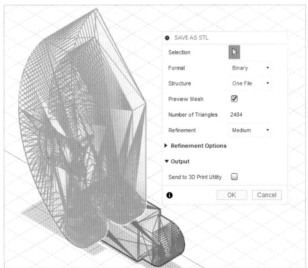

Tip STL 저장하기를 하면 교재처럼 Mesh(메쉬/망사같은 선)가 보이지 않나요?
STL 저장 옵션창에서 'Preview Mesh' 설정을 선택해 주세요.
미리보기 기능이므로 3D모델링에는 영향을 주지 않아요.

[G-code 파일 저장하기]

- Makerbot Print(메이커봇 슬라이싱 프로그램) 실행
- STL 파일 불러오기 ⇨ 출력방향 🔄[Orient] 선택 ⇨ 정렬하기 ⚙️[Arrange]
- 설정⚙️에서 [Support Type] 'Breakaway Support' 클릭 ⇨ 미리보기 🕐[Preview] 클릭
  ⇨ [Export]

Tip 출력 예상 시간 1시간 20분이 넘어가면 ⚙️ [Print Settings]에서 Layer 두께 설정하기

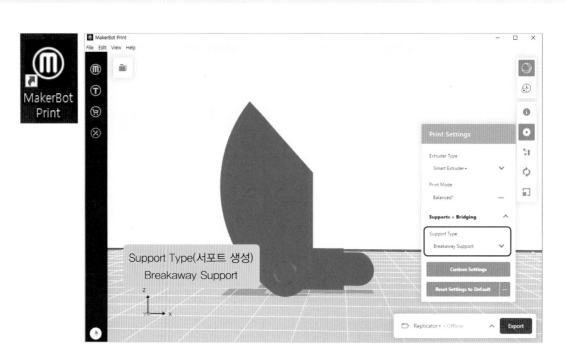

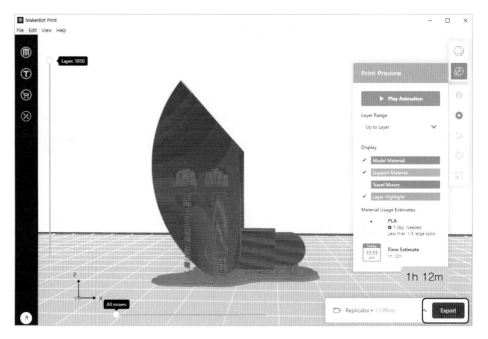

- 파일 이름 '비번호_04' ⇨ 파일 형식 'Makerbot' ⇨ [저장] 클릭
- 바탕화면에 만든 비번호 폴더에 저장이 잘 되었는지 확인한다.

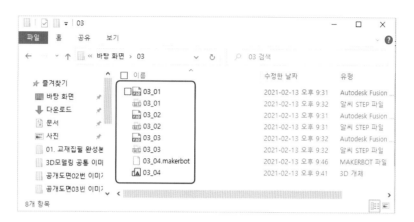

⑳ **출력물 완성**

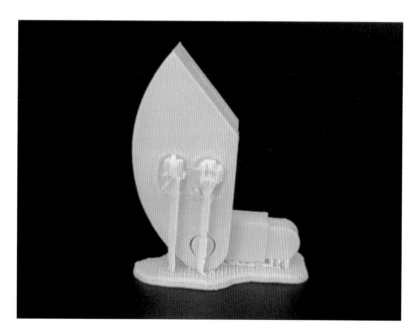

공 개 도 면 ④

자격종목	3D프린터운용기능사	[시험 1] 과제명	3D모델링 작업	척도	NS

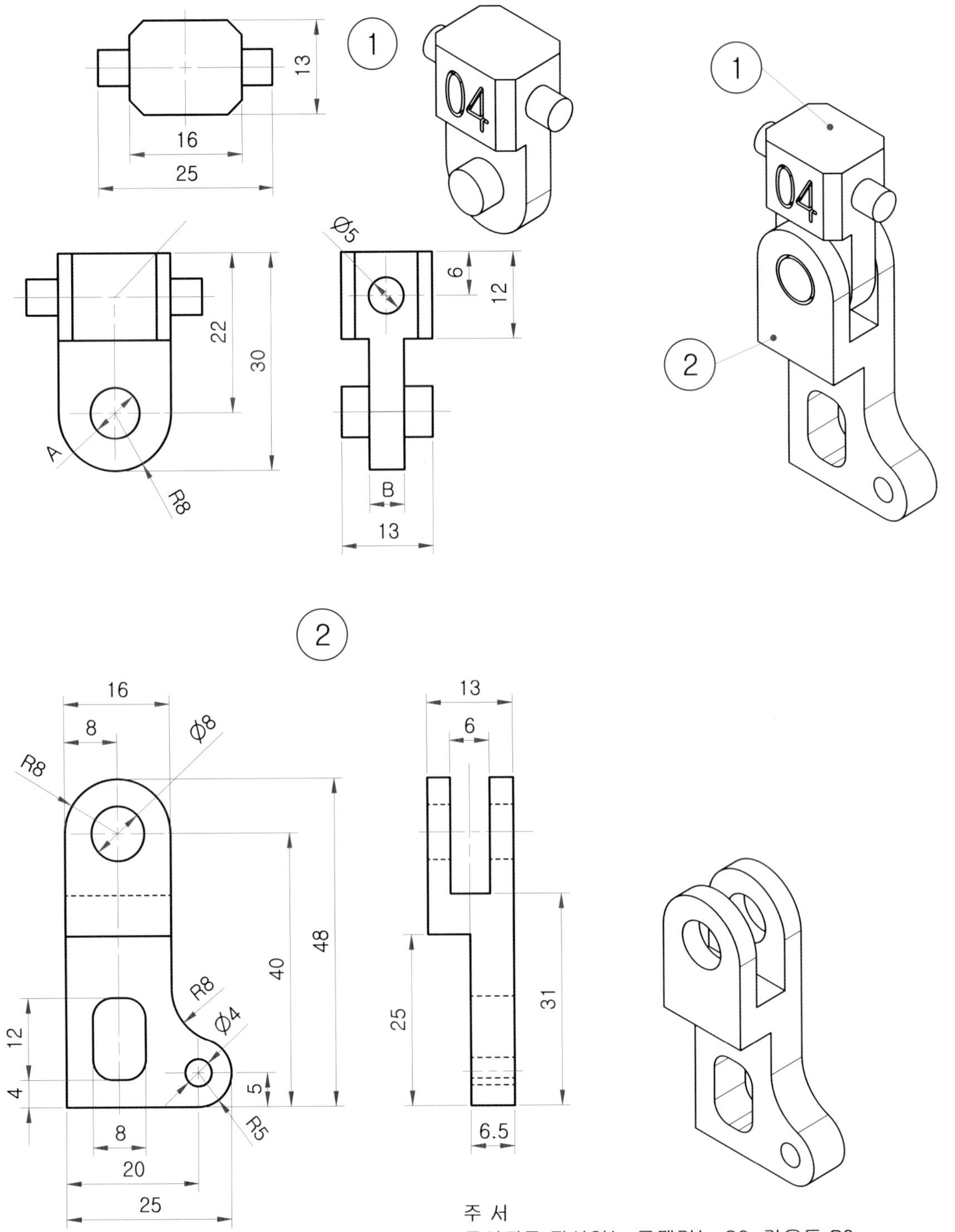

① 13 16 25

22 30 A R8

Ø5 6 12 B 13

① ②

②

16 8 Ø8 R8 R8 Ø4 12 4 8 5 R5 20 25 40 48

13 6 25 31 6.5

주 서
도시되고 지시없는 모떼기는 C2, 라운드 R3

(1) 도면 풀이와 A, B 치수 결정하기

- A=7mm A힌트(8)=8보다 ±1mm=공차는 ±0.5mm
  (A는 A의 힌트 안으로 조립이 되므로 A가 더 작아야 한다.)
- B=5mm B힌트(6)=6보다 ±1mm=공차는 ±0.5mm
  (B는 B의 힌트 안으로 조립이 되므로 B가 더 작아야 한다.)

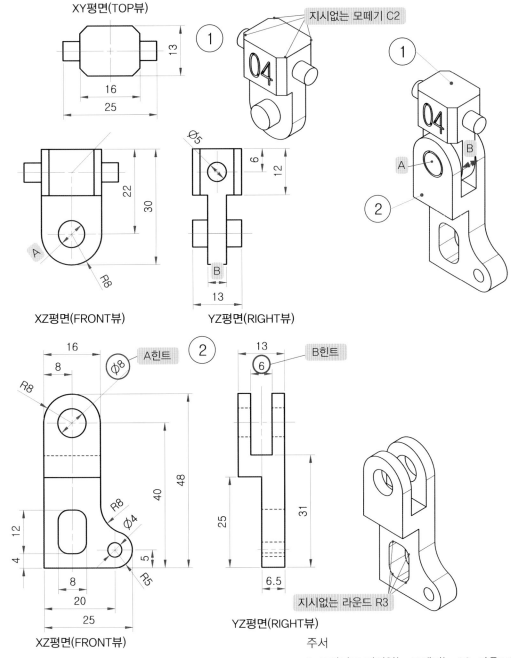

풀이 도면에서 표기가 없이 비스듬한 경사는 Chamfer(챔퍼) 2mm, 둥글게 된 곳은 Fillet(필렛) 3mm를 적용하시오.

(2) 공개도면 ④ 모델링 순서 생각하기

(가)	부품 ① 모델링하기 비번호 각인하기 공차 부여하기	(나)	부품 ② 모델링하기	(다)	어셈블리하기 모델링 검토하기 파일 저장하기

> **Tip** 공개도면 ⑤에서 응용하여 모델링할 수 있어요.

(가) 부품 ① 모델링하기

① [ASSEMBLE(조립)] ⇨ [New Component(새 부품)]를 클릭 ⇨ [OK] 클릭 ⇨ BROWSER에서 Component1:1이 생성되었는지 확인하기

 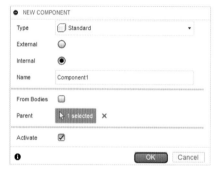 

② [CREATE] ⇨ [Create Sketch] 클릭 ⇨ YZ평면(RIGHT뷰) 클릭

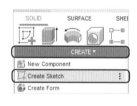 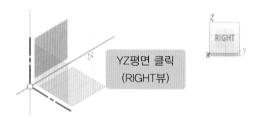

③ [CREATE] ⇨ [Rectangle] ⇨ [2-Point Rectangle] □ 클릭 ⇨ 사각형 2개 그리기 ⇨ Esc

- [CONSTRAINTS] ⇨ [MidPoint] △ 클릭 ⇨ 1~4까지 클릭 ⇨ Esc
- [CREATE] ⇨ [Sketch Dimension] ⊢ 클릭 ⇨ 치수를 입력하고 싶은 선 클릭 ⇨ 치수 입력할 위치로 마우스 포인트를 이동 후 클릭 ⇨ 치수 입력
- [CREATE] ⇨ [Circle] ⇨ [Center Diameter Circle] 클릭 ⇨ 원 그리기(5mm) ⇨ Esc
- [CONSTRAINTS] ⇨ [Horizontal/Vertical] ⋕ 클릭 ⇨ 원점과 중심점 클릭 ⇨ Esc ⇨ 치수 입력 ⇨ Esc
- [FINISH SKETCH] 클릭

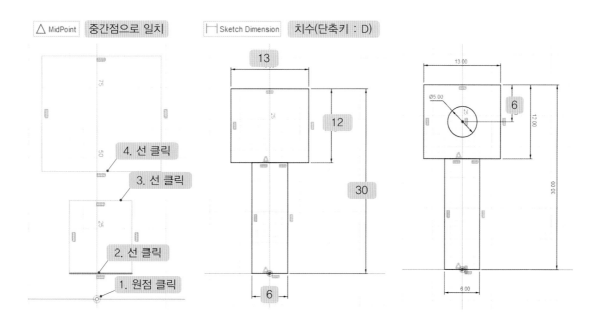

④ [CREATE] ⇨ [Extrude]📠 클릭 ⇨ 돌출할 Profile(면) 클릭 ⇨ [Direction] 'Symmetric'
   클릭

   ● [Measurement] '🖳' 클릭 ⇨ [Distance] '16mm' 입력 ⇨ [OK] 클릭

   ● [BROWSER]에서 Comoponent1:1 ▷ 클릭 ⇨ Sketches의 ▷ 클릭 ⇨ Sketch1 전구
     켜기

   ● [CREATE] ⇨ [Extrude]📠 클릭 ⇨ 돌출할 Profile(면) 클릭 ⇨ [Direction]
     'Symmetric' 클릭

   ● [Measurement] '🖳' 클릭 ⇨ [Distance] '25mm' 입력 ⇨ [Operation] 'Join' ⇨ [OK]
     클릭

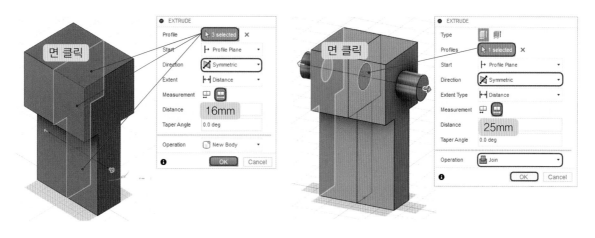

⑤ [CREATE] ⇨ [Create Sketch] 클릭 ⇨ XZ평면(FRONT뷰) 클릭

- [CREATE] ⇨ [Circle] ⇨ [Center Diameter Circle] 클릭 ⇨ 원(8mm) 그리기 ⇨ Esc
- [CONSTRAINTS] ⇨ [Horizontal/Vertical] ⫢ 클릭 ⇨ 중심점 클릭, 원점 클릭 ⇨ Esc
- [CREATE] ⇨ [Sketch Dimension] ⊢ 클릭 ⇨ 치수를 입력할 중심점 클릭, 원점 클릭 ⇨ 치수 입력할 위치로 마우스 포인트를 이동 후 클릭 ⇨ 치수 입력 ⇨ Esc ⇨ [FINISH SKETCH] ⊙ 클릭

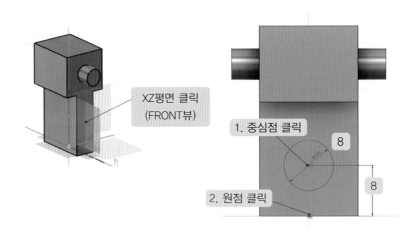

⑥ [CREATE] ⇨ [Extrude] ▥ 클릭 ⇨ 돌출할 Profile(면) 클릭 ⇨ [Direction] 'Symmetric' 클릭

- [Measurement] '⊡' 클릭 ⇨ [Distance] '13mm' 입력 ⇨ [Operation] 'Join' ⇨ [OK] 클릭
- [MODIFY] ⇨ [Chamfer] ◈ 클릭 ⇨ 챔퍼를 부여할 선 클릭 ⇨ '2mm' 입력 ⇨ [OK] 클릭
- [MODIFY] ⇨ [Fillet] ◖ 클릭 ⇨ 필렛을 부여할 선 클릭 ⇨ '8mm' 입력 ⇨ [OK] 클릭

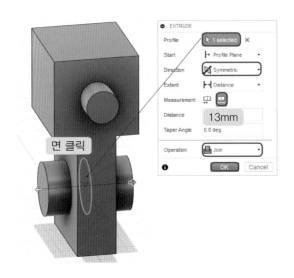

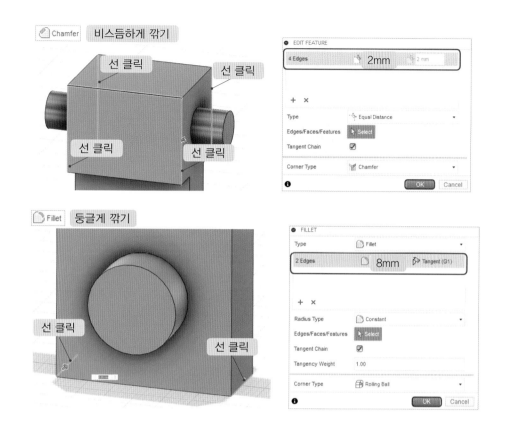

⑦ 비번호를 스케치할 면 클릭 ⇨ 마우스 오른쪽 버튼 클릭 ⇨ [Create Sketch] 클릭
- [CREATE] ⇨ [Text] 클릭 ⇨ 텍스트 상자 그리기 ⇨ 텍스트 옵션창에 비번호 입력, B(진하게), 크기 '7mm' ⇨ [OK] 클릭 ⇨ [FINISH SKETCH] 클릭

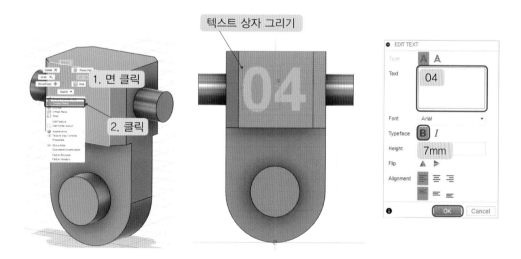

⑧ [CREATE] ➡ [Extrude] ▦ 클릭 ➡ 숫자의 면 클릭 ➡ [Distance] '−1mm' 입력 ➡ [Operation] 'Cut' ➡ [OK] 클릭

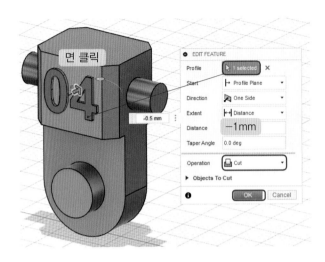

⑨ **중요 [A공차 부여하기]** [MODIFY] ➡ [Offset Face] ▱ 클릭 ➡ 공차 부여할 면 클릭 ➡ '−0.5mm' 입력 ➡ [OK] 클릭

- **[B공차 부여하기]** [MODIFY] ➡ [Offset Face] ▱ 클릭 ➡ 공차 부여할 면 클릭 ➡ '−0.5mm' 입력 ➡ [OK] 클릭

- [INSPECT] ➡ [Measure] ▭ 클릭 ➡ A(7mm) 확인할 면 클릭, B(5mm) 확인할 면 클릭

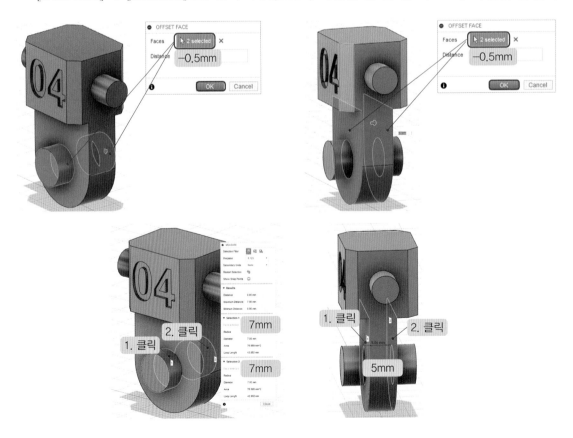

⑩ 메인 부품의 버튼을 클릭하여 활성화하기(부품 ②를 메인 부품 아래로 포함시키기 위해서)

(나) 부품 ② 모델링하기

⑪ [ASSEMBLE(조립)] ⇨ [New Component(새 부품)]를 클릭 ⇨ [OK] 클릭

  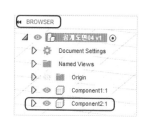

⑫ [CREATE] ⇨ [Create Sketch] 클릭 ⇨ XZ평면(FRONT뷰) 클릭
- [CREATE] ⇨ [Circle] ⇨ [Center Diameter Circle] 클릭 ⇨ 원(8mm) 그리기 ⇨ Esc
- [CONSTRAINTS] ⇨ [Concentric] ◎ 클릭 ⇨ 1호 클릭 ⇨ 2호 클릭 ⇨ Esc

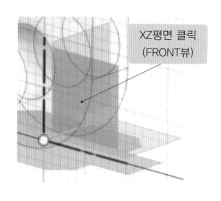 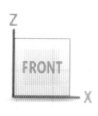 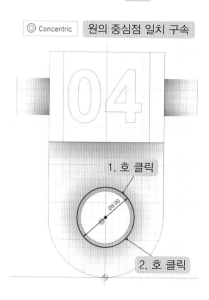

⑬ [CREATE] ⇨ [Line] 클릭 ⇨ Line으로 1~10까지 그리기 ⇨ Esc 클릭

- [CONSTRAINTS] ⇨ [Concentric] ◎ 클릭 ⇨ 1호 클릭, 2호 클릭 ⇨ Esc

- [CONSTRAINTS] ⇨ [Tangent] ○ 클릭 ⇨ 호와 선을 클릭하여 탄젠트 5곳 하기 ⇨ Esc

- [CREATE] ⇨ [Sketch Dimension] ⊢ 클릭 ⇨ 치수를 입력하고 싶은 선 클릭 ⇨ 치수 입력할 위치로 마우스 포인트를 이동 후 클릭 ⇨ 치수 입력

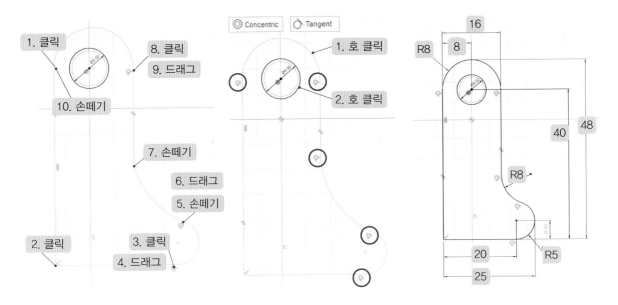

⑭ [CREATE] ⇨ [Line] 클릭 ⇨ 선 그리기 ⇨ Esc 클릭

- [CREATE] ⇨ [Circle] ⇨ [Center Diameter Circle] 클릭 ⇨ 원(4mm) 그리기 ⇨ Esc

- [CREATE] ⇨ [Rectangle] ⇨ [2-Point Rectangle] □ 클릭 ⇨ 사각형 2개 그리기 ⇨ Esc

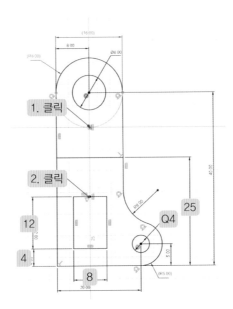

- [CONSTRAINTS] ⇨ [Horizontal/Vertical] ⫴ 클릭 ⇨ 원점 클릭, Shift +사각형의 윗선 가운데 ◣◤, 미드포인트 마크가 나타나면 클릭 ⇨ Esc
- [CREATE] ⇨ [Sketch Dimension] ⊢ 클릭 ⇨ 치수를 입력하고 싶은 선 클릭 ⇨ 치수 입력할 위치로 마우스 포인트를 이동 후 클릭 ⇨ 치수 입력 ⇨ Esc ⇨ [FINISH SKETCH] ✓ 클릭

⑮ [CREATE] ⇨ [Extrude] ▊ 클릭 ⇨ 돌출할 Profile(면) 클릭 ⇨ [Direction] 'One Side' 클릭
- [Distance] '6.5mm' 입력 ⇨ [OK] 클릭
- [BROWSER]의 Sketch1 전구 켜기
- [CREATE] ⇨ [Extrude] ▊ 클릭 ⇨ 돌출할 Profile(면) 클릭 ⇨ [Direction] 'Symmetric' 클릭
- [Measurement] '⊞' 클릭 ⇨ [Distance] '13mm' 입력 ⇨ [Operation] 'Join' ⇨ [OK] 클릭

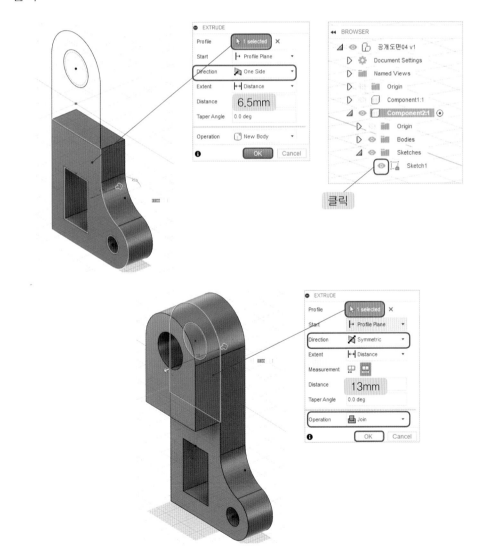

⑯ 스케치할 면 클릭 ⇨ 마우스 오른쪽 버튼 클릭 ⇨ [Create Sketch] 클릭

- [CREATE] ⇨ [Rectangle] ⇨ [2-Point Rectangle]□ 클릭 ⇨ 사각형 그리기 ⇨ Esc
- [CONSTRAINTS] ⇨ [Horizontal/Vertical] 클릭 ⇨ 원점 클릭, Shift +사각형의 윗 선 가운데 , 미드포인트 마크가 나타나면 클릭 ⇨ Esc
- [CREATE] ⇨ [Sketch Dimension] 클릭 ⇨ 치수를 입력하고 싶은 선 클릭 ⇨ 치 수 입력할 위치로 마우스 포인트를 이동 후 클릭 ⇨ 치수 입력 ⇨ Esc ⇨ [FINISH SKETCH] 클릭(사각형 길게 그리기)

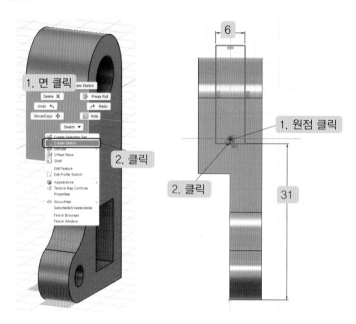

⑰ [CREATE] ⇨ [Extrude] 클릭 ⇨ 돌출할 Profile(면) 클릭 ⇨ [Direction] 'One Side' 클릭

- 수직 이동툴 을 사각형 부분이 빨간색으로 변하는 방향으로 관통되도록 드래그 ⇨ [OK] 클릭
- [MODIFY] ⇨ [Fillet] 클릭 ⇨ 필렛을 부여할 선 클릭 ⇨ '3mm' 입력 ⇨ [OK] 클릭

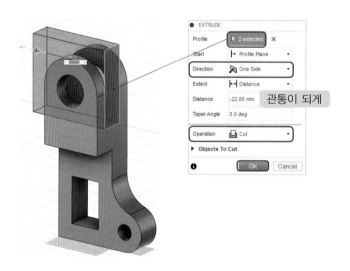

⑱ 메인 부품의 버튼을 클릭하여 활성화하기
● [Component2:1] 클릭 ⇨ 마우스 오른쪽 버튼 클릭 ⇨ [Ground] 클릭(부품을 고정하기)

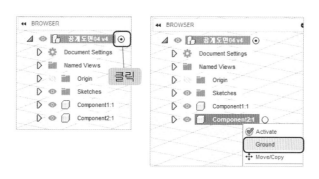

⑲ [ASSEMBLE] ⇨ [Joint] ⇨ 부품 ②와 맞닿을 곳 을 클릭(호를 클릭하면 호의 중심점이 선택된다.) ⇨ 부품 ①과 맞닿을 곳 을 클릭(호를 클릭하면 호의 중심점이 선택된다.)

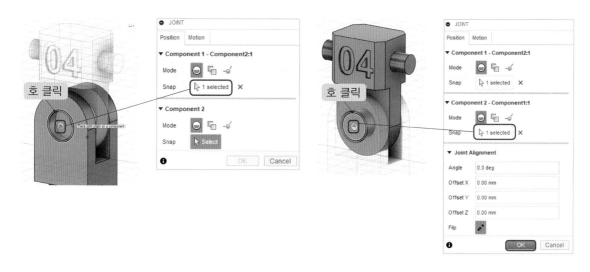

⑳ [INSPECT] ⇨ [Interference]□ 클릭 ⇨ 부품 ① 클릭 ⇨ 부품 ② 클릭 ⇨ 옵션창에서 [Compute]의 □ 클릭

- [INSPECT] ⇨ [Section Analysis] □ 클릭 ⇨ 단면을 확인하고 싶은 면 클릭 ⇨ 이동툴을 클릭 후 드래그 하면 단면을 확인할 수 있다.(그림은 옆면과 윗면의 단면을 확인함)

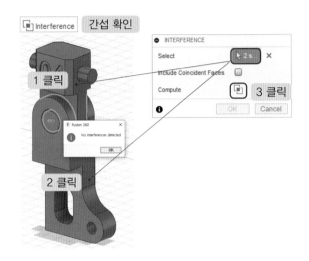

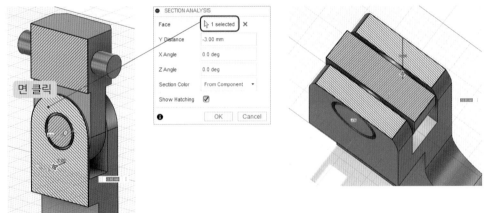

㉑ 저장하기

[부품 ① 저장하기] 브라우저에서 부품 ① 클릭 ⇨ 마우스 오른쪽 버튼 클릭 ⇨ [Export] 클릭 ⇨ 파일 이름 '비번호_01.f3d' ⇨ [Export] 클릭 ⇨ 파일 이름 '비번호_01.stp' ⇨ [Export] 클릭

[부품 ② 저장하기] 브라우저에서 부품 ② 클릭 ⇨ 마우스 오른쪽 버튼 클릭 ⇨ [Export] 클릭 ⇨ 파일 이름 '비번호_02.f3d' ⇨ [Export] 클릭 ⇨ 파일 이름 '비번호_02.stp'- [Export] 클릭

[어셈블리 저장하기]

- 브라우저에서 메인 부품 클릭 ⇨ 마우스 오른쪽 버튼 클릭 ⇨ [Export] 클릭(비번호 각인 확인하기)

● 파일 이름 '비번호_03.f3d' ⇨ [Export] 클릭 ⇨ 파일 이름 '비번호_03.stp' ⇨ [Export] 클릭

Tip 어셈블리 저장하기는 공개도면과 같은 모습의 어셈블리로 저장하세요.

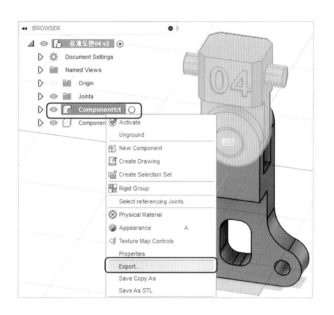

[STL 저장하기]

● 브라우저에서 메인 부품 클릭 ⇨ 마우스 오른쪽 버튼 클릭 ⇨ [Save As STL] 클릭
● 저장 옵션창의 기본 설정 확인 후 [OK] 클릭 ⇨ 파일 이름 '비번호_04' ⇨ 파일 형식 'STL' 확인하기 ⇨ [저장] 클릭

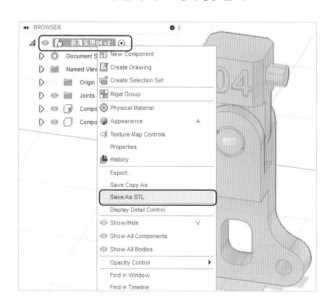

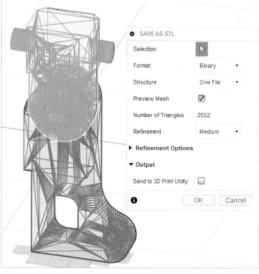

[G-code 파일 저장하기]

- Makerbot Print(메이커봇 슬라이싱 프로그램) 실행
- STL 파일 불러오기 ⇨ 출력방향 ↻ [Orient] 선택 ⇨ 정렬하기 ▐▌[Arrange]
- 설정 ⚙ 에서 [Support Type] 'Breakaway Support' 클릭 ⇨ 미리보기 🕐[Preview] 클릭
  ⇨ [Export]

Tip 출력 예상 시간 1시간 20분이 넘어가서 ⚙ [Print Settings]에서 Layer 두께 0.33mm으로 설정하기

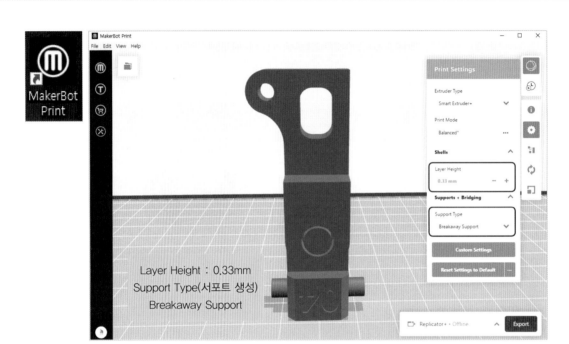

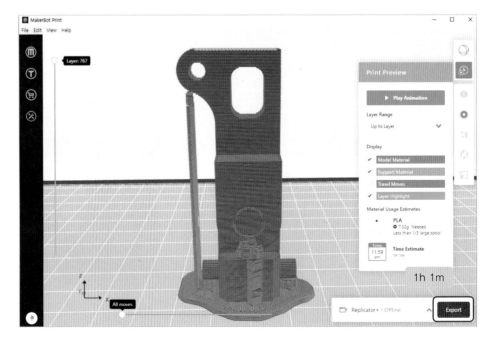

● 파일 이름 '비번호_04' ⇨ 파일 형식 'Makerbot' ⇨ [저장] 클릭
● 바탕화면에 만든 비번호 폴더에 저장이 잘 되었는지 확인한다.

㉒ 출력물 완성

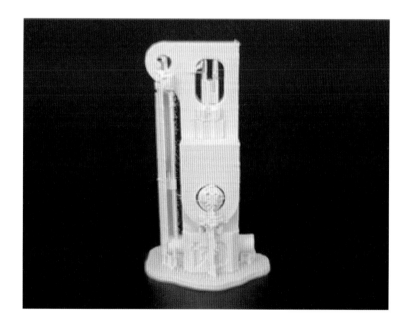

Tip 공개도면 따라하기
공개도면 ⑤~⑮ : 툴바 메뉴, 단축키, 퀵 메뉴 등을 사용하여 공개도면 따라하기
모델링하기가 편하거나 모델링 속도가 조금 빨라집니다.

공 개 도 면 ⑤

자격종목	3D프린터운용기능사	[시험 1] 과제명	3D모델링 작업	척도	NS

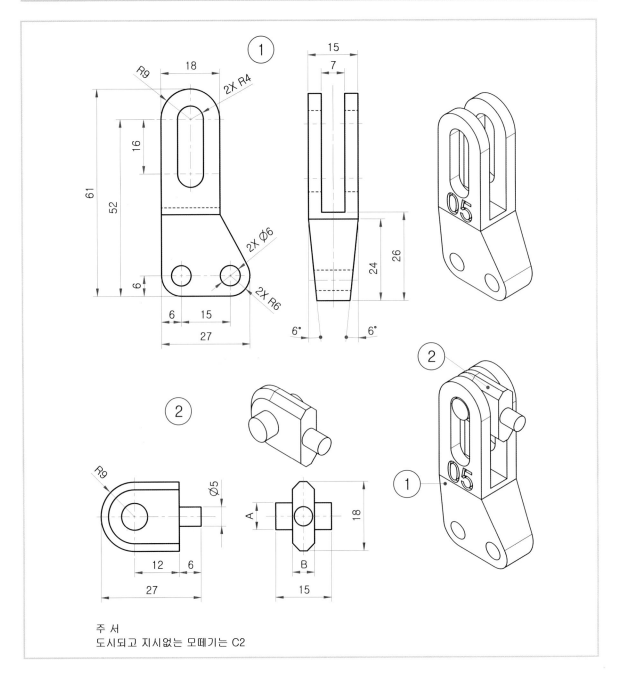

주 서
도시되고 지시없는 모떼기는 C2

(1) 도면 풀이와 A, B 치수 결정하기

- A=7mm A힌트(8)=8보다 ±1mm=공차는 ±0.5mm
  (A는 A의 힌트 안으로 조립이 되므로 A가 더 작아야 한다.)
- B=6mm B힌트(7)=7보다 ±1mm=공차는 ±0.5mm
  (B는 B의 힌트 안으로 조립이 되므로 B가 더 작아야 한다.)

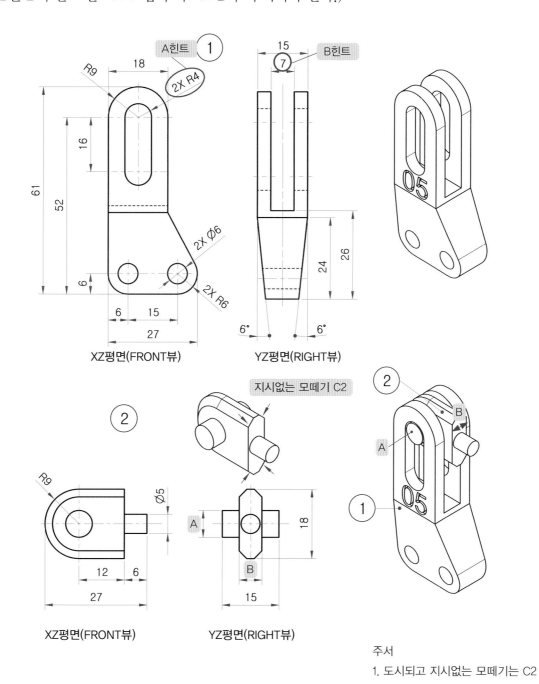

풀이 도면에서 표기가 없이 비스듬한 경사는 Chamfer(챔퍼) 2mm를 적용하시오.

(2) 공개도면 ⑤ 모델링 순서 생각하기

(가)	부품 ① 모델링하기 비번호 각인하기	(나)	부품 ② 모델링하기 공차 부여하기	(다)	어셈블리하기 모델링 검토하기 파일 저장하기

> **Tip** 공개도면 ④에서 응용하여 모델링할 수 있어요.

(가) 부품 ① 모델링하기

① BROWSER에서 메인 부품 마우스 오른쪽 버튼 클릭 ⇨ [New Component(새 부품)]를 클릭 ⇨ Enter
- BROWSER에서 Component1:1이 생성되었는지 확인하기

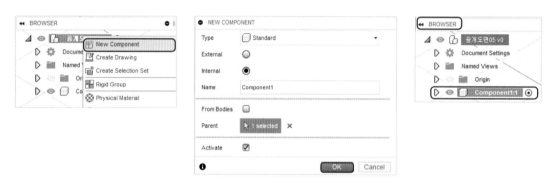

② 툴바에서 [Create Sketch] 클릭 ⇨ XZ평면(FRONT뷰) 클릭

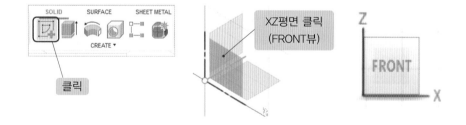

③ [CREATE] ⇨ [Slot] ⇨ [Center to Center Slot] 클릭 ⇨ 슬롯 그리기(세로 16mm, 반지름 4mm)
- 선 단축키 'L' ⇨ Line으로 1~7까지 그리기 ⇨ Line으로 나머지 선도 그리기
- 툴바 ⇨ 탄젠트 구속조건 [Tangent] ○ 클릭 ⇨ 호와 선을 클릭하여 탄젠트 2곳 하기 ⇨ Esc
- 툴바 ⇨ 동심원 구속조건 ◎ [Concentric] 클릭 ⇨ 호 2개 클릭 ⇨ Esc

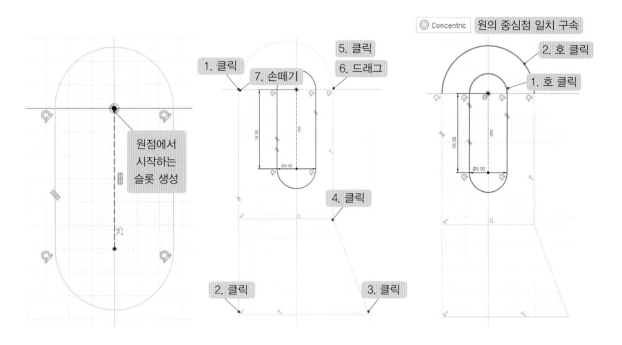

④ 치수 단축키 'D' ⊢ ⇨ 치수를 입력할 중심점 클릭, 원점 클릭 치수 ⇨ 입력할 위치로 마우스 포인트를 이동 후 클릭 ⇨ 치수 입력 ⇨ Esc

- 툴바 ⇨ 필렛 ⌒ 클릭 ⇨ 모서리 클릭(6mm)
- 원 단축키 'C' ⊙ (Center Diameter Circle) ⇨ 원 그리기(6mm) ⇨ Esc
- 치수 단축키 'D' ⊢ ⇨ 치수를 입력하고 싶은 선 클릭 ⇨ 치수 입력할 위치로 마우스 포인트를 이동 후 클릭 ⇨ 치수 입력 ⇨ [FINISH SKETCH] ⊘ 클릭

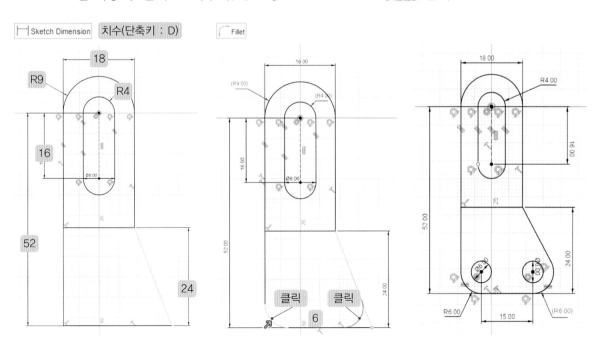

⑤ 돌출 단축키 'E' ▧ ⇨ 돌출할 Profile(면) 클릭 ⇨ [Direction] 'Symmetric' 클릭
- [Measurement] '⬛' 클릭 ⇨ [Distance] '15 mm' 입력 ⇨ [OK] 클릭

⑥ 툴바에서 ▧ [Create Sketch] 클릭 ⇨ YZ평면(RIGHT뷰) 클릭
- 프로젝트 단축키 'P' ▧ ⇨ 투영 할 선 클릭 ⇨ [OK] 클릭
- 툴바 ⇨ ▢ [2-Point Rectangle] 클릭 ⇨ 사각형 1개 그리기 ⇨ Esc (위쪽으로 길게 생성하기)
- 툴바 ⇨ 수직수평 구속조건 ▧ [Horizontal/Vertical] 클릭 ⇨ 원점 클릭 ⇨ Shift + 사각형의 윗선 가운데 ▧, 미드포인트 마크가 나타나면 클릭 ⇨ Esc
- 선 단축키 'L' ▧ ⇨ 대각선 그리기(2곳) ⇨ Esc 클릭
- 치수 단축키 'D' ▧ ⇨ 치수를 입력할 선 클릭 ⇨ 치수 입력할 위치로 마우스 포인트를 이동 후 클릭 ⇨ 치수 입력 ⇨ Esc ⇨ [FINISH SKETCH] ▧ 클릭

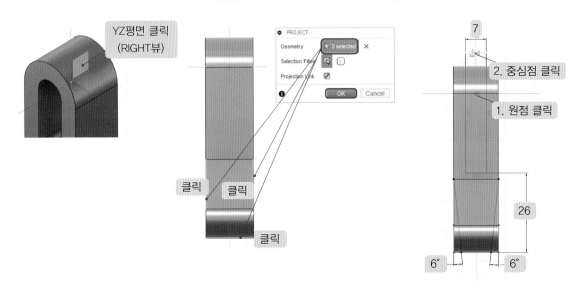

⑦ 돌출 단축키 'E' ▨ ⇨ 돌출할 Profile(면) 클릭 ⇨ [Direction] 'Symmetric' 클릭

• [Measurement] '▱' 클릭 ⇨ 수직 이동툴 ➡ 을 사각형 부분이 빨간색으로 변하는 방향
  으로 관통되도록 드래그 ⇨ [Operation] 'Cut' ⇨ [OK] 클릭

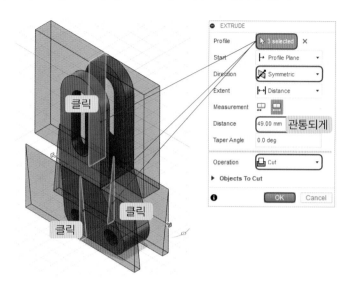

⑧ 비번호를 스케치할 면 클릭 ⇨ 마우스 오른쪽 버튼 클릭 ⇨ [Create Sketch] 클릭

• [CREATE] ⇨ [Text] 클릭 ⇨ 텍스트 상자 그리기 ⇨ 텍스트 옵션창에 비번호 입력,
  B(진하게), 크기 '7mm' ⇨ [OK] 클릭 ⇨ [FINISH SKETCH] ✔ 클릭

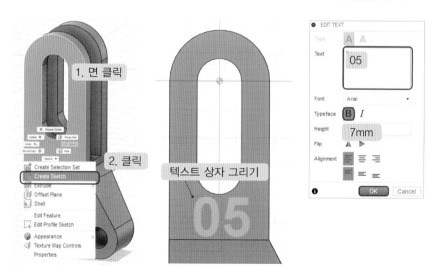

⑨ 돌출 단축키 'E' 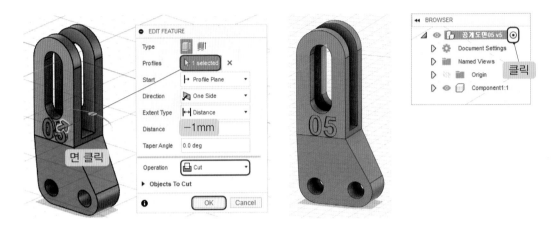 ⇨ 숫자의 면 클릭 ⇨ [Distance] '−1mm' 입력 ⇨ [Operation] 'Cut' ⇨ [OK] 클릭

● 메인 부품의 버튼을 클릭하여 활성화하기(부품 ②를 메인 부품 아래로 포함시키기 위해서)

(나) 부품 ② 모델링하기

⑩ 메인 부품 마우스 오른쪽 버튼 클릭 ⇨ [New Component(새 부품)]를 클릭 ⇨ Enter

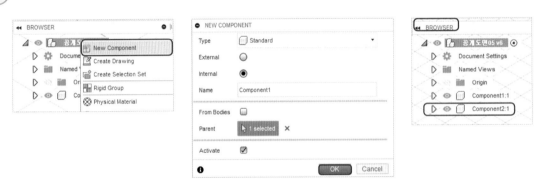

⑪ 툴바에서 [Create Sketch] 클릭 ⇨ XZ평면(FRONT뷰) 클릭

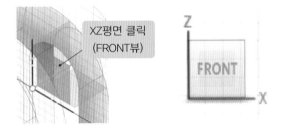

⑫ 원 단축키 'C' [Center Diameter Circle] ⇨ 원(8mm) 그리기 ⇨ Esc

● 선 단축키 'L' ⇨ 선 그리기(1~6) ⇨ Esc 클릭

● 툴바 ⇨ 탄젠트 구속조건 [Tangent] 클릭 ⇨ 호와 선을 클릭하여 탄젠트 2곳 하기 ⇨ Esc

- 툴바 ⇨ 동심원 구속조건 ◎ [Concentric] 클릭 ⇨ 1호 클릭 ⇨ 2호 클릭 ⇨ Esc
- 치수 단축키 'D' ⊢⊣ ⇨ 치수를 입력하고 싶은 선 클릭 ⇨ 치수 입력할 위치로 마우스 포인 트를 이동 후 클릭 ⇨ 치수 입력 ⇨ Esc ⇨ [FINISH SKETCH] ✓ 클릭

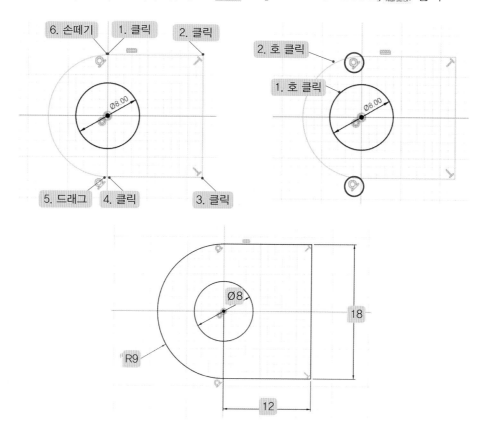

⑬ 돌출 단축키 'E' ▥ ⇨ 돌출할 Profile(면) 클릭 ⇨ [Direction] 'Symmetric' 클릭
- [Measurement]'▥' 클릭 ⇨ [Distance] '7mm' 입력 ⇨ [OK] 클릭

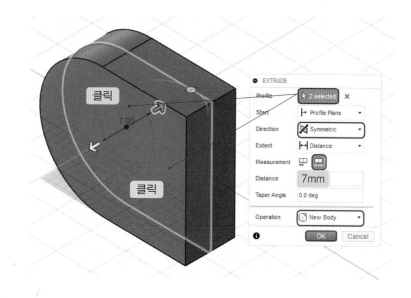

- [BROWSER]의 Sketch1 전구 켜기
- 돌출 단축키 'E' 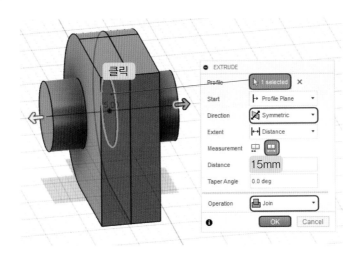 ⇨ 돌출할 Profile(면) 클릭 ⇨ [Direction] 'Symmetric' 클릭
- [Measurement] '⬓' 클릭 ⇨ [Distance] '15mm' 입력 ⇨ [Operation] ⇨ 'Join' 클릭 ⇨ [OK] 클릭

⑭ 스케치할 면 클릭 ⇨ 마우스 오른쪽 버튼 클릭 ⇨ [Create Sketch] 클릭
- 원 단축키 'C' [Center Diameter Circle] ⇨ 원(5mm) 그리기 ⇨ Esc ⇨ [FINISH SKETCH] 클릭

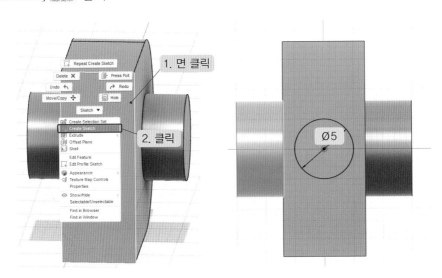

⑮ 돌출 단축키 'E' 클릭 ⇨ 돌출할 Profile(면) 클릭 ⇨ [Direction] 'One Side' 클릭
- [Distance] '6mm' 입력 ⇨ [Operation] ⇨ 'Join' 클릭 ⇨ [OK] 클릭
- [MODIFY] ⇨ [Chamfer] 클릭 ⇨ 챔퍼를 부여할 선 클릭 ⇨ '2mm' 입력 ⇨ [OK] 클릭

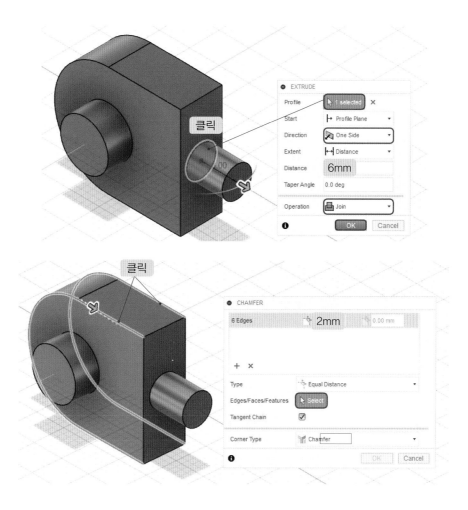

⑯ **중요 [A공차 부여하기]** [MODIFY] ⇨ [Offset Face] 🗇 클릭 ⇨ 공차 부여할 면 클릭 ⇨ '-0.5mm' 입력 ⇨ [OK] 클릭

● **[B공차 부여하기]** [MODIFY] ⇨ [Offset Face] 🗇 클릭 ⇨ 공차 부여할 면 클릭 ⇨ '-0.5mm' 입력 ⇨ [OK] 클릭

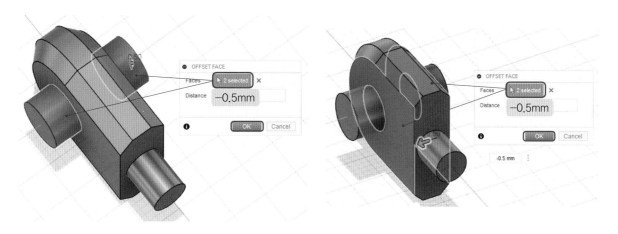

● [INSPECT] ⇨ [Measure] 📏 클릭 ⇨ A(7mm) 확인할 면 클릭, B(6mm) 확인할 면 클릭

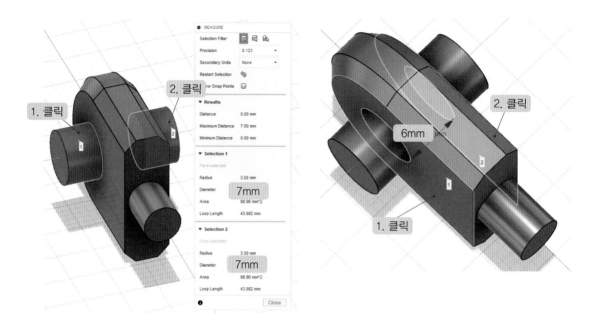

⑰ 메인 부품의 버튼을 클릭하여 활성화하기

● [Component1:1] 클릭 ⇨ 마우스 오른쪽 버튼 클릭 ⇨ [Ground] 클릭(부품을 고정하기)

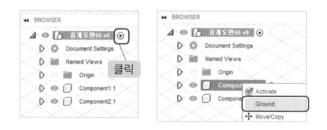

⑱ 어셈블리 단축키 'J' 🖐 ⇨ 부품 ①과 맞닿을 곳 🔘 을 클릭(호를 클릭하면 호의 중심점이 선택된다) ⇨ 부품 ②와 맞닿을 곳 🔘 을 클릭(호를 클릭하면 호의 중심점이 선택된다.)

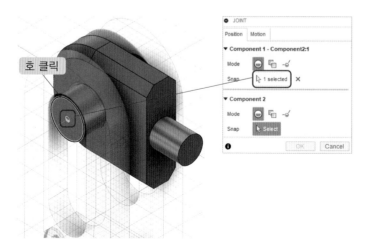

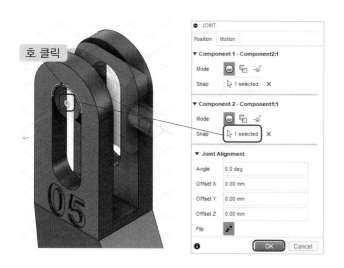

⑲ [INSPECT] ⇨ [Interference]▣ 클릭 ⇨ 부품 ① 클릭 ⇨ 부품 ② 클릭 ⇨ 옵션창에서 [Compute]의 ▣ 클릭

● [INSPECT] ⇨ [Section Analysis]▦ 클릭 ⇨ 단면을 확인하고 싶은 면 클릭 ⇨ 이동툴을 클릭 후 드래그 하면 단면을 확인할 수 있다.(그림은 옆면과 윗면의 단면을 확인함)

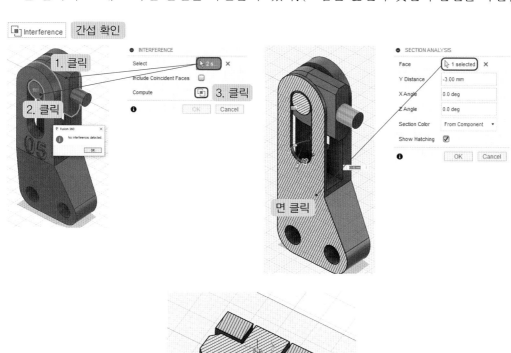

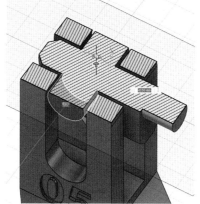

⑳ **저장하기**

[부품 ① 저장하기] 브라우저에서 부품 ① 클릭 ⇨ 마우스 오른쪽 버튼 클릭 ⇨ [Export] 클릭 ⇨ 파일 이름 '비번호_01.f3d' ⇨ [Export] 클릭 ⇨ 파일 이름 '비번호_01.stp' ⇨ [Export] 클릭

[부품 ② 저장하기] 브라우저에서 부품 ② 클릭 ⇨ 마우스 오른쪽 버튼 클릭 ⇨ [Export] 클릭 ⇨ 파일 이름 '비번호_02.f3d' ⇨ [Export] 클릭 ⇨ 파일 이름 '비번호_02.stp' ⇨ [Export] 클릭

[어셈블리 저장하기]

- 브라우저에서 메인 부품 클릭 ⇨ 마우스 오른쪽 버튼 클릭 ⇨ [Export] 클릭 ⇨ (비번호 각인 확인하기)
- 파일 이름 '비번호_03.f3d' ⇨ [Export] 클릭 ⇨ 파일 이름 '비번호_03.stp' ⇨ [Export] 클릭

Tip 어셈블리 저장하기는 공개도면과 같은 모습의 어셈블리로 저장하세요.

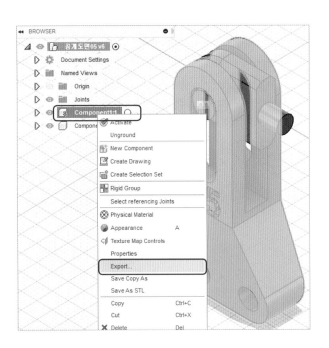

[STL 저장하기]

- 브라우저에서 메인 부품 클릭 ⇨ 마우스 오른쪽 버튼 클릭 ⇨ [Save As STL] 클릭
- 저장 옵션창의 기본 설정 확인 후 [OK] 클릭 ⇨ 파일 이름 '비번호_04' ⇨ 파일 형식 'STL' 확인하기 ⇨ [저장] 클릭

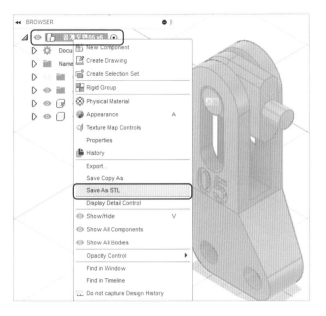

[G-code 파일 저장하기]

- Makerbot Print(메이커봇 슬라이싱 프로그램) 실행
- STL 파일 불러오기 ⇨ 출력방향 ♻[Orient] 선택 ⇨ 정렬하기 ▐▌[Arrange]
- 설정 ⚙에서 [Support Type] 'Breakaway Support' 클릭 ⇨ 미리보기 ⏱[Preview] 클릭
  ⇨ [Export]

Tip 출력 예상 시간 1시간 20분이 넘어가서 ⚙ [Print Settings]에서 Layer 두께 0.3mm으로 설정하기

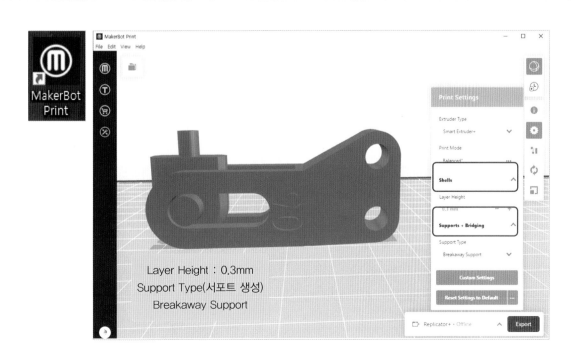

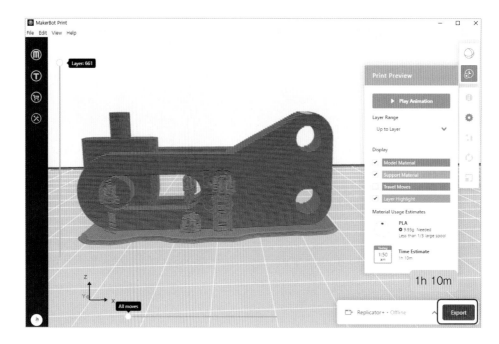

- 파일 이름 '비번호_04' ⇨ 파일 형식 'Makerbot' ⇨ [저장] 클릭
- 바탕화면에 만든 비번호 폴더에 저장이 잘 되었는지 확인한다.

㉑ 출력물 완성

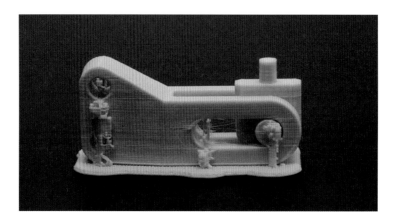

공 개 도 면 ⑥

자격종목	3D프린터운용기능사	[시험 1] 과제명	3D모델링 작업	척도	NS

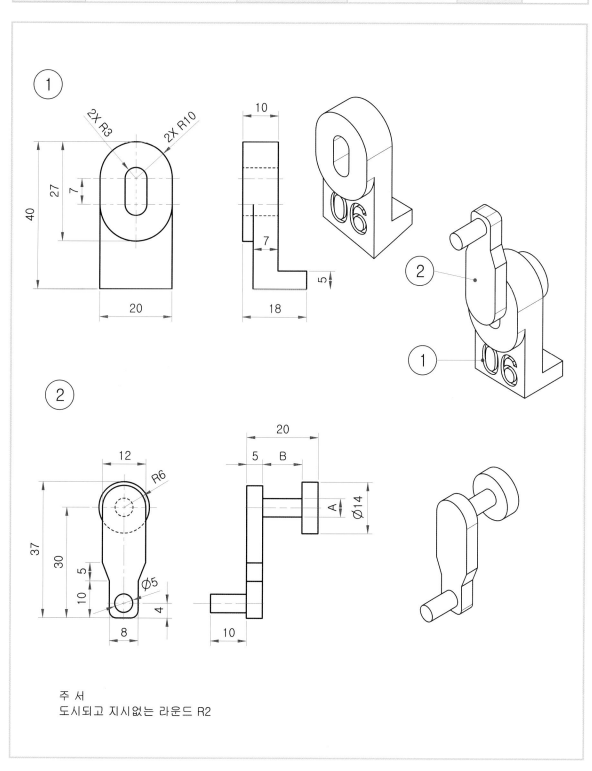

주 서
도시되고 지시없는 라운드 R2

(1) 도면 풀이와 A, B 치수 결정하기

- A=5mm A힌트(6)=6보다 ±1mm=공차는 ±0.5mm
  (A는 A의 힌트 안으로 조립이 되므로 A가 더 작아야 한다.)
- B=11mm B힌트(10)=10보다 ±1mm=공차는 ±0.5mm
  (B는 B의 힌트보다 길어야 조립이 되므로 B가 더 커야 한다.)

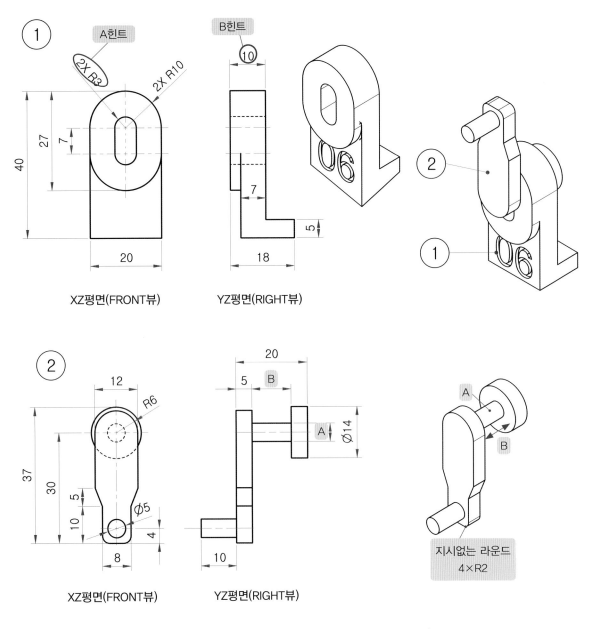

XZ평면(FRONT뷰)   YZ평면(RIGHT뷰)

XZ평면(FRONT뷰)   YZ평면(RIGHT뷰)

주서
1. 도시되고 지시없는 라운드는 R2

풀이 도면에서 표기가 없이 둥글게 되어 있는 곳은 Fillet(필렛) 2mm를 적용하시오.

(2) 공개도면 ⑥ 모델링 순서 생각하기

(가)	부품 ① 모델링하기 비번호 각인하기	(나)	부품 ② 모델링하기 공차 부여하기	(다)	어셈블리하기 모델링 검토하기 파일 저장하기

(가) 부품 ① 모델링하기

① BROWSER에서 메인 부품 마우스 오른쪽 버튼 클릭 ⇨ [New Component(새 부품)]를 클릭 ⇨ Enter

● BROWSER에서 Component1:1 이 생성되었는지 확인하기

  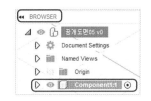

② 툴바에서 [Create Sketch] 클릭 ⇨ XZ평면(FRONT뷰) 클릭

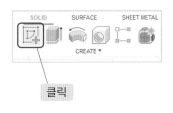 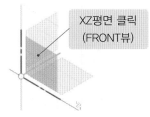 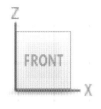

③ [CREATE] ⇨ [Slot] ⇨ [Center to Center Slot] 클릭 ⇨ 슬롯 2개 그리기

● 선 단축키 'L' ⇨ Line으로 선 그리기(선과 선이 잘 연결되게 하기)

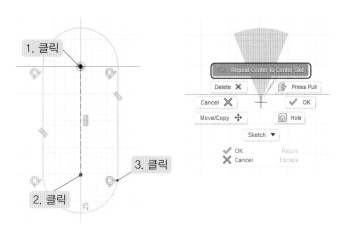

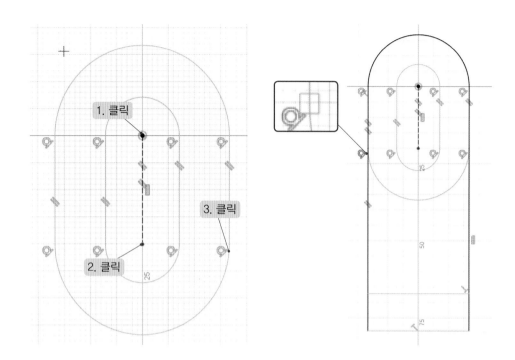

④ 치수 단축키 'D' ⊢⊣ ⇨ 치수를 입력하고 싶은 선 클릭 ⇨ 치수 입력할 위치로 마우스 포인트를 이동 후 클릭 ⇨ 치수 입력 ⇨ Esc ⇨ [FINISH SKETCH] ✓ 클릭

⊢Sketch Dimension 치수(단축키 : D)

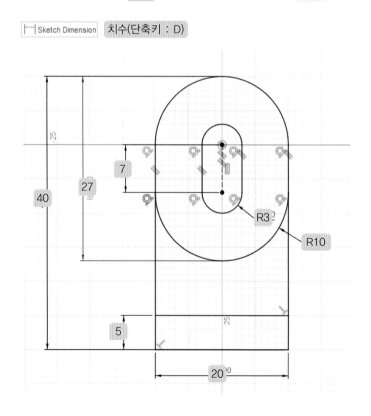

⑤ **중요** 돌출 단축키 'E' 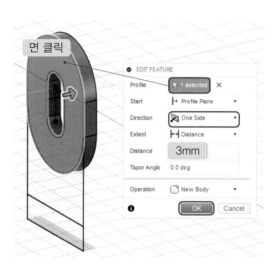 ⇨ 돌출할 Profile(면) 클릭 ⇨ [Direction] 'One side' 클릭 ⇨ [Distance] '3mm' 입력 ⇨ [OK] 클릭

● [BROWSER]의 Sketch1 전구 켜기

돌출 단축키 'E' ⇨ 돌출할 Profile(면) 클릭 ⇨ [Start] 'Object' ⇨ [Object] 면 클릭 ⇨ [Distance] '7mm'입력 ⇨ [Operation] 'Join' ⇨ [OK] 클릭

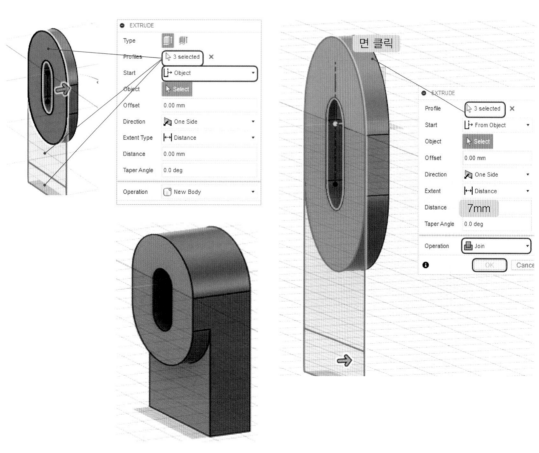

⑥ 돌출 단축키 'E' 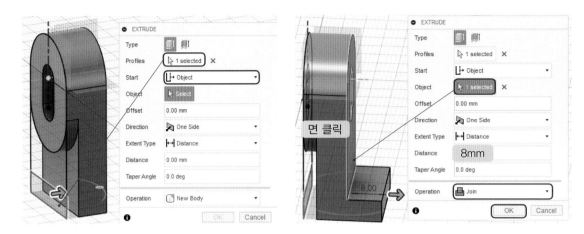 ⇨ 돌출할 Profile(면) 클릭 ⇨ [Start] 'Object' 클릭 ⇨ [Object] 면 클릭 ⇨ [Distance] '8mm' 입력 ⇨ [Operation] 'Join' ⇨ [OK] 클릭

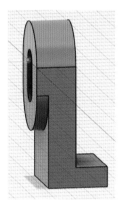

⑦ 비번호를 스케치할 면 클릭 ⇨ 마우스 오른쪽 버튼 클릭 ⇨ [Create Sketch] 클릭

- [CREATE] ⇨ [Text] 클릭 ⇨ 텍스트 상자 그리기 ⇨ 텍스트 옵션창에 비번호 입력, B(진하게), 크기 '10mm' ⇨ '가로, 세로 가운데 정렬' 클릭 ⇨ [OK] 클릭 ⇨ [FINISH SKETCH] 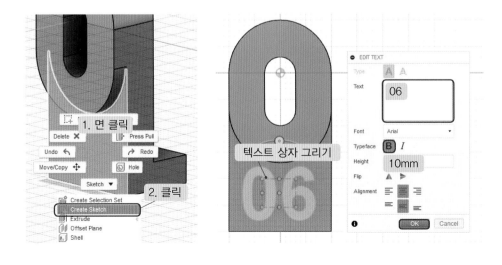 클릭

⑧ 돌출 단축키 'E'  ⇨ 숫자의 면 클릭 −[Distance] '−1mm' ⇨ [Operation] 'Cut' ⇨ [OK] 클릭

● 메인 부품의 버튼을 클릭하여 활성화하기(부품 ②를 메인 부품 아래로 포함시키기 위해서)

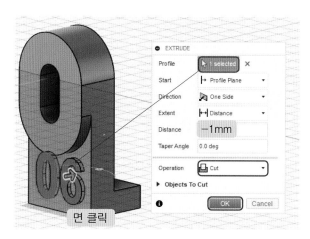

(나) 부품 ② 모델링하기

⑨ 메인 부품 마우스 오른쪽 버튼 클릭 ⇨ [New Component(새 부품)]를 클릭 ⇨ Enter
● [CONSTRUCT] ⇨ [Midplane] 클릭 ⇨ 부품 ①의 앞면과 뒷면 클릭 ⇨ [OK] 클릭

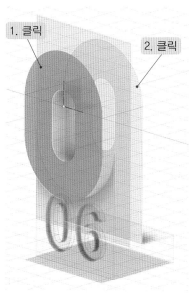

Tip MidPlane

도구 이름에 'Mid'가 들어가면 '중간'을 의미합니다.

MidPlane : 선택한 면의 중간에 작업평면 생성

MidPoint : 중간점

⑩ 면 클릭 ⇨ [Create Sketch] 클릭 (부품 ① 전구 켜기)

- 원 단축키 'C'(Center Diameter Circle) ⇨ 원(6 mm, 5 mm) 그리기 ⇨ Esc
- 툴바 ⇨ 동심원 구속조건 ◎ [Concentric] 클릭 ⇨ 작은 원과 큰 원의 호 클릭 ⇨ Esc
  (부품 ① 전구 끄기)
- 선 단축키 'L' ⇨ Line으로 1~10번 선 그리기

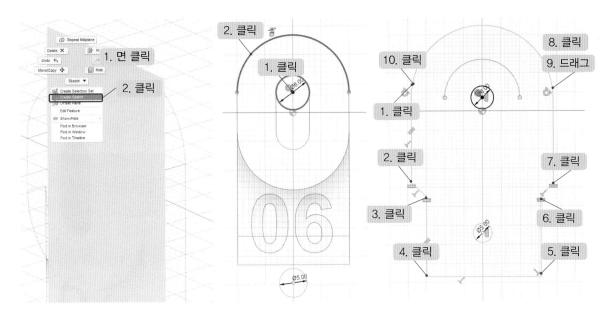

⑪ 툴바 ⇨ 탄젠트 구속조건 ○ [Tangent] 클릭 ⇨ 호와 선을 클릭하여 탄젠트 2곳 하기 ⇨ Esc

- 툴바 ⇨ 수직수평 구속조건 ⫼ [Horizontal/Vertical] 클릭 ⇨ 1~6번을 클릭 ⇨ Esc
- 원점 클릭, Shift + 사각형의 윗선 가운데 ▨, 미드포인트 마크가 나타나면 클릭(7~8번) ⇨ Esc

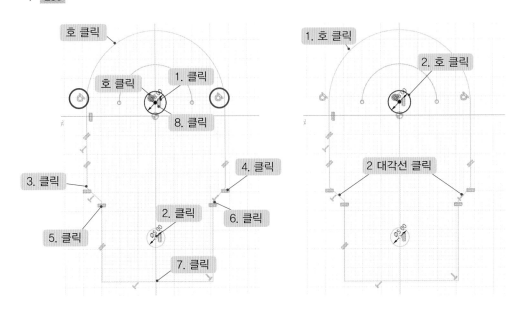

- 툴바 ⇨ 동심원 구속조건 ◎ [Concentric] 클릭 ⇨ 호 2개 클릭 ⇨ Esc
- 툴바 ⇨ 동일 구속조건 〓 [Equal] 클릭 ⇨ 대각선 2개 클릭 ⇨ Esc

⑫ 치수 단축키 'D' [Sketch Dimension] ⇨ 치수 입력하기 ⇨ Esc
- 원 단축키 'C'(Center Diameter Circle) ⇨ 원(14mm) 그리기 ⇨ Esc ⇨ [FINISH SKETCH] FINISH SKETCH ▾ 클릭

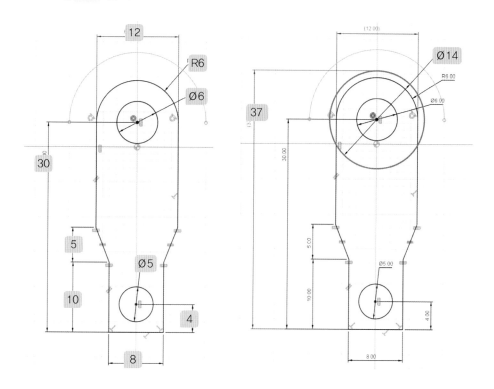

⑬ 돌출 단축키 'E' ⇨ 돌출할 Profile(면) 클릭 ⇨ [Direction] 'Symmetric' 클릭
- [Measurement] '묘' 클릭 ⇨ [Distance] '10mm' 입력 ⇨ [OK] 클릭

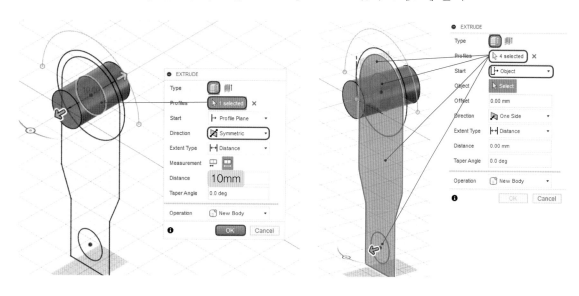

● 돌출 단축키 'E' 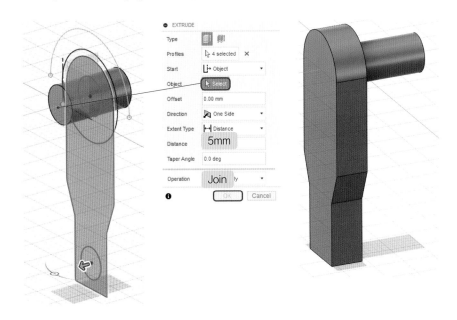 ⇨ 돌출할 Profile(면) 클릭 ⇨ [Start] 'Object' ⇨ [Object] 면 클릭 ⇨
[Distance] '5mm' ⇨ [Operation] 'Join' ⇨ [OK] 클릭

⑭ 돌출 단축키 'E' ⇨ 돌출할 Profile(면) 클릭 ⇨ [Start] 'Object' ⇨ [Object] 면 클릭 ⇨
[Distance] '10mm' ⇨ [Operation] 'Join' ⇨ [OK] 클릭

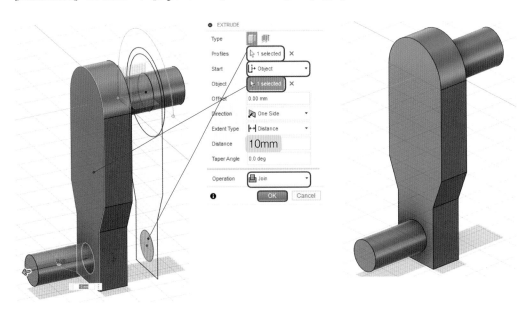

⑮ 돌출 단축키 'E' ⇨ 돌출할 Profile(면) 클릭 ⇨ [Start] 'Object' ⇨ [Object] 면 클릭 ⇨
[Distance] '−5mm' ⇨ [Operation] 'Join' ⇨ [OK] 클릭
● 필렛 단축키 'F' ⇨ 필렛을 부여할 선 클릭 ⇨ '2mm' 입력 ⇨ [OK] 클릭

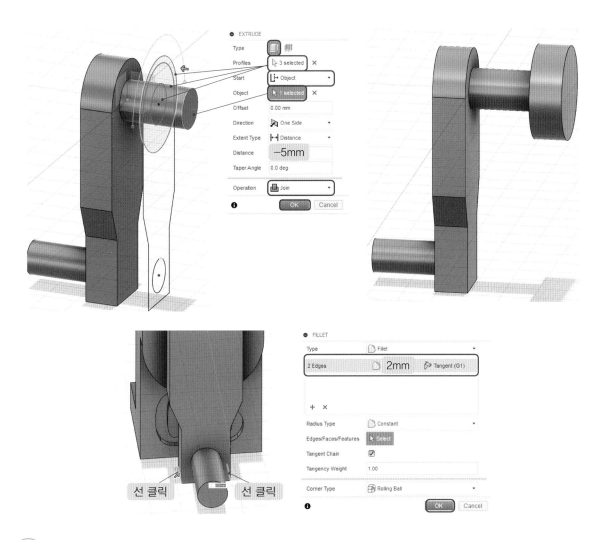

⑯ **중요 [A공차 부여하기]** [MODIFY] ⇨ [Offset Face] 🗗 클릭 ⇨ 공차 부여할 면 클릭 ⇨ '−0.5mm' 입력 ⇨ [OK] 클릭

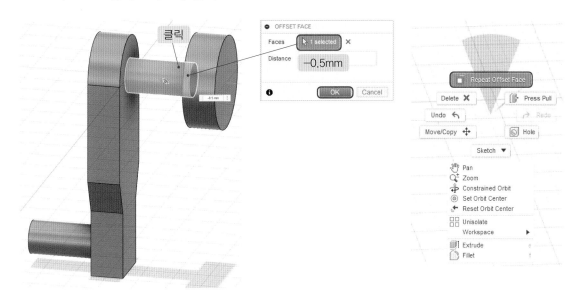

● **[B공차 부여하기]** 마우스 오른쪽 버튼 클릭 ⇨ 퀵메뉴에서 [Offset Face] ◻ 클릭 ⇨ 공차
　부여할 면 클릭 ⇨ '−1mm' 입력 ⇨ [OK] 클릭

● 툴바에서 치수측정 ▭ [Measure] 클릭 ⇨ A(4mm) 확인할 면 클릭, B(20mm) 확인할
　면 클릭

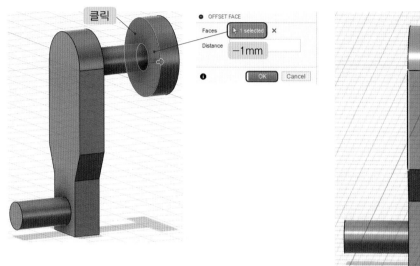

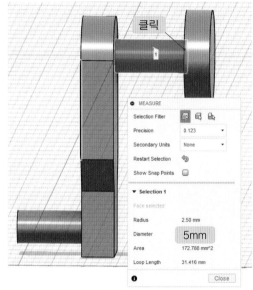

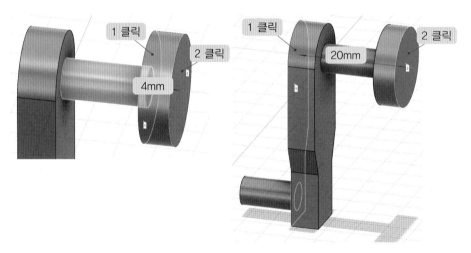

⑰ **저장하기**

● 주어진 도면의 부품 ①과 부품 ②를 도면과 같이 저장하기 위해 어셈블리하기 전에 저장
　을 한다.

● [BROWSER]에서 ▷ ◉ ◻ Component1:1 의 전구를 켜기 ⇨ 메인 부품의 버튼을 클릭하여 활성
　화하기

- **[부품 ① 저장하기]** 브라우저에서 부품 ① 클릭 ⇨ 마우스 오른쪽 버튼 클릭 ⇨ [Export] 클릭 ⇨ 파일 이름 '비번호_01.f3d' ⇨ [Export] 클릭 ⇨ 파일 이름 '비번호_01.stp' ⇨ [Export] 클릭
- **[부품 ② 저장하기]** 브라우저에서 부품 ② 클릭 ⇨ 마우스 오른쪽 버튼 클릭 ⇨ [Export] 클릭 ⇨ 파일 이름 '비번호_02.f3d' ⇨ [Export] 클릭 ⇨ 파일 이름 '비번호_02.stp' ⇨ [Export] 클릭

⑱ [Component1:1] 클릭 ⇨ 마우스 오른쪽 버튼 클릭 ⇨ [Ground] 클릭(부품을 고정하기)

⑲ 어셈블리 단축기 'J' ⇨ 부품 ①과 맞닿을 곳 을 클릭(호를 클릭하면 호의 중심점이 선택된다) ⇨ 부품 ②와 맞닿을 곳 을 클릭(호를 클릭하면 호의 중심점이 선택된다.)
- 공개도면과 같이 조립된 상태로 어셈블리 하기 위해 부품 ②를 이동툴로 이동시킨다.

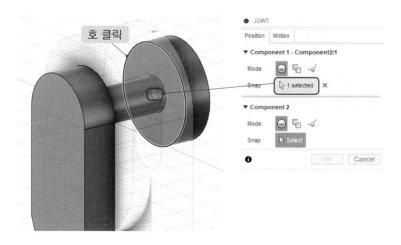

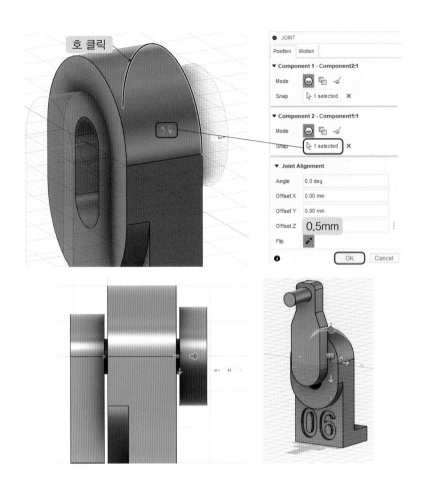

호 클릭

Joint 수정하기

[방법 1] 브라우저 ⇨ [Joints] 확장하기 클릭 ⇨ [Rigid1] 클릭 ⇨ 마우스 오른쪽 버튼 클릭 ⇨ [Edit Joint]

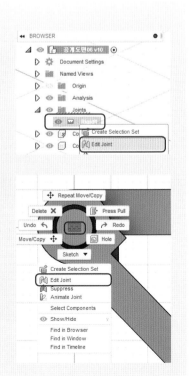

[방법 2] 타임라인 ⇨ Joints 클릭 ⇨ 마우스 오른쪽 버튼 클릭 ⇨ [Edit Joint]
이동툴이 나오면 이동 또는 각도 조절을 할 수 있다.

[방법 3] 조인트 마크 클릭 ⇨ 마우스 오른쪽 버튼 클릭 ⇨ [Edit Joint] 클릭

⑳ **어셈블리 저장하기(간섭과 단면분석을 한 후 저장하기)**

● 브라우저에서 메인 부품 클릭 ⇨ 마우스 오른쪽 버튼 클릭 ⇨ [Export] 클릭(비번호 각인 확인하기)

● 파일 이름 '비번호_03.f3d' ⇨ [Export] 클릭 ⇨ 파일 이름 '비번호_03.stp' ⇨ [Export] 클릭

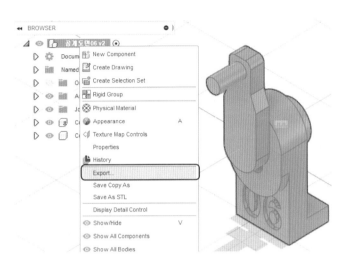

㉑ 출력을 고려하여 어셈블리 하기

● 조인트 마크 클릭 ⇨ 마우스 오른쪽 버튼 클릭 ⇨ [Edit Joint] 클릭 ⇨ 회전툴과 이동툴 로 이동시킨다.

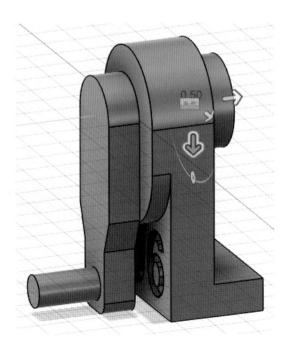

㉒ [INSPECT] ⇨ [Interference] ⬚ 클릭 ⇨ 부품 ① 클릭 ⇨ 부품 ② 클릭 ⇨ 옵션창에서 [Compute]의 ⬚ 클릭

● [INSPECT] ⇨ [Section Analysis] ⬚ 클릭 ⇨ 단면을 확인하고 싶은 면 클릭 ⇨ 이동툴 을 클릭 후 드래그 하면 단면을 확인할 수 있다.(그림은 옆면과 윗면의 단면을 확인함)

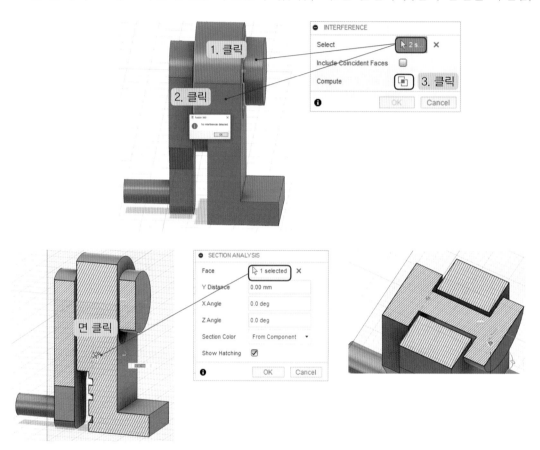

㉓ [STL 저장하기]

● 브라우저에서 메인 부품 클릭 ⇨ 마우스 오른쪽 버튼 클릭 ⇨ [Save As STL] 클릭

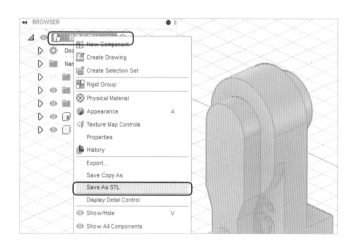

● 저장 옵션창의 기본 설정 확인 후 [OK] 클릭 ⇨ 파일 이름 '비번호_04' ⇨ 파일 형식 'STL' 확인하기 ⇨ [저장] 클릭

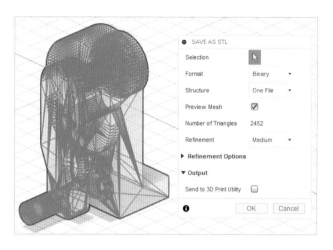

| ⑥ 공개도면 | 공개도면과 같은 조립된 상태로 어셈블리 저장하기 | 출력을 고려하여 조립된 상태로 STL 저장하기 |

㉔ **[G-code 파일 저장하기]**

- Makerbot Print(메이커봇 슬라이싱 프로그램) 실행
- STL 파일 불러오기 ⇨ 출력방향🔄[Orient] 선택 ⇨ 정렬하기📊[Arrange]
- 설정⚙에서 [Support Type] 'Breakaway Support' 클릭 ⇨ 미리보기🕐[Preview] 클릭
  ⇨ [Export]

Tip 출력 예상 시간 1시간 20분이 넘어가서 ⚙ [Print Settings]에서 Layer 두께 0.3mm으로 설정하기

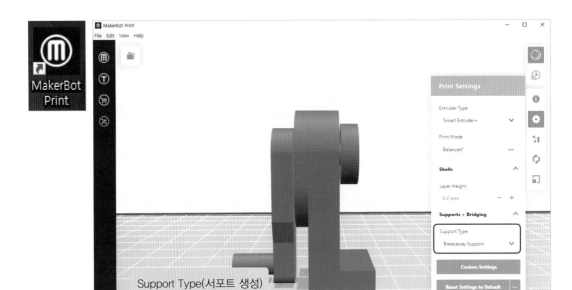

- 파일 이름 '비번호_04' ➪ 파일 형식 'Makerbot' ➪ [저장] 클릭
- 바탕화면에 만든 비번호 폴더에 저장이 잘 되었는지 확인한다.

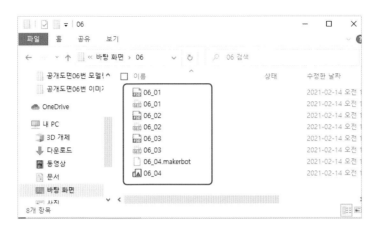

㉕ 출력물 완성

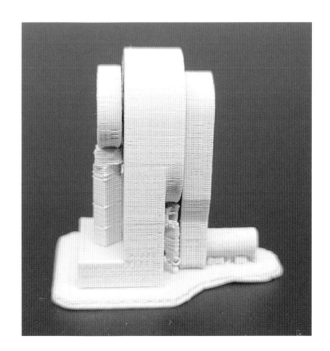

공 개 도 면 ⑦

자격종목	3D프린터운용기능사	[시험 1] 과제명	3D모델링 작업	척도	NS

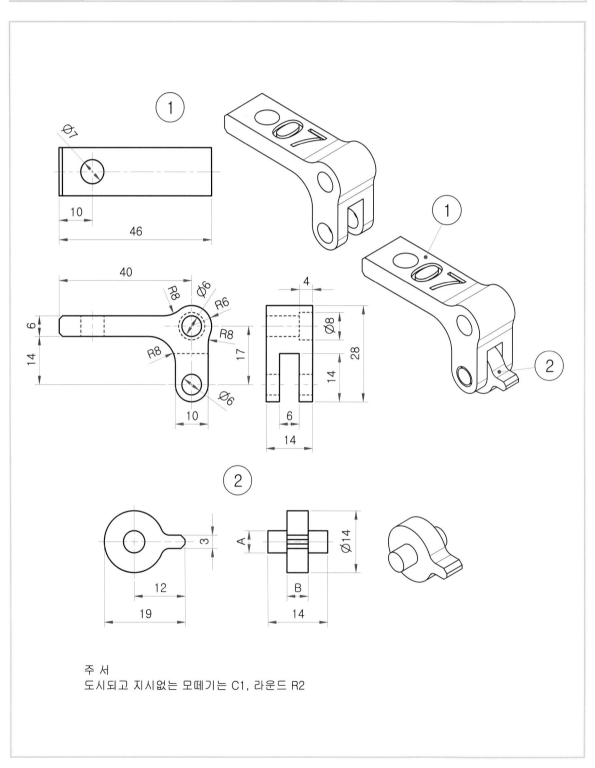

주 서
도시되고 지시없는 모떼기는 C1, 라운드 R2

(1) 도면 풀이와 A, B 치수 결정하기

- A=5mm A힌트(6)=6보다 ±1mm=공차는 ±0.5mm
  (A는 A의 힌트 안으로 조립이 되므로 A가 더 작아야 한다.)
- B=5mm B힌트(6)=6보다 ±1mm=공차는 ±0.5mm
  (B는 B의 힌트 안으로 조립이 되므로 B가 더 작아야 한다.)

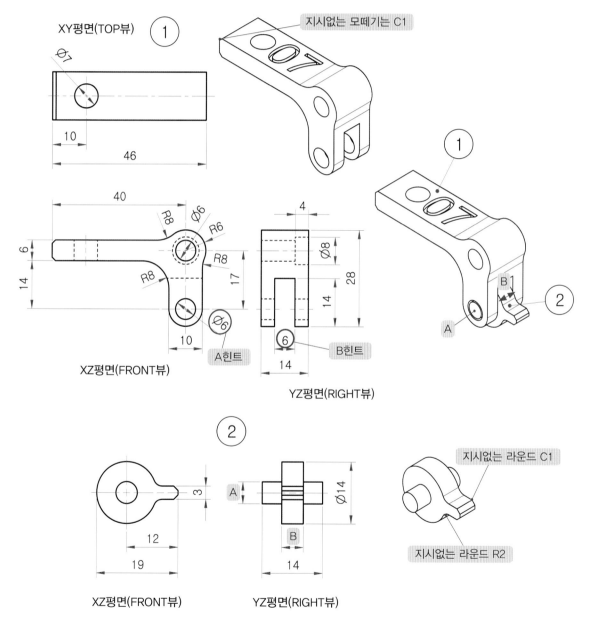

주서
1. 도시되고 지시없는 모떼기는 C1, 라운드는 R2

풀이 도면에서 표기가 없이 비스듬한 경사는 Chamfer(챔퍼) 1mm, 둥글게 된 곳은 Fillet(필렛) 2mm를 적용하시오.

(2) 공개도면 ⑦ 모델링 순서 생각하기

(가)	부품 ① 모델링하기 비번호 각인하기	(나)	부품 ② 모델링하기 공차 부여하기	(다)	어셈블리하기 모델링 검토하기 파일 저장하기

(가) 부품 ① 모델링하기

① BROWSER에서 메인 부품 마우스 오른쪽 버튼 클릭 ⇨ [New Component(새 부품)]를 클릭 ⇨ Enter
- BROWSER에서 Component1:1 이 생성되었는지 확인하기

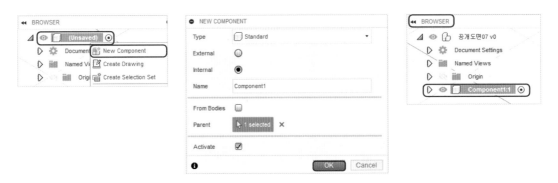

② 툴바에서 [Create Sketch] 클릭 ⇨ XZ평면(FRONT뷰) 클릭

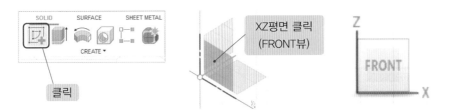

③ 원 단축키 'C' (Center Diameter Circle) ⇨ 원 4개 그리기(6mm×2개, 8mm, 10mm) ⇨ Esc

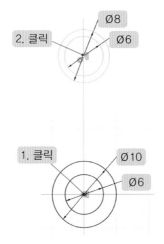

- 툴바 ⇨ 수직수평 구속조건 ⫼ [Horizontal/Vertical] 클릭 ⇨ 1~2클릭 ⇨ Esc
- 툴바 ⇨ 동심원 구속조건 ◎ [Concentric] 클릭 ⇨ 원점 클릭, 중심점 클릭 ⇨ Esc

④ 선 단축키 'L' ⤸ ⇨ Line으로 1~16번 선 그리기 ⇨ Esc
- 툴바 ⇨ 탄젠트 구속조건 ◯ [Tangent] 클릭 ⇨ 호와 선을 클릭하여 탄젠트 8곳 하기 ⇨ Esc
- 툴바 ⇨ 수직수평 구속조건 ⫼ [Horizontal/Vertical] 클릭 ⇨ 수직 또는 수평이 필요한 선 클릭 ⇨ Esc
- 툴바 ⇨ 동심원 구속조건 ◎ [Concentric] 클릭 ⇨ 호 2개 클릭 ⇨ Esc
- 툴바 ⇨ 동일 구속조건 ═ [Equal] 클릭 ⇨ 호 1~4 클릭 ⇨ Esc

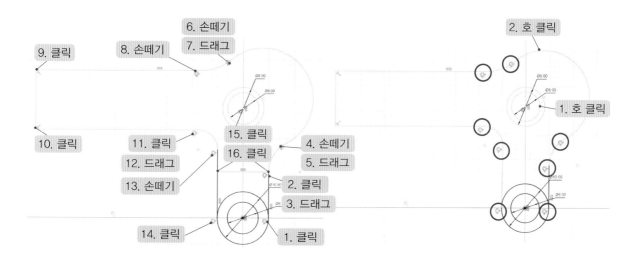

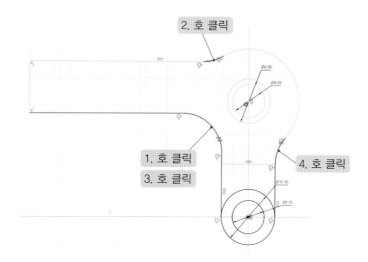

⑤ 선 자르기 단축키 'T' ✂ 클릭 ⇨ Esc
- 치수 단축키 'D' ⊢⊣ ⇨ 치수를 입력하고 싶은 선 클릭 ⇨ 치수 입력할 위치로 마우스 포인트를 이동 후 클릭 ⇨ 치수 입력 ⇨ Esc ⇨ [FINISH SKETCH] 클릭

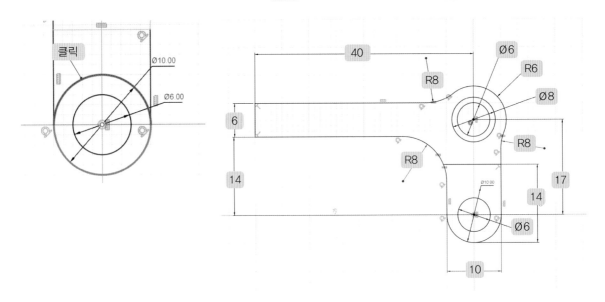

⑥ 돌출 단축키 'E' ⇨ 돌출할 Profile(면) 클릭 ⇨ [Direction] 'Symmetric' 클릭
- [Measurement] '⊡' 클릭 ⇨ [Distance] '14mm' 입력 ⇨ [OK] 클릭 ⇨ Sketch1 전구 켜기
- 돌출 단축키 'E' ⇨ 돌출할 Profile(면) 클릭 ⇨ [Start] 'Object' ⇨ [Object] 면 클릭 ⇨ [Distance] '−4mm' 입력 ⇨ [Operation] 'Cut' ⇨ [OK] 클릭

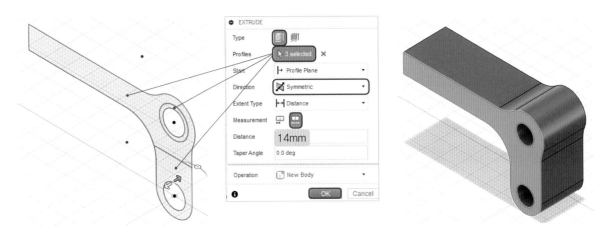

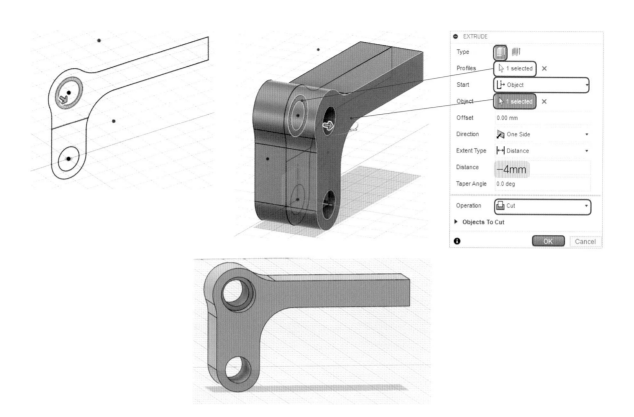

⑦ 돌출 단축키 'E'  ⇨ 돌출할 Profile(면) 클릭 ⇨ [Direction] 'Symmetric' 클릭
 ● [Measurement] '끄' 클릭 ⇨ [Distance] '6mm' 입력 ⇨ [Operation] 'Cut' ⇨ [OK] 클릭

⑧ 비번호를 스케치할 면 클릭 ⇨ [Create Sketch] 클릭

- 원 단축키 'C' ⊘ (Center Diameter Circle) ⇨ 원 그리기(7 mm) ⇨ Esc
- 툴바 ⇨ 수직수평 구속조건 ⫤ [Horizontal/Vertical] 클릭 ⇨ 원점 클릭, 원의 중심점 클릭 ⇨ Esc
- 치수 단축키 'D' ⊢⊣ ⇨ 치수를 입력하고 싶은 선 클릭 ⇨ 치수 입력할 위치로 마우스 포인트를 이동 후 클릭 ⇨ 치수 입력 ⇨ Esc
- [CREATE] ⇨ [Text] 클릭 ⇨ 텍스트 상자 그리기 ⇨ 텍스트 옵션창에 비번호 입력, B(진하게), 크기 '10 mm' ⇨ '가로, 세로 가운데 정렬' 클릭 ⇨ [OK] 클릭 ⇨ [FINISH SKETCH] ✓ 클릭

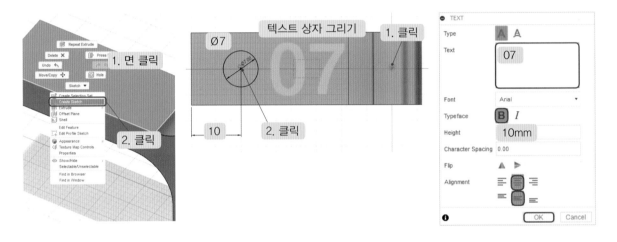

⑨ 돌출 단축키 'E' ⬛ ⇨ 돌출할 Profile(면) 클릭 ⇨ 수직 이동툴 ➡을 구멍 부분이 빨간색으로 변하는 방향으로 드래그 하여 뚫기 ⇨ [OK] 클릭 ⇨ Sketch2 전구켜기

- 돌출 단축키 'E' ⬛ ⇨ 숫자의 면 클릭 ⇨ [Distance] '−1 mm' 입력 ⇨ [Operation] 'Cut' ⇨ [OK] 클릭

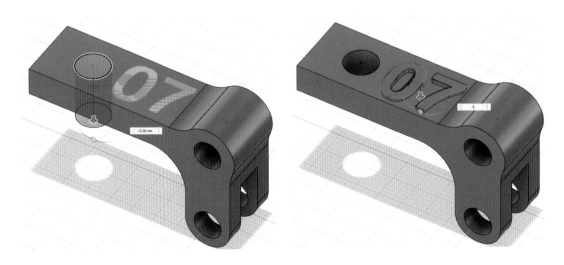

⑩ [MODIFY] ⇨ [Chamfer] 🪨 클릭 ⇨ 챔퍼를 부여할 선 클릭 ⇨ '1mm' 입력 ⇨ [OK] 클릭

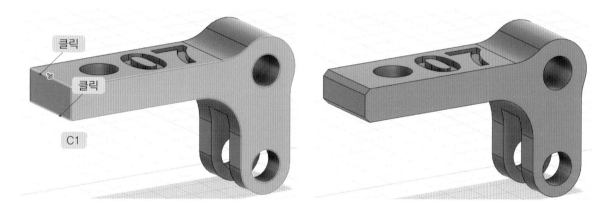

⑪ 메인 부품의 버튼을 클릭하여 활성화하기(부품 ②를 메인 부품 아래로 포함시키기 위해서)

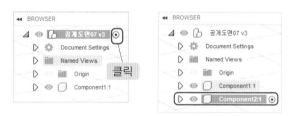

(나) 부품 ② 모델링하기

⑫ 메인 부품 마우스 오른쪽 버튼 클릭 ⇨ [New Component(새 부품)]를 클릭 ⇨ Enter
　● 툴바에서 🔲 [Create Sketch] 클릭 ⇨ XZ평면(FRONT뷰) 클릭

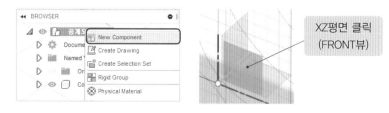

⑬ 단축키 'C' ⊘ (Center Diameter Circle) ⇨ 원 그리기(6mm, 14mm) ⇨ Esc

● 툴바 ⇨ ▢[2-Point Rectangle] 클릭 ⇨ 사각형 1개 그리기 ⇨ Esc

● 툴바 ⇨ 수직수평 구속조건 ⫰ [Horizontal/Vertical] 클릭 ⇨ 원점 클릭, Shift + 사각형
의 윗선 가운데 █████, 미드포인트 마크가 나타나면 클릭 ⇨ Esc

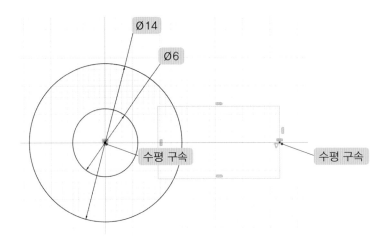

⑭ 선 자르기 단축키 'T' ✂ 클릭 ⇨ 선 자르기 ⇨ Esc

● 치수 단축키 'D'⊢ ⇨ 치수를 입력하고 싶은 선 클릭 ⇨ 치수 입력할 위치로 마우스 포인
트를 이동 후 클릭 ⇨ 치수 입력 ⇨ Esc ⇨ [FINISH SKETCH] ◉ 클릭

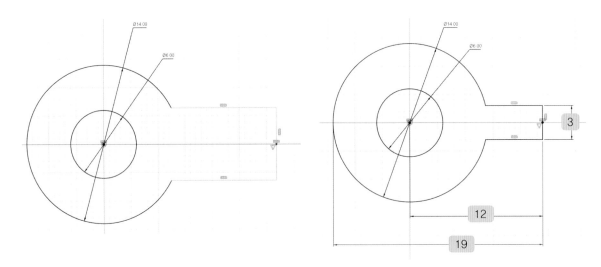

⑮ 돌출 단축키 'E' ▊ ⇨ 돌출할 Profile(면) 클릭 ⇨ [Direction] 'Symmetric' 클릭

● [Measurement] '▱' 클릭 ⇨ [Distance] '14mm' 입력 ⇨ [OK] 클릭 ⇨ Sketch1 전구
켜기

● 돌출 단축키 'E' ▊ ⇨ 돌출할 Profile(면) 클릭 ⇨ [Direction] 'Symmetric' 클릭

● [Measurement] '▱' 클릭 ⇨ [Distance] '6mm' 입력 ⇨ [Operation] 'Join' ⇨ [OK] 클릭

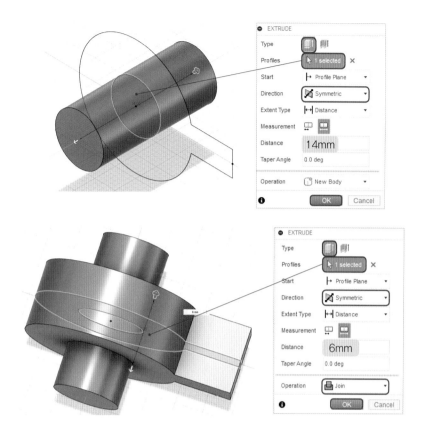

⑯ [MODIFY] ⇨ [Chamfer] 🖱 클릭 ⇨ 챔퍼를 부여할 선 클릭 ⇨ '1mm' 입력 ⇨ [OK] 클릭
● 필렛 단축키 'F' 🖱 ⇨ 필렛을 부여할 선 클릭 ⇨ '2mm' 입력 ⇨ [OK] 클릭

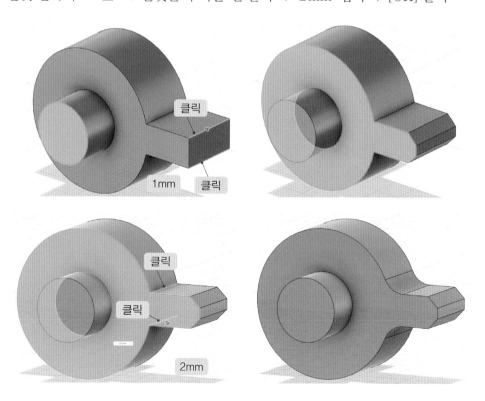

⑰ [A와 B공차 부여하기] [MODIFY] ⇨ [Offset Face] ▣ 클릭 ⇨ 공차 부여할 면 클릭 ⇨ '-0.5mm' 입력 ⇨ [OK] 클릭

● 툴바 ⇨ 치수측정 ▤[Measure] 클릭 ⇨ A(5mm) 확인할 면 클릭, B(5mm) 확인할 면 클릭

> **Tip** A와 B의 공차가 -0.5mm이므로 A와 B의 공차를 동시에 부여하였다.

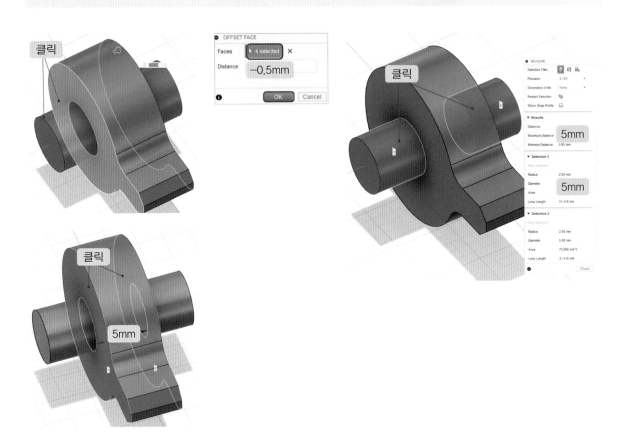

⑱ 메인 부품의 버튼을 클릭하여 활성화하기

● [Component1:1] 클릭 ⇨ 마우스 오른쪽 버튼 클릭 ⇨ [Ground] 클릭(부품을 고정하기)

⑲ 조인트 단축키 'J' 🔩 ⇨ 부품 ①과 맞닿을 곳 🔵을 클릭(호를 클릭하면 호의 중심점이 선택된다.) ⇨ 부품 ②와 맞닿을 곳 🔵을 클릭(호를 클릭하면 호의 중심점이 선택된다.)

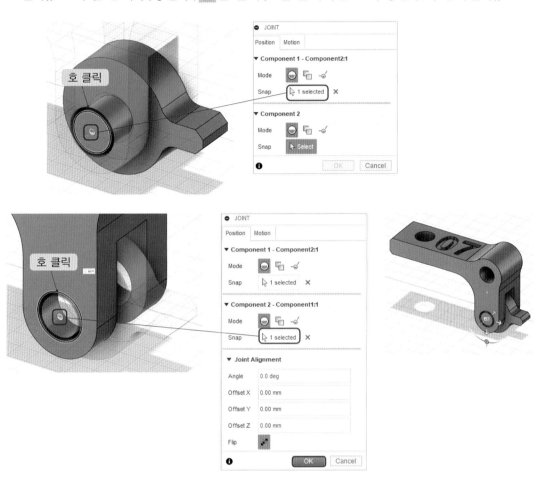

⑳ [INSPECT] ⇨ [Interference] 🔳 클릭 ⇨ 부품 ① 클릭 ⇨ 부품 ② 클릭 ⇨ 옵션창에서 [Compute]의 🔳 클릭

• [INSPECT] ⇨ [Section Analysis] 🔳 클릭 ⇨ 단면을 확인하고 싶은 면 클릭 ⇨ 이동툴을 클릭 후 드래그 하면 단면을 확인할 수 있다.(그림은 옆면과 윗면의 단면을 확인함)

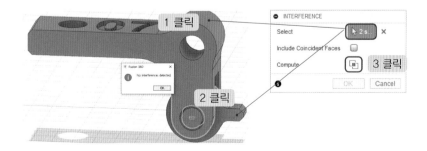

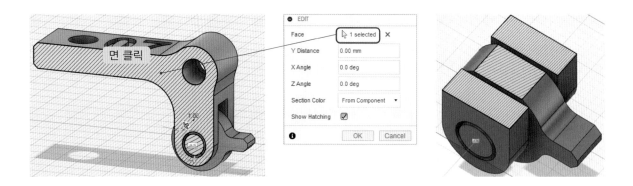

21 저장하기

[부품 ① 저장하기] 브라우저에서 부품 ① 클릭 ⇨ 마우스 오른쪽 버튼 클릭 ⇨ [Export] 클릭 ⇨ 파일 이름 '비번호_01.f3d' ⇨ [Export] 클릭 ⇨ 파일 이름 '비번호_01.stp' ⇨ [Export] 클릭

[부품 ② 저장하기] 브라우저에서 부품 ② 클릭 ⇨ 마우스 오른쪽 버튼 클릭 ⇨ [Export] 클릭 ⇨ 파일 이름 '비번호_02.f3d' ⇨ [Export] 클릭 ⇨ 파일 이름 '비번호_02.stp' ⇨ [Export] 클릭

[어셈블리 저장하기]

- 브라우저에서 메인 부품 클릭 ⇨ 마우스 오른쪽 버튼 클릭 ⇨ [Export] 클릭(비번호 각인 확인하기)
- 파일 이름 '비번호_03.f3d' ⇨ [Export] 클릭 ⇨ 파일 이름 '비번호_03.stp' ⇨ [Export] 클릭

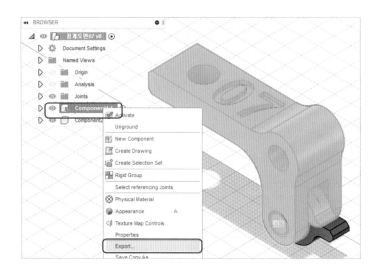

[STL 저장하기]

- 출력을 고려하여 Joint 수정하기
- Joint 마크 클릭 ⇨ 마우스 오른쪽 버튼 클릭 ⇨ [Edit Joint] 클릭 ⇨ 이동툴을 이용하여 회전하기

- 브라우저에서 메인 부품 클릭 ⇨ 마우스 오른쪽 버튼 클릭 ⇨ [Save As STL] 클릭
- 저장 옵션창의 기본 설정 확인 후 [OK] 클릭 ⇨ 파일 이름 '비번호_04' ⇨ 파일 형식 'STL' 확인하기 ⇨ [저장] 클릭

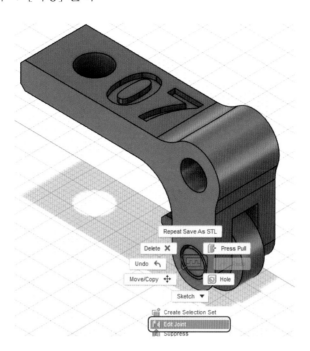

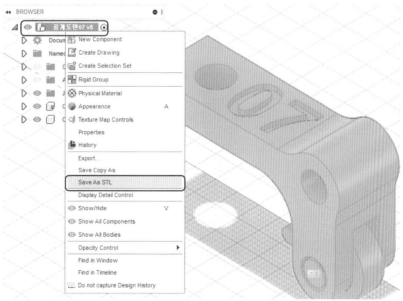

[G-code 파일 저장하기]

- Makerbot Print(메이커봇 슬라이싱 프로그램) 실행
- STL 파일 불러오기 ⇨ 출력방향 ⟳[Orient] 선택 ⇨ 정렬하기 ▋▍[Arrange]
- 설정 ⚙ 에서 [Support Type] 'Breakaway Support' 클릭 ⇨ 미리보기 ⏱[Preview] 클릭 ⇨ [Export]

Tip 출력 예상 시간 1시간 20분이 넘어가면 ⚙ [Print Settings]에서 Layer 두께 설정하기

Support Type(서포트 생성)
Breakaway Support

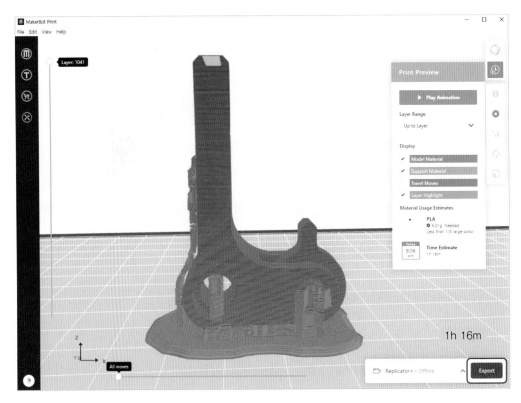

- 파일 이름 '비번호_04' ⇨ 파일 형식 'Makerbot' ⇨ [저장] 클릭
- 바탕화면에 만든 비번호 폴더에 저장이 잘 되었는지 확인한다.

㉒ 출력물 완성

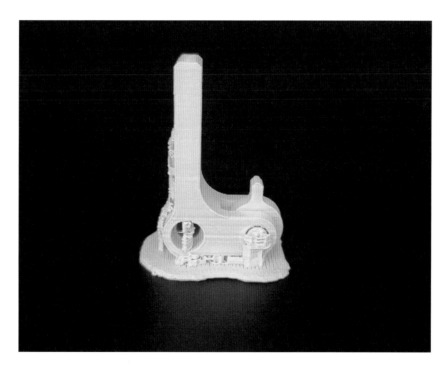

공 개 도 면 ⑧

자격종목	3D프린터운용기능사	[시험 1] 과제명	3D모델링 작업	척도	NS

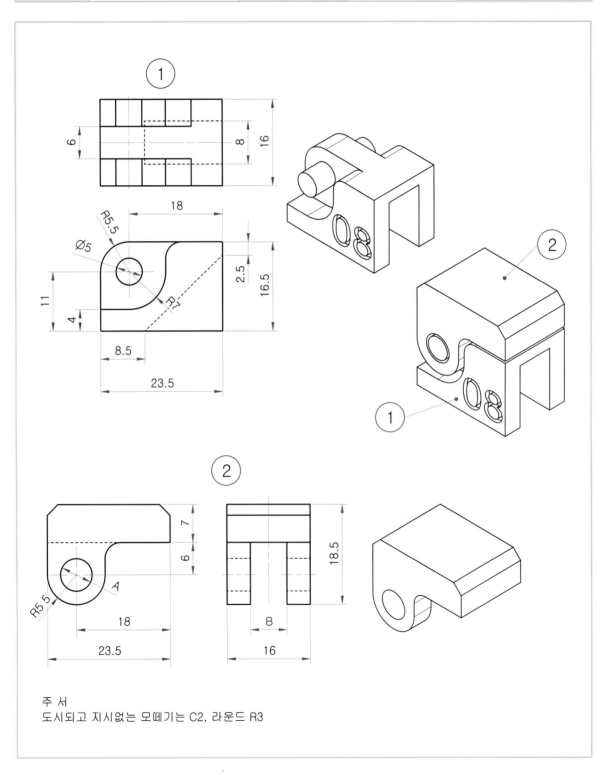

주 서
도시되고 지시없는 모떼기는 C2, 라운드 R3

(1) 도면 풀이와 A, B 치수 결정하기

- A=6mm A힌트(5)=5보다 ±1mm=공차는 ±0.5mm
  (A힌트는 A의 안으로 조립이 되므로 A가 더 커야 한다.)
- B=7mm B힌트(6)=6보다 ±1mm=공차는 ±0.5mm
  (B힌트는 B의 안으로 조립이 되므로 B가 더 커야 한다.)

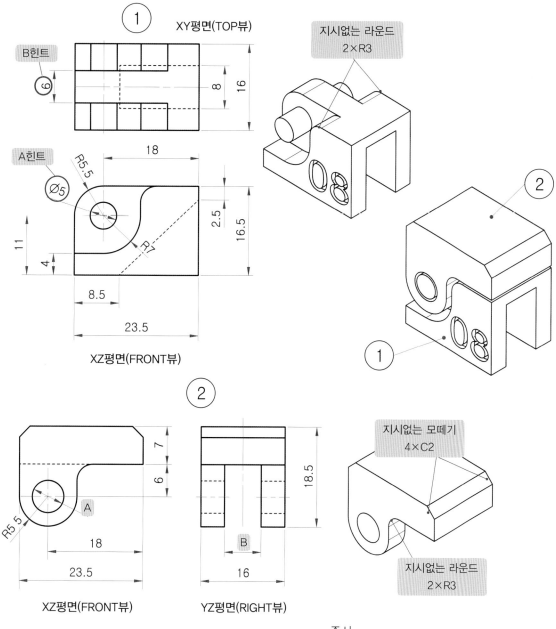

주서
1. 도시되고 지시없는 모떼기는 C2, 라운드는 R3

풀이 도면에서 표기가 없이 비스듬한 경사는 Chamfer(챔퍼) 2mm, 둥글게 된 곳은 Fillet(필렛) 3mm를 적용하시오.

(2) 공개도면 ⑧ 모델링 순서 생각하기

(가)	부품 ① 모델링하기 비번호 각인하기	(나)	부품 ② 모델링하기 공차 부여하기	(다)	어셈블리하기 모델링 검토하기 파일 저장하기

(가) 부품 ① 모델링하기

① BROWSER에서 메인 부품 마우스 오른쪽 버튼 클릭 ⇨ [New Component(새 부품)]를 클릭 ⇨ Enter
- BROWSER에서 Component1:1 이 생성되었는지 확인하기

② 툴바에서 [Create Sketch] 클릭 ⇨ XZ평면(FRONT뷰) 클릭

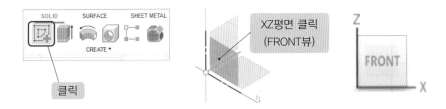

③ 원 단축키 'C' (Center Diameter Circle) ⇨ 원 그리기(5 mm) ⇨ Esc
- 선 단축키 'L' ⇨ Line으로 1~7번 선 그리기 ⇨ Esc

Tip 주의사항

대각선을 그릴 때 미드포인트(중심)가 나타나면 치수가 고정이 됩니다.
미드포인트가 생기지 않도록 대각선을 그려주세요.

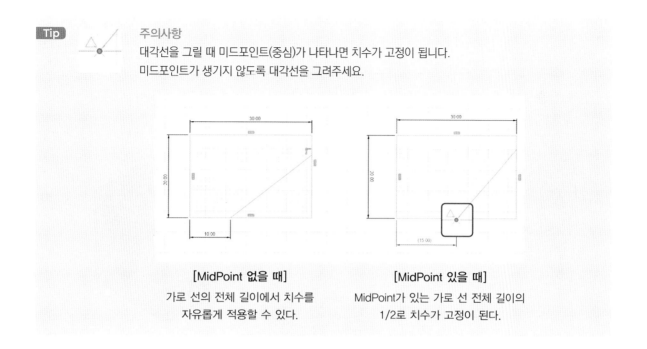

[MidPoint 없을 때]
가로 선의 전체 길이에서 치수를
자유롭게 적용할 수 있다.

[MidPoint 있을 때]
MidPoint가 있는 가로 선 전체 길이의
1/2로 치수가 고정이 된다.

④ 툴바 ⇨ 동심원 구속조건 ◎ [Concentric] 클릭 ⇨ 호1~4 클릭 ⇨ Esc

● 툴바 ⇨ 탄젠트 구속조건 ⌒ [Tangent] 클릭 ⇨ 호와 선을 클릭하여 탄젠트 4곳 하기 ⇨ Esc

● 툴바 ⇨ 수직수평 구속조건 ≦ [Horizontal/Vertical] 클릭 ⇨ 수직 또는 수평이 필요한 선 클릭 ⇨ Esc

● 치수 단축키 'D' ⊢ ⇨ 치수를 입력하고 싶은 선 클릭 ⇨ 치수 입력할 위치로 마우스 포인트를 이동 후 클릭 ⇨ 치수 입력 ⇨ Esc ⇨ [FINISH SKETCH] ⊘ 클릭

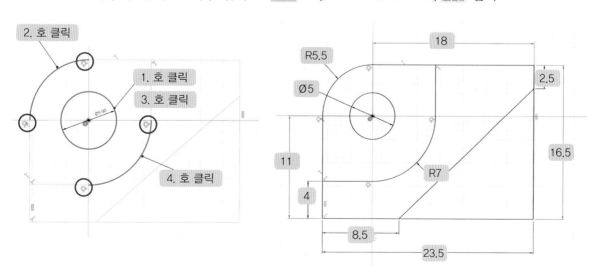

⑤ 돌출 단축키 'E' 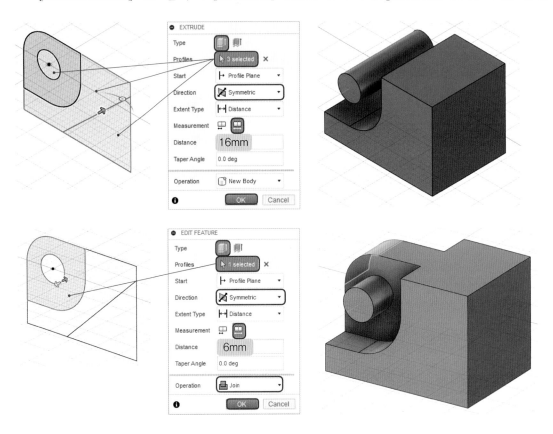 ⇨ 돌출할 Profile(면) 클릭 ⇨ [Direction] 'Symmetric' 클릭

- [Measurement] '⊡' 클릭 ⇨ [Distance] '16mm' 입력 ⇨ [OK] 클릭 ⇨ Sketch1 전구 켜기
- 돌출 단축키 'E' ⇨ 돌출할 Profile(면) 클릭 ⇨ [Direction] 'Symmetric' 클릭
- [Measurement] '⊡' 클릭 ⇨ [Distance] '6mm' 입력 ⇨ [Operation] 'Join' ⇨ [OK] 클릭

⑥ 돌출 단축키 'E' 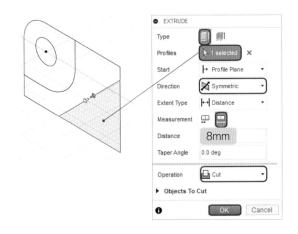 ⇨ 돌출할 Profile(면) 클릭 ⇨ [Direction] 'Symmetric' 클릭

- [Measurement] '⊡' 클릭 ⇨ [Distance] '8mm' 입력 ⇨ [Operation] 'Cut' ⇨ [OK] 클릭

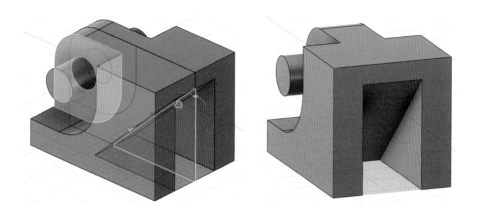

⑦ 필렛 단축키 'F' 🗂 ⇨ 필렛을 부여할 선 클릭 ⇨ '3mm' 입력 ⇨ [OK] 클릭

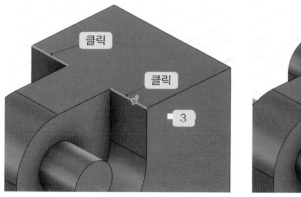

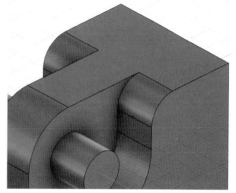

⑧ 비번호를 스케치할 면 클릭 ⇨ [Create Sketch] 클릭
- [CREATE] ⇨ [Text] 클릭 ⇨ 텍스트 상자 그리기 ⇨ 텍스트 옵션창에 비번호 입력, B(진하게), 크기 '7mm' ⇨ '가로, 세로 가운데 정렬' 클릭 ⇨ [OK] 클릭 ⇨ [FINISH SKETCH] 🗸 클릭

⑨ 돌출 단축키 'E' 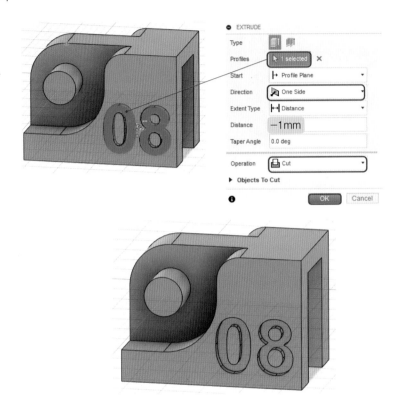 ⇨ 숫자의 면 클릭 ⇨ [Distance] '−1mm' 입력 ⇨ [Operation] 'Cut' ⇨ [OK] 클릭

(나) 부품 ② 모델링하기

⑩ 메인 부품의 버튼을 클릭하여 활성화하기(부품 ②를 메인 부품 아래로 포함시키기 위해서)
● 메인 부품 마우스 오른쪽 버튼 클릭 ⇨ [New Component(새 부품)]를 클릭 ⇨ Enter

⑪ 툴바에서 [Create Sketch] 클릭 ⇨ XZ평면(FRONT뷰) 클릭

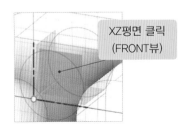 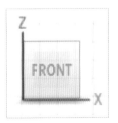

⑫ 원 단축키 'C' ⊘ (Center Diameter Circle) ⇨ 원 2개 그리기(11mm(R5.5), 5mm) ⇨ Esc

- 선 단축키 'L' ⌐ ⇨ Line으로 선 그리기 ⇨ Esc

  (다른 방법 : 사각형[2-Point Rectangle]으로 스케치를 한 후에 선 자르기 하기)

- 툴바 ⇨ 동심원 구속조건 ◎ [Concentric] 클릭 ⇨ 호 2개 클릭 ⇨ Esc

- 툴바 ⇨ 탄젠트 구속조건 ◌ [Tangent] 클릭 ⇨ 호와 선을 클릭하여 탄젠트 2곳 하기 ⇨ Esc

- 툴바 ⇨ 수직수평 구속조건 ⫽ [Horizontal/Vertical] 클릭 ⇨ 수직 또는 수평이 필요한 선 클릭 ⇨ Esc

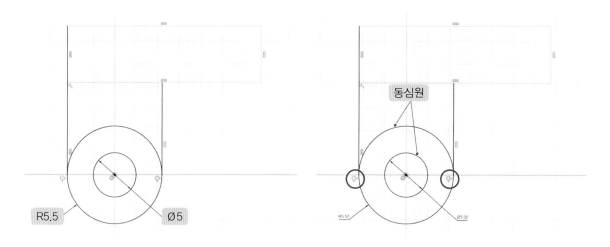

⑬ 선 자르기 단축키 'T' ✂ 클릭 ⇨ Esc

Tip Trim(트림) : 자르고 싶은 선에 마우스를 갖다 대면 빨간색 선으로 변합니다.

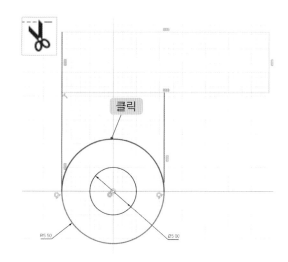

⑭ 치수 단축키 'D' ⊢┤ ⇨ 치수를 입력하고 싶은 선 클릭 ⇨ 치수 입력할 위치로 마우스 포인트를 이동 후 클릭 ⇨ 치수 입력 ⇨ Esc ⇨ [FINISH SKETCH] 클릭

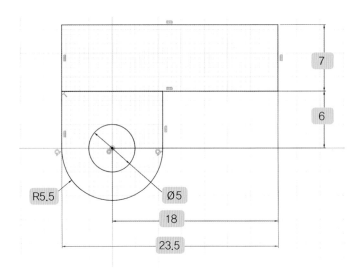

⑮ 돌출 단축키 'E' ▥ ⇨ 돌출할 Profile(면) 클릭 ⇨ [Direction] 'Symmetric' 클릭
• [Measurement] '▥' 클릭 ⇨ [Distance] '16mm' 입력 ⇨ [OK] 클릭 ⇨ Sketch1 전구 켜기

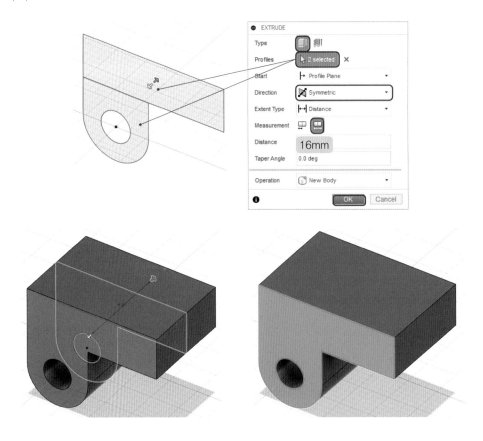

⑯ 돌출 단축키 'E' ▦ ⇨ 돌출할 Profile(면) 클릭 ⇨ [Direction] 'Symmetric' 클릭 ⇨
[Measurement] '몬' 클릭 ⇨ [Distance] '6mm' 입력 ⇨ [Operation] 'Cut' ⇨ [OK] 클릭

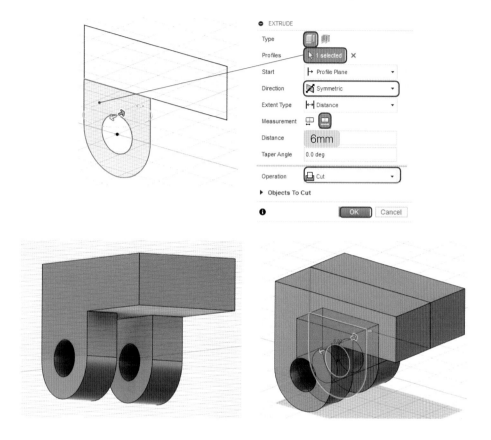

⑰ [MODIFY] ⇨ [Chamfer] 🔘 클릭 ⇨ 챔퍼를 부여할 선 클릭 ⇨ '2mm' 입력 ⇨ [OK] 클릭
● 필렛 단축키 'F' 🔘 ⇨ 필렛을 부여할 선 클릭 ⇨ '3mm' 입력 ⇨ [OK] 클릭

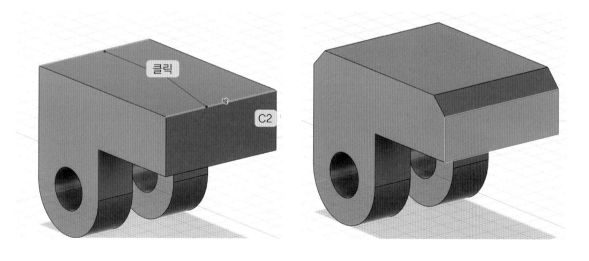

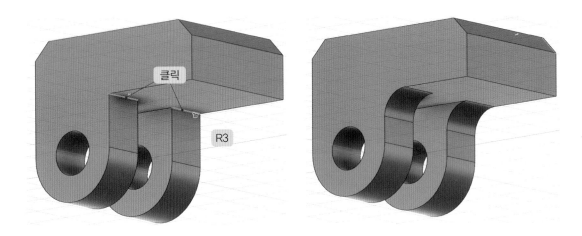

⑱ [A와 B공차 부여하기] [MODIFY] ⇨ [Offset Face] 🗗 클릭 ⇨ 공차 부여할 면 클릭 ⇨ '−0.5mm' 입력 ⇨ [OK] 클릭

> **Tip** A와 B의 공차가 −0.5mm이므로 A와 B의 공차를 동시에 부여하였다.

● 툴바 ⇨ 치수측정 ⊨ [Measure] 클릭 ⇨ A(6mm) 확인할 면 클릭 , B(7mm) 확인할 면 클릭

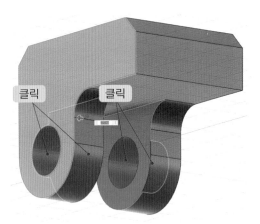

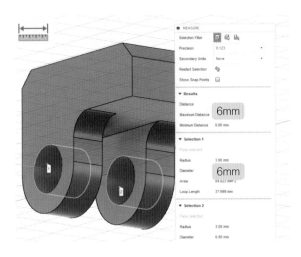

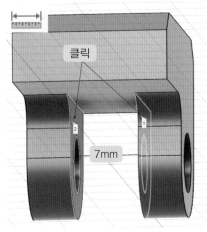

⑲ 메인 부품의 버튼을 클릭하여 활성화하기
- [Component1:1] 클릭 ⇨ 마우스 오른쪽 버튼 클릭 ⇨ [Ground] 클릭(부품을 고정하기)

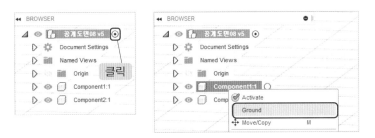

⑳ 조인트 단축키 'J' 🔗 ⇨ 부품 ①과 맞닿을 곳 ◐을 클릭(호를 클릭하면 호의 중심점이 선택된다.) ⇨ 부품 ②와 맞닿을 곳 ◐을 클릭(호를 클릭하면 호의 중심점이 선택된다.)

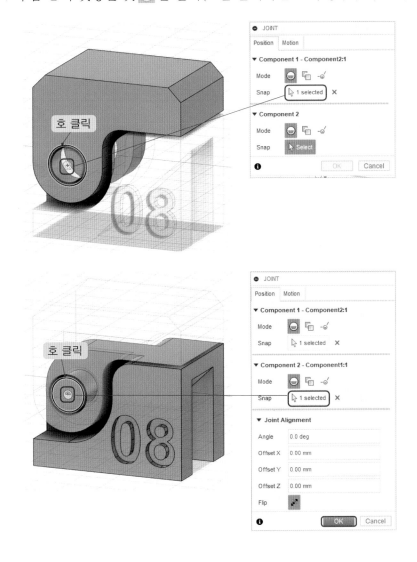

㉑ [INSPECT] ⇨ [Interference]▣ 클릭 ⇨ 부품 ① 클릭 ⇨ 부품 ② 클릭 ⇨ 옵션창에서
[Compute]의 ▣ 클릭

- [INSPECT] ⇨ [Section Analysis]▦ 클릭 ⇨ 단면을 확인하고 싶은 면 클릭 ⇨ 이동툴
을 클릭 후 드래그 하면 단면을 확인할 수 있다.(그림은 옆면과 윗면의 단면을 확인함)

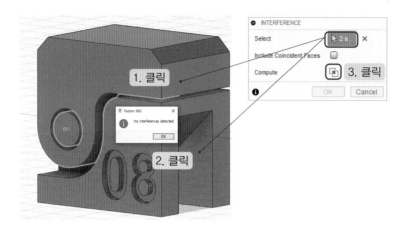

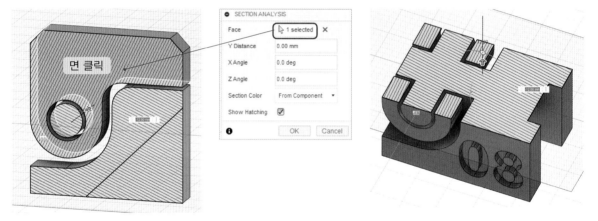

㉒ **저장하기**
[부품 ① 저장하기] 브라우저에서 부품 ① 클릭 ⇨ 마우스 오른쪽 버튼 클릭 ⇨ [Export]
클릭 ⇨ 파일 이름 '비번호_01.f3d' ⇨ [Export] 클릭 ⇨ 파일 이름 '비번호_01.stp' ⇨
[Export] 클릭
[부품 ② 저장하기] 브라우저에서 부품 ② 클릭 ⇨ 마우스 오른쪽 버튼 클릭 ⇨ [Export]
클릭 ⇨ 파일 이름 '비번호_02.f3d' ⇨ [Export] 클릭 ⇨ 파일 이름 '비번호_02.stp' ⇨
[Export] 클릭
[어셈블리 저장하기]
- 브라우저에서 메인 부품 클릭 ⇨ 마우스 오른쪽 버튼 클릭 ⇨ [Export] 클릭(비번호 각인
확인하기)
- 파일 이름 '비번호_03.f3d' ⇨ [Export] 클릭 ⇨ 파일 이름 '비번호_03.stp' ⇨ [Export]
클릭

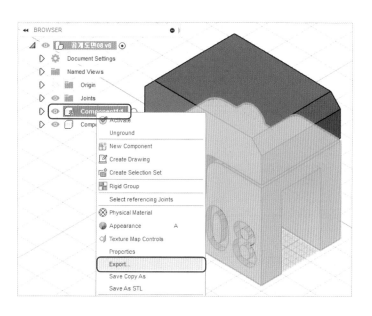

[STL 저장하기]

- 출력을 고려하여 Joint 수정하기
- Joint 마크 클릭 ⇨ 마우스 오른쪽 버튼 클릭 ⇨ [Edit Joint] 클릭 ⇨ 이동툴을 이용하여 회전하기
- 브라우저에서 메인 부품 클릭 ⇨ 마우스 오른쪽 버튼 클릭 ⇨ [Save As STL] 클릭
- 저장 옵션창의 기본 설정 확인 후 [OK] 클릭 ⇨ 파일 이름 '비번호_04' ⇨ 파일 형식 'STL' 확인하기 ⇨ [저장] 클릭

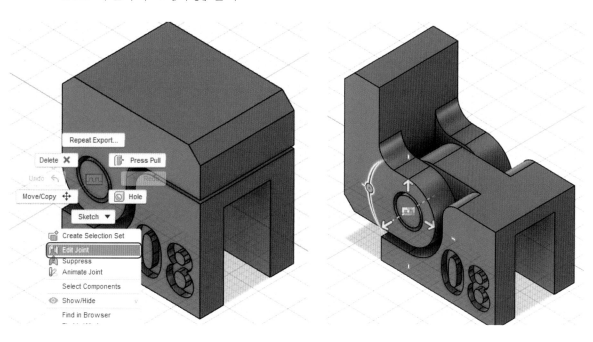

[G-code 파일 저장하기]

- Makerbot Print(메이커봇 슬라이싱 프로그램) 실행
- STL 파일 불러오기 ⇨ 출력방향🔄[Orient] 선택 ⇨ 정렬하기▊▋[Arrange]
- 설정⚙에서 [Support Type] 'Breakaway Support' 클릭 ⇨ 미리보기⏱[Preview] 클릭
  ⇨ [Export]

Tip 출력 예상 시간 1시간 20분이 넘어가면 ⚙ [Print Settings]에서 Layer 두께 설정하기

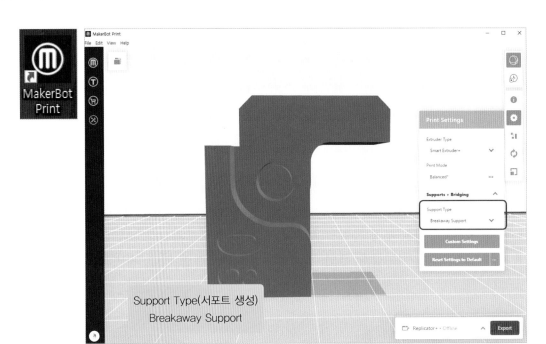

Support Type(서포트 생성)
Breakaway Support

1h 10m

- 파일 이름 '비번호_04' ⇨ 파일 형식 'Makerbot' ⇨ [저장] 클릭
- 바탕화면에 만든 비번호 폴더에 저장이 잘 되었는지 확인한다.

㉓ 출력물 완성

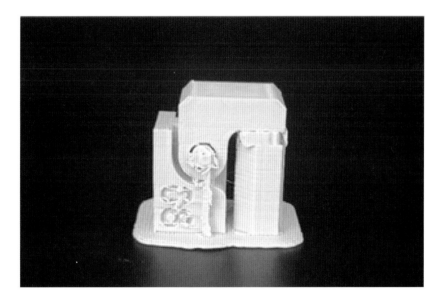

공 개 도 면 ⑨

자격종목	3D프린터운용기능사	[시험 1] 과제명	3D모델링 작업	척도	NS

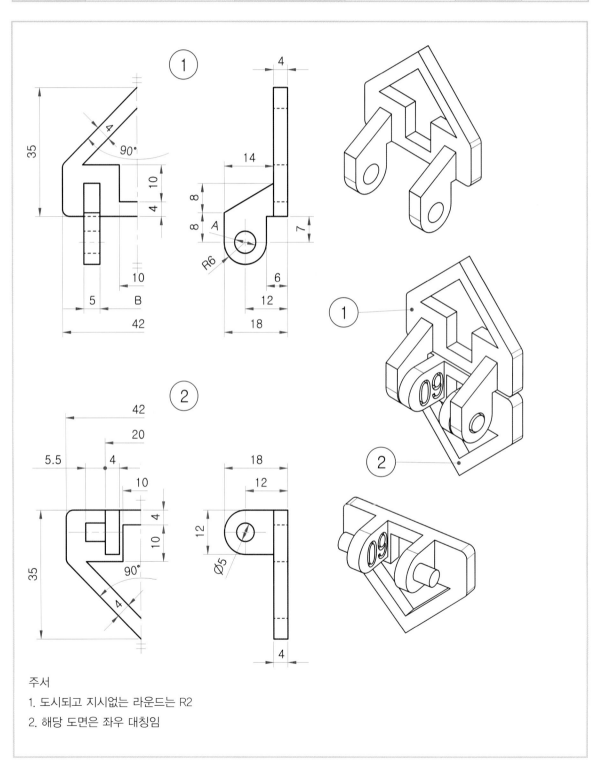

주서
1. 도시되고 지시없는 라운드는 R2
2. 해당 도면은 좌우 대칭임

(1) 도면 풀이와 A, B 치수 결정하기

- A=6mm A힌트(5)=5보다 ±1mm=공차는 ±0.5mm
  (A힌트가 A의 안으로 조립이 되므로 A가 더 커야 한다.)
- B=21mm B힌트(20)=20보다 ±1mm=공차는 ±0.5mm
  (B힌트가 B의 안으로 조립이 되므로 B가 더 커야 한다.)

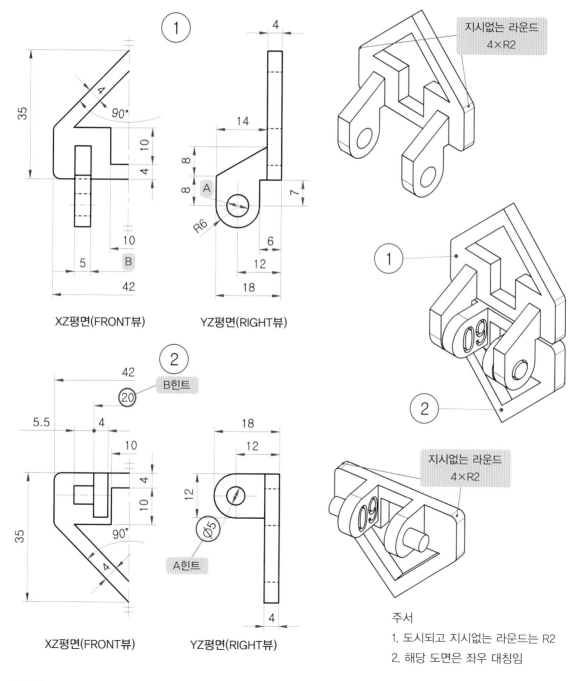

XZ평면(FRONT뷰)   YZ평면(RIGHT뷰)

XZ평면(FRONT뷰)   YZ평면(RIGHT뷰)

주서
1. 도시되고 지시없는 라운드는 R2
2. 해당 도면은 좌우 대칭임

풀이 도면에서 표기가 없이 둥글게 되어 있는 곳은 Fillet(필렛) 2mm를 적용하시오.

(2) 공개도면 ⑨ 모델링 순서 생각하기

(가)	부품 ① 모델링하기 공차 부여하기	(나)	부품 ② 모델링하기 공차 부여하기 비번호 각인하기	(다)	어셈블리하기 모델링 검토하기 파일 저장하기

(가) 부품 ① 모델링하기

① BROWSER에서 메인 부품 마우스 오른쪽 버튼 클릭 ⇨ [New Component(새 부품)]를 클릭 ⇨ Enter
- BROWSER에서 Component1:1 이 생성되었는지 확인하기

② 툴바에서 [Create Sketch] 클릭 ⇨ XZ평면(FRONT뷰) 클릭

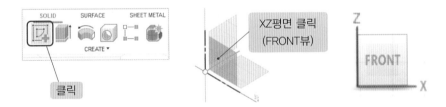

③ 선 단축키 'L' ⇨ Line으로 선 그리기 ⇨ Esc
- 툴바 ⇨ 평행 구속조건 // [Parallel] 클릭 ⇨ 대각선 2개 클릭 ⇨ Esc
- 툴바 ⇨ 수직수평 구속조건 [Horizontal/Vertical] 클릭 ⇨ 수직 또는 수평이 필요한 선 클릭 ⇨ Esc

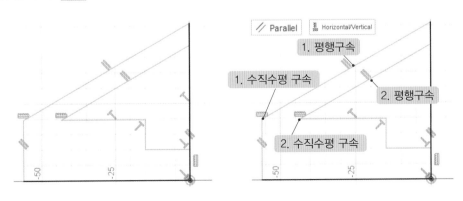

④ 치수 단축키 'D' ⊢⊣ ⇨ 치수를 입력하고 싶은 선 클릭 ⇨ 치수 입력할 위치로 마우스 포인트를 이동 후 클릭 ⇨ 치수 입력 ⇨ Esc ⇨ [FINISH SKETCH] 클릭

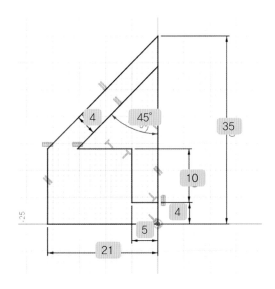

⑤ 돌출 단축키 'E' ⇨ 돌출할 Profile(면) 클릭 ⇨ [Direction] 'Symmetric' 클릭
 ● [Measurement] '므' 클릭 ⇨ [Distance] '4mm' 입력 ⇨ [OK] 클릭

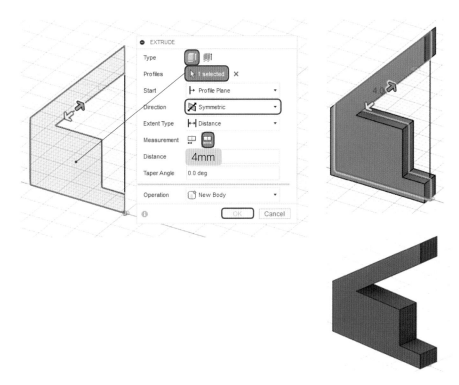

⑥ 필렛 단축키 'F' 🖹 ⇨ 필렛을 부여할 선 클릭 ⇨ '2mm' 입력 ⇨ [OK] 클릭

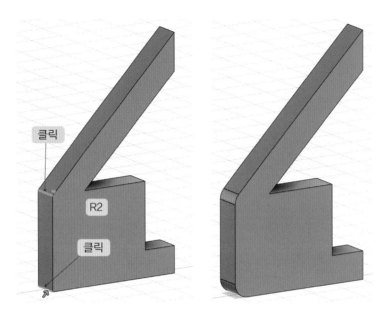

⑦ 툴바 ⇨ 간격띄어 작업평면 생성하기 🖌 [Offset Plane] 클릭 ⇨ 면 클릭 ⇨ [Distance] '-10mm' 입력 ⇨ [OK] 클릭

● 평면 클릭 ⇨ 마우스 오른쪽 버튼 클릭 ⇨ [Create Sketch] 클릭

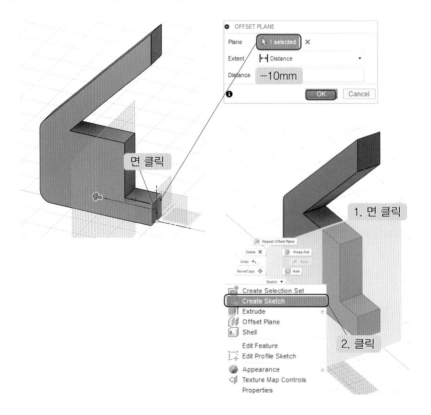

⑧ 스케치 투영 단축키 'P' [Project] 클릭 ⇨ 옵션창 [Selection Filter] [Bodies] 클릭 ⇨ 부품 클릭 ⇨ [OK] 클릭

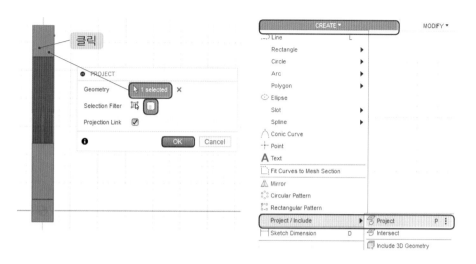

Tip 스케치 투영을 하면 선, 점이 보라색으로 나타납니다.

⑨ 선 단축키 'L' ⇨ Line으로 1~7번 선 그리기 ⇨ Esc
- 원 단축키 'C' [Center Diameter Circle] ⇨ 원 그리기(5mm) ⇨ Esc
- 툴바 ⇨ 탄젠트 구속조건 [Tangent] 클릭 ⇨ 호와 선을 클릭하여 탄젠트 2곳 하기 ⇨ Esc
- 치수 단축키 'D' ⇨ 치수를 입력하고 싶은 선 클릭 ⇨ 치수 입력할 위치로 마우스 포인트를 이동 후 클릭 ⇨ 치수 입력 ⇨ Esc ⇨ [FINISH SKETCH] 클릭

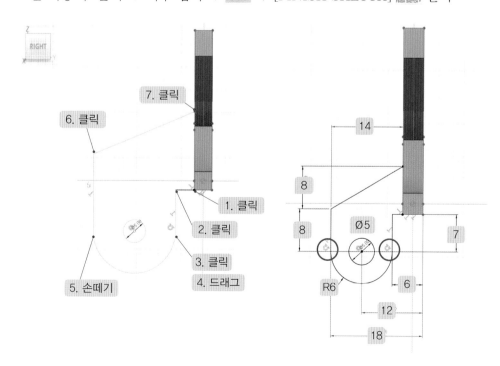

⑩ 돌출 단축키 'E' ▦ ⇨ 돌출할 Profile(면) 클릭 ⇨ [Distance] '−5mm' ⇨ [Operation] 'Join' ⇨ [OK] 클릭

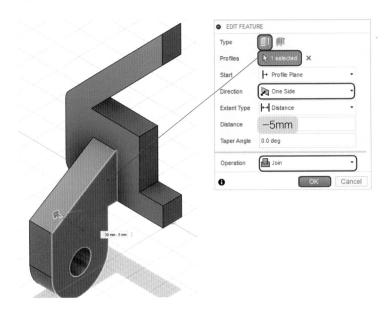

⑪ [A공차 부여하기] [MODIFY] ⇨ [Offset Face] ▱ 클릭 ⇨ 공차 부여할 면 클릭 ⇨ '−0.5mm' 입력 ⇨ [OK] 클릭

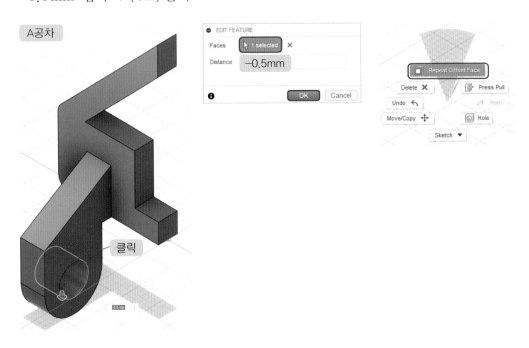

- [B공차 부여하기] 마우스 오른쪽 버튼 [Repeat Offset Face] ▱ 클릭 ⇨ 공차 부여할 면 클릭 ⇨ '−0.5mm' 입력 ⇨ [OK] 클릭
- [B공차 부여하기] 마우스 오른쪽 버튼 [Repeat Offset Face] ▱ 클릭 ⇨ 공차 부여할 면 클릭 ⇨ '0.5mm' 입력 ⇨ [OK] 클릭

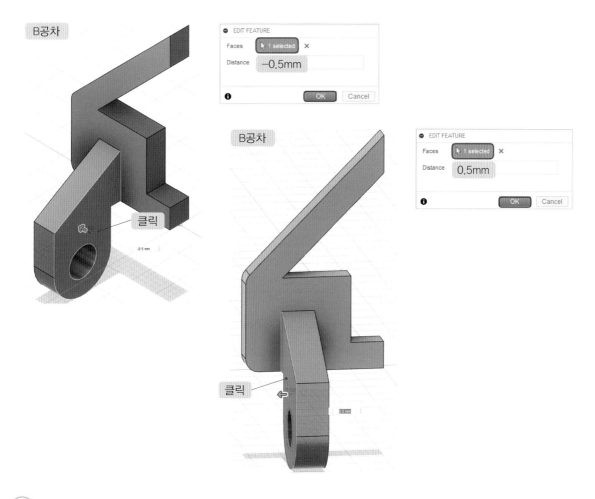

⑫ 툴바 ⇨ 치수측정 ⊢─┤ [Measure] 클릭 ⇨ A공차(6mm) 확인할 면 클릭, B공차(21=10.5mm ×
2) 확인할 면 클릭

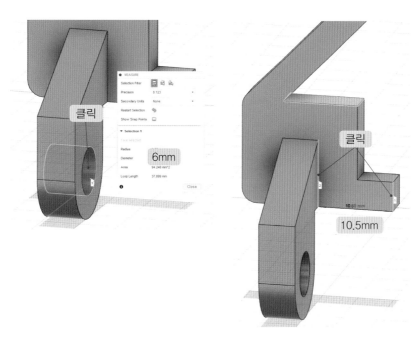

⑬ 대칭복사 [CREATE] ⇨ [Mirror] △ ⇨ [Type] 'Bodies' ⇨ [Objects] 부품 클릭 ⇨ [Mirror Plane] 면 클릭 ⇨ [Operation] 'Join' 클릭 ⇨ [OK] 클릭

Tip 공개도면 ⑨의 주서에서 '해당 도면은 좌우 대칭임'이므로 Mirror(대칭복사) 도구를 사용하여 모델링 시간을 단축할 수 있습니다.

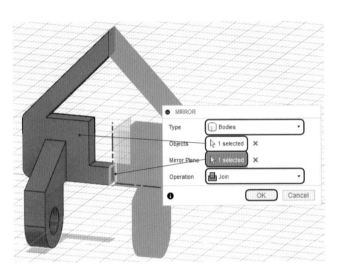
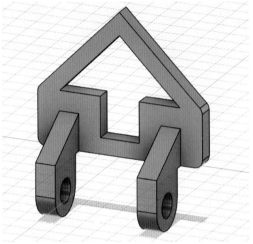

(나) 부품 ② 모델링하기

⑭ 메인 부품의 버튼을 클릭하여 활성화하기(부품 ②를 메인 부품 아래로 포함시키기 위해서)

⑮ 메인 부품 마우스 오른쪽 버튼 클릭 ⇨ [New Component(새 부품)]를 클릭 ⇨ Enter
  ● 툴바에서 📝 [Create Sketch] 클릭 ⇨ XZ평면(FRONT뷰) 클릭

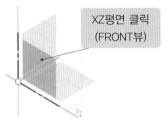

⑯ 선 단축키 'L' ⌐⊃ ⇨ Line으로 선 그리기 ⇨ Esc

● 툴바 ⇨ 평행 구속조건 ∥ [Parallel] 클릭 ⇨ 대각선 2개 클릭 ⇨ Esc

● 툴바 ⇨ 수직수평 구속조건 ⅃ [Horizontal/Vertical] 클릭 ⇨ 수직수평이 필요한 선 클릭 ⇨ Esc

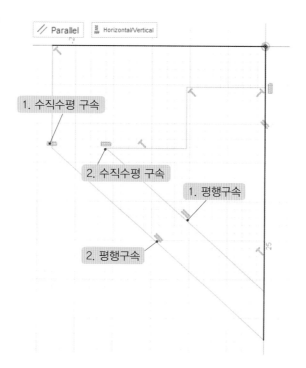

⑰ 치수 단축키 'D' ⊢⊣ ⇨ 치수를 입력하고 싶은 선 클릭 ⇨ 치수 입력할 위치로 마우스 포인트를 이동 후 클릭 ⇨ 치수 입력 ⇨ Esc ⇨ [FINISH SKETCH] ⊙ 클릭

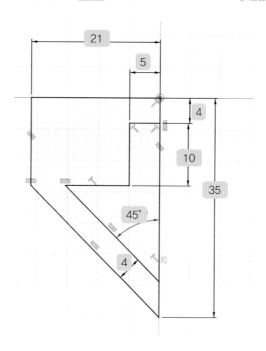

⑱ 돌출 단축키 'E' 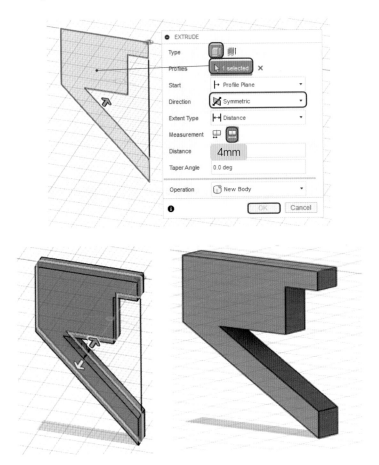 ⇨ 돌출할 Profile(면) 클릭 ⇨ [Direction] 'Symmetric' 클릭
  ● [Measurement] '□' 클릭 ⇨ [Distance] '4mm' 입력 ⇨ [OK] 클릭

⑲ 필렛 단축키 'F' 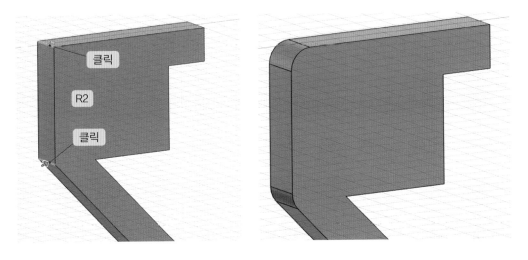 ⇨ 필렛을 부여할 선 클릭 ⇨ '2mm' 입력 ⇨ [OK] 클릭

⑳ 툴바 ⇨ 간격띄어 작업평면 생성하기 📄 [Offset Plane] 클릭 ⇨ 면 클릭 ⇨ [Distance]
'−10mm'입력 ⇨ [OK] 클릭

● 평면 클릭 ⇨ 마우스 오른쪽 버튼 클릭 ⇨ [Create Sketch] 클릭

Tip 'Offset'이 들어가는 도구 이름은 '간격띄어'입니다.
– Offset Plane : 간격띄어 작업평면 생성하기
– Offset Face : 간격띄어 면 생성하기
– Offset : 간격띄어 선 생성하기

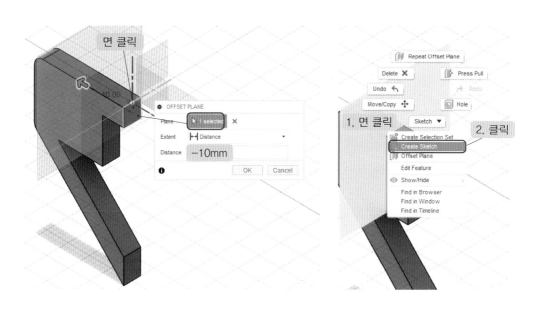

㉑ 스케치 투영 단축키 'P' 📄 [Project] 클릭 ⇨ 옵션창 [Selection Filter] ⬜ [Bodies] 클릭 ⇨
부품 클릭 ⇨ [OK] 클릭

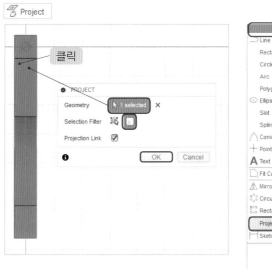

㉒ 선 단축키 'L' ⤵ ⇨ Line으로 1~5번 선 그리기 ⇨ Esc
- 원 단축키 'C' ⊘ [Center Diameter Circle] ⇨ 원 그리기(5mm) ⇨ Esc
- 툴바 ⇨ 탄젠트 구속조건 ⚬ [Tangent] 클릭 ⇨ 호와 선을 클릭하여 탄젠트 2곳 하기 ⇨ Esc
- 치수 단축키 'D' ⊢⊣ ⇨ 치수를 입력하고 싶은 선 클릭 ⇨ 치수 입력할 위치로 마우스 포인트를 이동 후 클릭 ⇨ 치수 입력 ⇨ Esc ⇨ [FINISH SKETCH] ⊙ 클릭

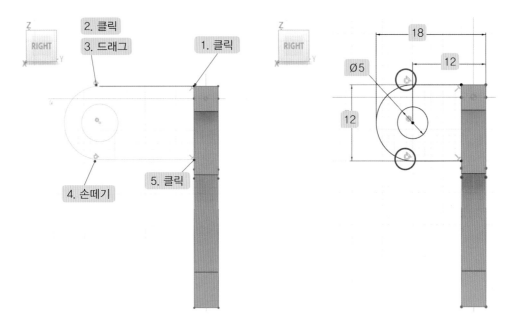

㉓ 돌출 단축키 'E' ▥ ⇨ 돌출할 Profile(면) 클릭 ⇨ [Distance] '4mm' ⇨ [Operation] 'Join' ⇨ [OK] 클릭
- Sketch2 전구 켜기

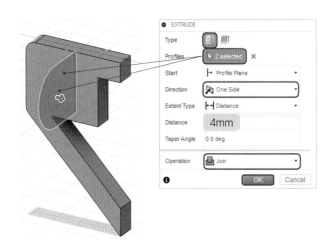

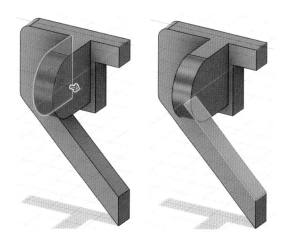

㉔ 돌출 단축키 'E' ⇨ 돌출할 Profile(면) 클릭 ⇨ [Distance] '−5.5mm' ⇨ [Operation] 'Join' ⇨ [OK] 클릭

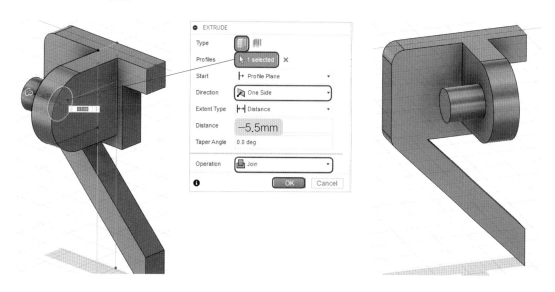

㉕ 대칭복사 [CREATE] ⇨ [Mirror] ⚠ ⇨ [Type] 'Bodies' ⇨ [Objects] 부품 클릭 ⇨ [Mirror Plane] 면 클릭 ⇨[Operation] 'Join' 클릭 ⇨ [OK] 클릭

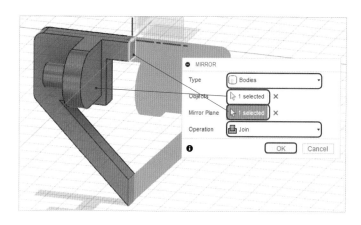

㉖ 비번호를 스케치할 면 클릭 ▷ [Create Sketch] 클릭

- [CREATE] ▷ [Text] 클릭 ▷ 텍스트 상자 그리기 ▷ 텍스트 옵션창에 비번호 입력, B(진하게), 크기 '7mm' ▷ '가로, 세로 가운데 정렬' 클릭 ▷ [OK] 클릭 ▷ [FINISH SKETCH] 클릭

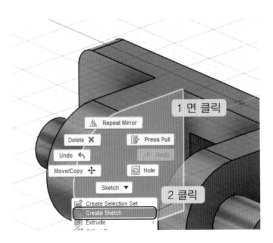 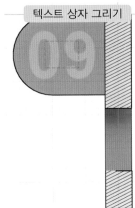 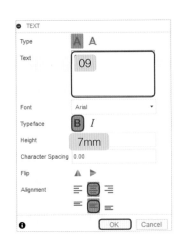

| Tip | 비번호 입력하기가 어려워요.

SKETCH PALETTE(스케치 팔레트)에서 [Slice]를 체크해 주세요. 스케치의 단면을 볼 수 있습니다.

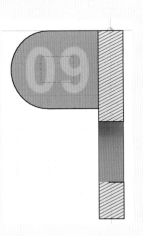 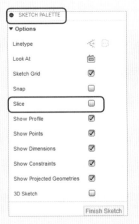

㉗ 돌출 단축키 'E' 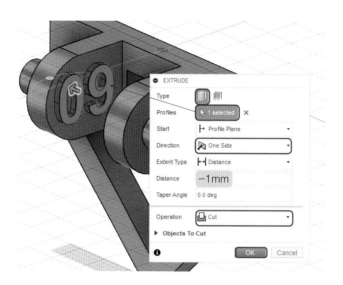 ⇨ 숫자의 면 클릭 ⇨ [Distance] '−1mm' ⇨ [Operation] 'Cut' ⇨ [OK] 클릭

㉘ 메인 부품의 버튼을 클릭하여 활성화하기

● [Component1:1] 클릭 ⇨ 마우스 오른쪽 버튼 클릭 ⇨ [Ground] 클릭(부품을 고정하기)

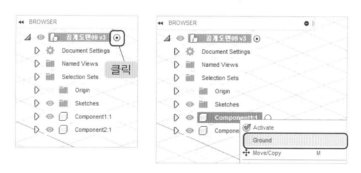

㉙ 조인트 단축키 'J' 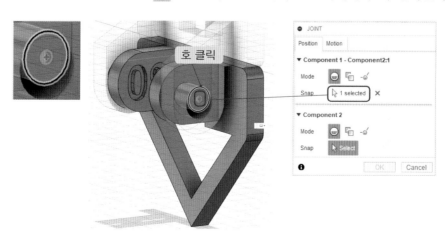 ⇨ 부품 ①과 맞닿을 곳 을 클릭(호를 클릭하면 호의 중심점이 선택된다.) ⇨ 부품 ②와 맞닿을 곳 을 클릭(호를 클릭하면 호의 중심점이 선택된다.)

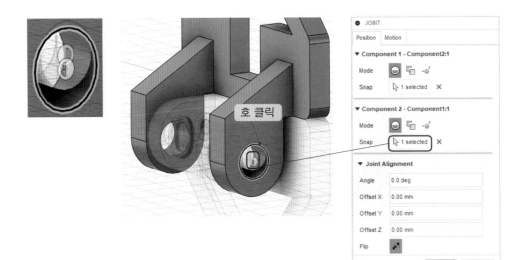

㉚ [INSPECT] ⇨ [Interference] 🖻 클릭 ⇨ 부품 ① 클릭 ⇨ 부품 ② 클릭 ⇨ 옵션창에서
[Compute]의 🖻 클릭

- [INSPECT] ⇨ [Section Analysis] ▦ 클릭 ⇨ 단면을 확인하고 싶은 면 클릭 ⇨ 이동툴
  을 클릭 후 드래그 하면 단면을 확인할 수 있다.(그림은 옆면과 윗면의 단면을 확인함)

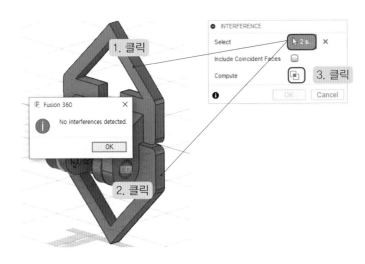

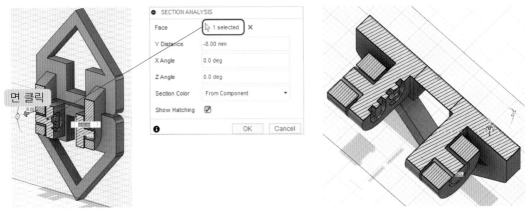

㉛ 저장하기

[부품 ① 저장하기] 브라우저에서 부품 ① 클릭 ⇨ 마우스 오른쪽 버튼 클릭 ⇨ [Export] 클릭 ⇨ 파일 이름 '비번호_01.f3d' ⇨ [Export] 클릭 ⇨ 파일 이름 '비번호_01.stp' ⇨ [Export] 클릭

[부품 ② 저장하기] 브라우저에서 부품 ② 클릭 ⇨ 마우스 오른쪽 버튼 클릭 ⇨ [Export] 클릭 ⇨ 파일 이름 '비번호_02.f3d' ⇨ [Export] 클릭 ⇨ 파일 이름 '비번호_02.stp' ⇨ [Export] 클릭

[어셈블리 저장하기]

- 브라우저에서 메인 부품 클릭 ⇨ 마우스 오른쪽 버튼 클릭 ⇨ [Export] 클릭(비번호 각인 확인하기)
- 파일 이름 '비번호_03.f3d' ⇨ [Export] 클릭 ⇨ 파일 이름 '비번호_03.stp' ⇨ [Export] 클릭

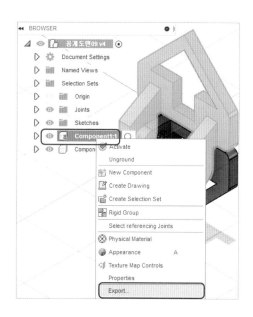

[STL 저장하기]

- 출력을 고려하여 Joint 수정하기 ⇨ 저장하기
- Joint 마크 클릭 ⇨ 마우스 오른쪽 버튼 클릭 ⇨ [Edit Joint] 클릭 ⇨ 이동툴을 이용하여 회전하기
- 브라우저에서 메인 부품 클릭 ⇨ 마우스 오른쪽 버튼 클릭 ⇨ [Save As STL] 클릭
- 저장 옵션창의 기본 설정 확인 후 [OK] 클릭 ⇨ 파일 이름 '비번호_04' ⇨ 파일 형식 'STL' 확인하기 ⇨ [저장] 클릭

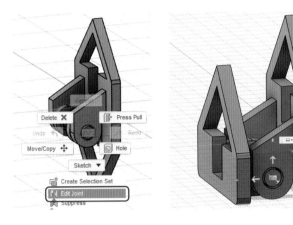

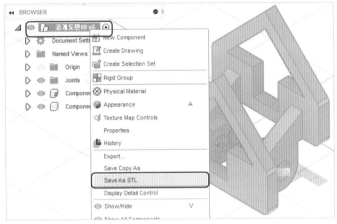

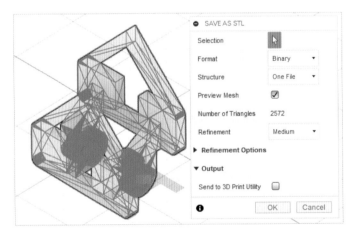

[G-code 파일 저장하기]

- Makerbot Print(메이커봇 슬라이싱 프로그램) 실행
- STL 파일 불러오기 ⇨ 출력방향 ↻[Orient] 선택 ⇨ 정렬하기 ▋▌[Arrange]
- 설정 ⚙에서 [Support Type] 'Breakaway Support' 클릭 ⇨ 미리보기 ⏱[Preview] 클릭
   ⇨ [Export]

Tip 출력 예상 시간 1시간 20분이 넘어가서 ⚙ [Print Settings]에서 Layer 두께 0.33mm으로 설정하기

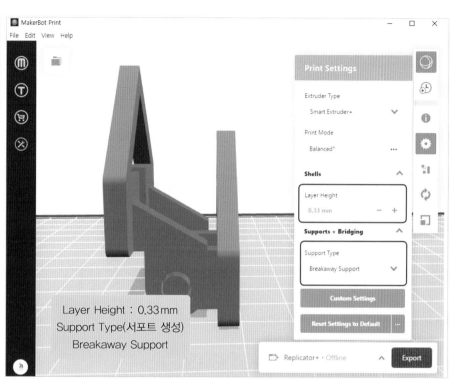

Layer Height : 0.33 mm
Support Type(서포트 생성)
Breakaway Support

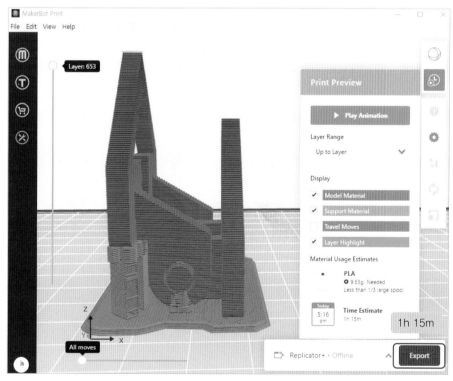

● 파일 이름 '비번호_04' ⇨ 파일 형식 'Makerbot' ⇨ [저장] 클릭
● 바탕화면에 만든 비번호 폴더에 저장이 잘 되었는지 확인한다.

㉜ 출력물 완성

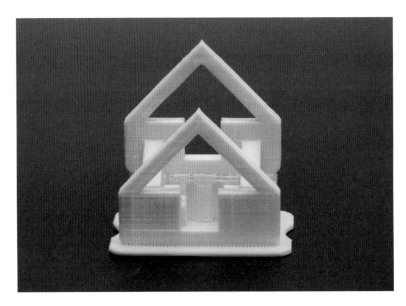

공 개 도 면 ⑩

자격종목	3D프린터운용기능사	[시험 1] 과제명	3D모델링 작업	척도	NS

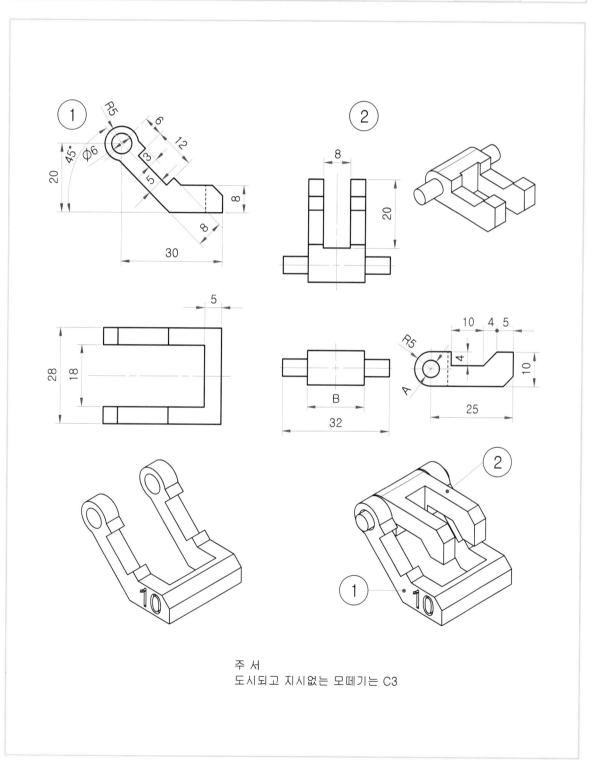

주 서
도시되고 지시없는 모떼기는 C3

(1) 도면 풀이와 A, B 치수 결정하기

- A=5mm A힌트(6)=6보다 ±1mm=공차는 ±0.5mm
  (A는 A의 힌트 안으로 조립이 되므로 A가 더 작아야 한다.)
- B=17mm B힌트(18)=18보다 ±1mm=공차는 ±0.5mm
  (B는 B의 힌트 안으로 조립이 되므로 B가 더 작아야 한다.)

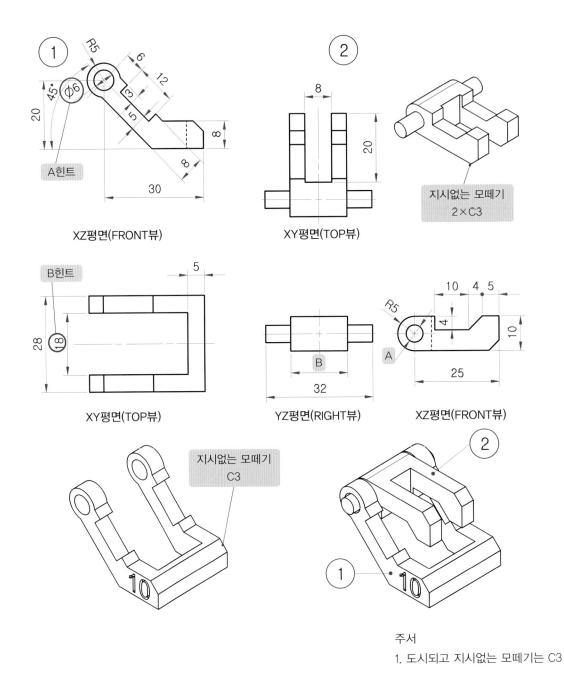

XZ평면(FRONT뷰)

XY평면(TOP뷰)

XY평면(TOP뷰)

YZ평면(RIGHT뷰)

XZ평면(FRONT뷰)

주서
1. 도시되고 지시없는 모떼기는 C3

풀이 도면에서 표기가 없이 비스듬한 경사는 Chamfer(챔퍼) 3mm를 적용하시오.

(2) 공개도면 ⑩ 모델링 순서 생각하기

(가)	부품 ① 모델링하기 비번호 각인하기	(나)	부품 ② 모델링하기 공차 부여하기	(다)	어셈블리하기 모델링 검토하기 파일 저장하기

(가) 부품 ① 모델링하기

① BROWSER에서 메인 부품 마우스 오른쪽 버튼 클릭 ⇨ [New Component(새 부품)]를 클릭 ⇨ Enter
  ● BROWSER에서 Component1: 이 생성되었는지 확인하기

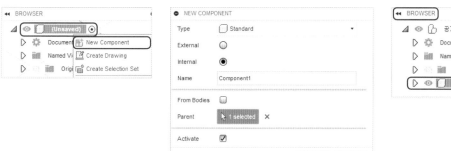

② 툴바에서 ⊡ [Create Sketch] 클릭 ⇨ XZ평면(FRONT뷰) 클릭

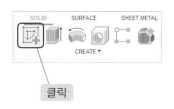
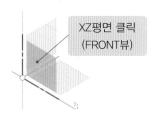

③ 원 단축키 'C' ⊘ [Center Diameter Circle] ⇨ 원 그리기(6mm, 10mm) ⇨ Esc
  ● 선 단축키 'L' ⟋ ⇨ Line으로 선 그리기 ⇨ Esc (직각이 되도록 스케치하기)

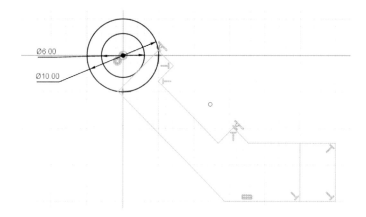

- 툴바 ⇨ 직각 구속조건 ╳ [Perpendicular] 클릭 ⇨ 1~4 선 클릭 ⇨ Esc
- 툴바 ⇨ 동일선상 구속조건 ╱ [Collinear] 클릭 ⇨ 선 클릭 ⇨ Esc

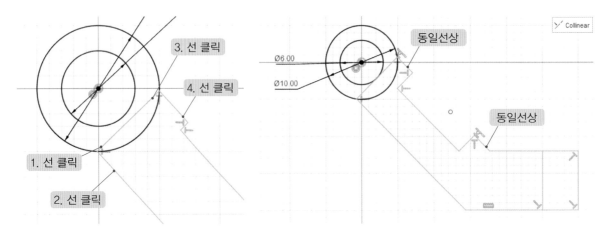

④ 치수 단축키 'D' ⊢⊣ ⇨ 치수를 입력하고 싶은 선 클릭 ⇨ 치수 입력할 위치로 마우스 포인트를 이동 후 클릭 ⇨ 치수 입력 ⇨ Esc

- 선 자르기 단축키 'T' ✂ [Trim] 클릭 ⇨ Esc ⇨ [FINISH SKETCH] 🗸 클릭

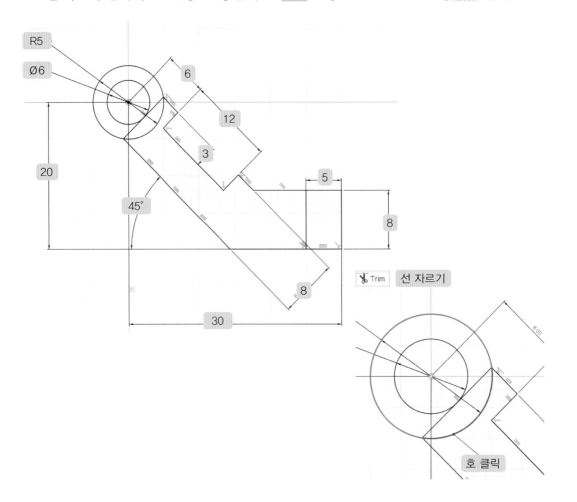

⑤ 돌출 단축키 'E' 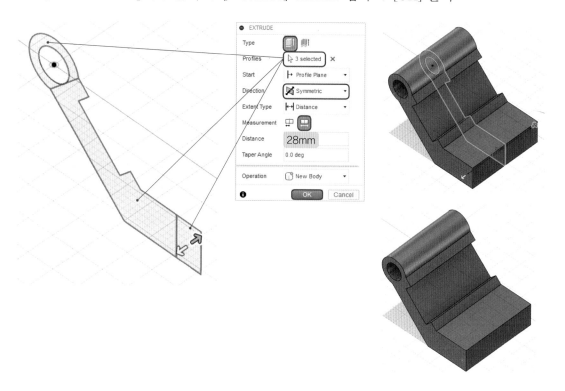 ⇨ 돌출할 Profile(면) 클릭 ⇨ [Direction] 'Symmetric' 클릭
● [Measurement] '🖳' 클릭 ⇨ [Distance] '28mm' 입력 ⇨ [OK] 클릭

⑥ 돌출 단축키 'E' 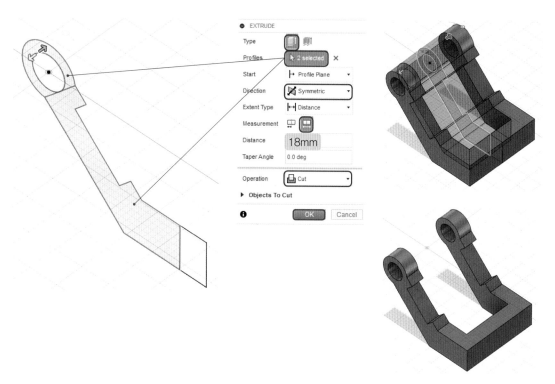 ⇨ 돌출할 Profile(면) 클릭 ⇨ [Direction] 'Symmetric' 클릭 ⇨
[Measurement] '🖳' 클릭 ⇨ [Distance] '18mm' 입력 ⇨ [Operation] 'Cut' ⇨ [OK] 클릭

⑦ [MODIFY] ⇨ [Chamfer] 🖱 클릭 ⇨ 챔퍼를 부여할 선 클릭 ⇨ '3mm' 입력 ⇨ [OK] 클릭

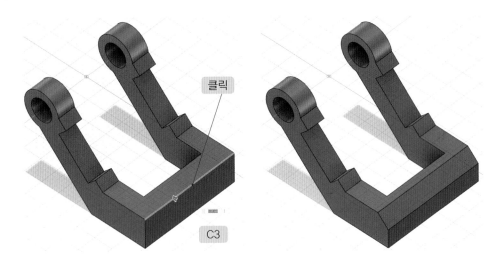

⑧ 비번호를 스케치할 면 클릭 ⇨ [Create Sketch] 클릭
- [CREATE] ⇨ [Text] 클릭 ⇨ 텍스트 상자 그리기 ⇨ 텍스트 옵션창에 비번호 입력, B(진하게), 크기 '6.5mm' ⇨ '가로, 세로 가운데 정렬' 클릭 ⇨ [OK] 클릭 ⇨ [FINISH SKETCH] 🖱 클릭

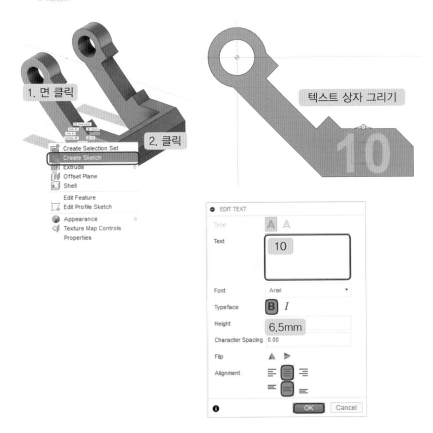

⑨ 돌출 단축키 'E'  ⇨ 숫자의 면 클릭 ⇨ [Distance] '−1mm' ⇨ [Operation] 'Cut' ⇨ [OK] 클릭

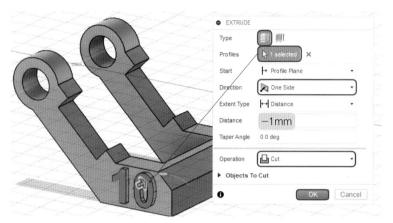

(나) 부품 ② 모델링하기

⑩ 메인 부품의 버튼을 클릭하여 활성화하기(부품 ②를 메인 부품 아래로 포함시키기 위해서)

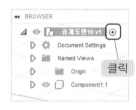 

⑪ 메인 부품 마우스 오른쪽 버튼 클릭 ⇨ [New Component(새 부품)]를 클릭 ⇨ Enter
● 툴바에서 [Create Sketch] 클릭 ⇨ XZ평면(FRONT뷰) 클릭

 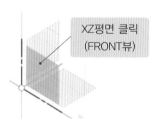

⑫ 원 단축키 'C' ⊘ [Center Diameter Circle] ⇨ 원 그리기(6mm) ⇨ Esc
- 선 단축키 'L' ⌐⊃ ⇨ Line으로 1~12 선 그리기 ⇨ Esc

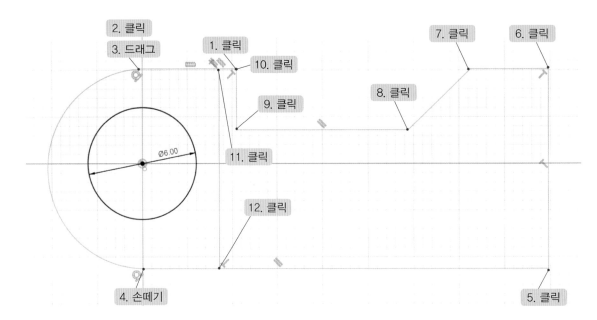

⑬ 툴바 ⇨ 탄젠트 구속조건 ○ [Tangent] 클릭 ⇨ 호와 선을 클릭하여 탄젠트 2곳 하기 ⇨ Esc
- 툴바 ⇨ 동심원 구속조건 ◎ [Concentric] 클릭 ⇨ 작은 원과 큰 원의 호 클릭 ⇨ Esc
- 툴바 ⇨ 평행 구속조건 ∥ [Parallel] 클릭 ⇨ 평행 구속 하기 ⇨ Esc
- 툴바 ⇨ 동일선상 구속조건 ⤜ [Collinear] 클릭 ⇨ 1~2 클릭 ⇨ Esc

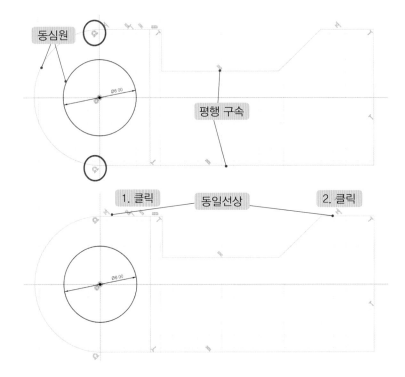

⑭ 치수 단축키 'D' ⊢⊣ ⇨ 치수를 입력하고 싶은 선 클릭 ⇨ 치수 입력할 위치로 마우스 포인트를 이동 후 클릭 ⇨ 치수 입력 ⇨ Esc ⇨ [FINISH SKETCH] 클릭

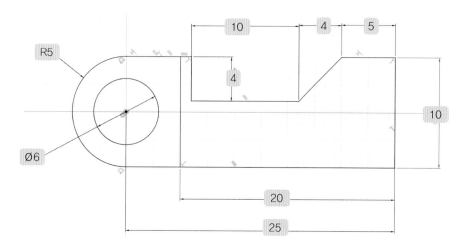

⑮ 돌출 단축키 'E' ⇨ 돌출할 Profile(면) 클릭 ⇨ [Direction] 'Symmetric' 클릭

● [Measurement] '⊡' 클릭 ⇨ [Distance] '18mm' 입력 ⇨ [OK] 클릭 ⇨ Sketch1 전구 켜기

● 돌출 단축키 'E' ⇨ 돌출할 Profile(면) 클릭 ⇨ [Direction] 'Symmetric' 클릭

● [Measurement] '⊡' 클릭 ⇨ [Distance] '32mm' 입력 ⇨ [Operation] 'Join' ⇨ [OK] 클릭

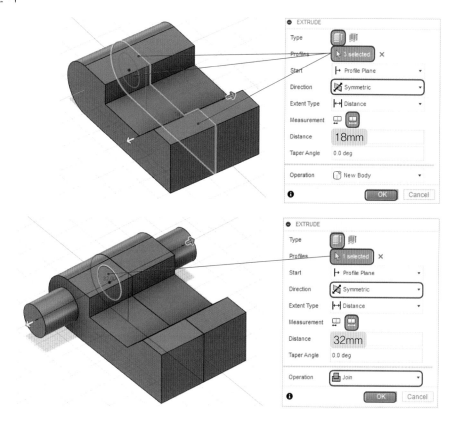

⑯ 돌출 단축키 'E' 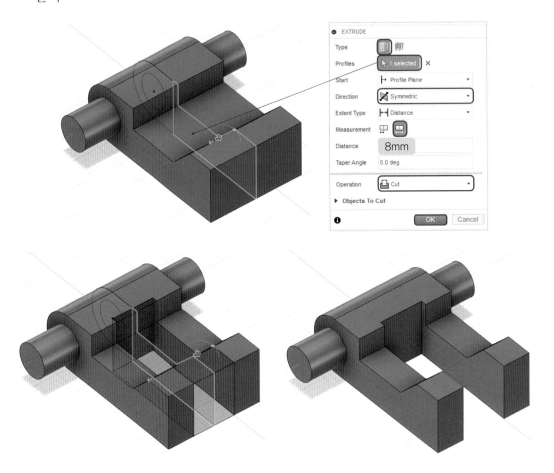 ⇨ 돌출할 Profile(면) 클릭 ⇨ [Direction] 'Symmetric' 클릭
- [Measurement] '⊞' 클릭 ⇨ [Distance] '8mm' 입력 ⇨ [Operation] 'Cut' ⇨ [OK] 클릭

⑰ [MODIFY] ⇨ [Chamfer] 클릭 ⇨ 챔퍼를 부여할 선 클릭 ⇨ '3mm' 입력 ⇨ [OK] 클릭

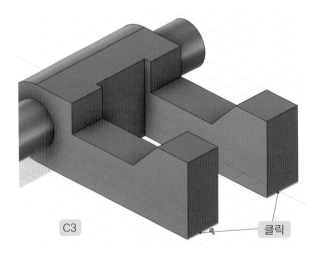

⑱ [A와 B공차 부여하기] [MODIFY] ⇨ [Offset Face] ▣ 클릭 ⇨ 공차 부여할 면 클릭 ⇨ '-0.5mm' 입력 ⇨ [OK] 클릭

Tip A와 B의 공차가 -0.5mm이므로 A와 B의 공차를 동시에 부여하였다.

● 툴바 ⇨ 치수측정 ▭ [Measure] 클릭 ⇨ A(5mm) 확인할 면 클릭, B(17mm) 확인할 면 클릭

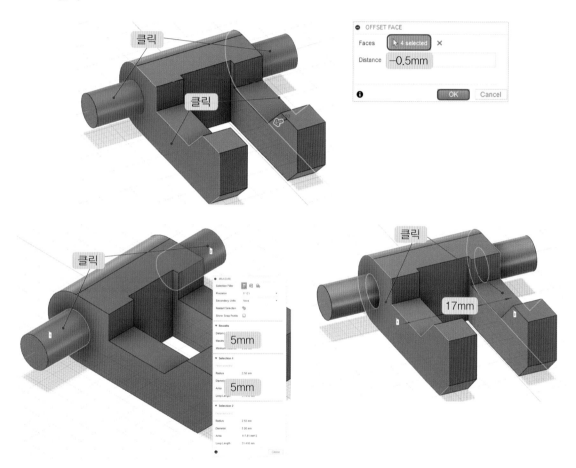

⑲ 저장하기

[부품 ① 저장하기] 브라우저에서 부품 ① 클릭 ⇨ 마우스 오른쪽 버튼 클릭 ⇨ [Export] 클릭 ⇨ 파일 이름 '비번호_01.f3d' ⇨ [Export] 클릭 ⇨ 파일 이름 '비번호_01.stp' ⇨ [Export] 클릭

[부품 ② 저장하기] 브라우저에서 부품 ② 클릭 ⇨ 마우스 오른쪽 버튼 클릭 ⇨ [Export] 클릭 ⇨ 파일 이름 '비번호_02.f3d' ⇨ [Export] 클릭 ⇨ 파일 이름 '비번호_02.stp' ⇨ [Export] 클릭

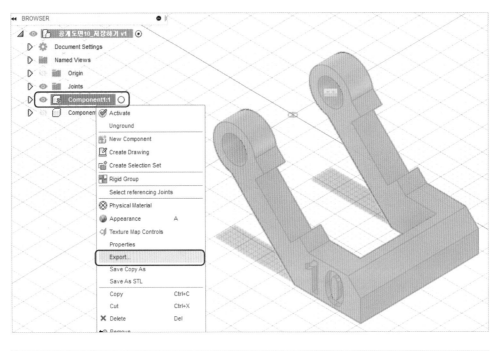

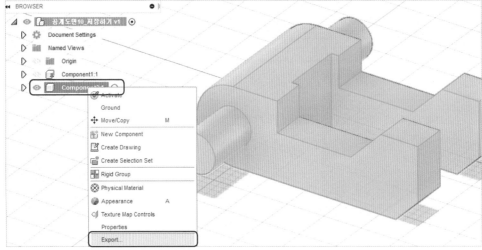

⑳ 메인 부품의 버튼을 클릭하여 활성화하기

- [Component1:1] 클릭 ⇨ 마우스 오른쪽 버튼 클릭 ⇨ [Ground] 클릭(부품을 고정하기)

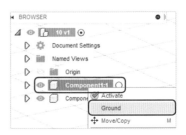

㉑ 조인트 단축키 'J' 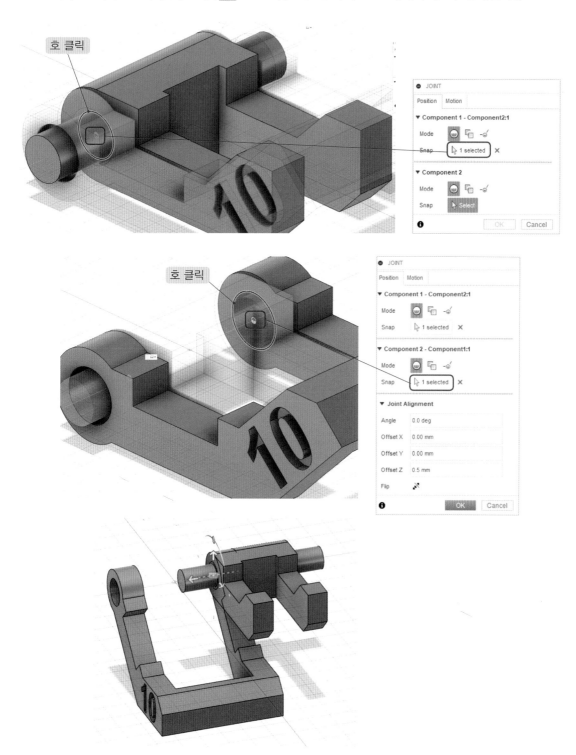 ⇨ 부품 ①과 맞닿을 곳 을 클릭(호를 클릭하면 호의 중심점이 선택
된다.) ⇨ 부품 ②와 맞닿을 곳 을 클릭(호를 클릭하면 호의 중심점이 선택된다.)

호 클릭

호 클릭

㉒ 옵션창의 [Flip] 클릭(부품이 뒤집힌다.) ⇨ 이동툴 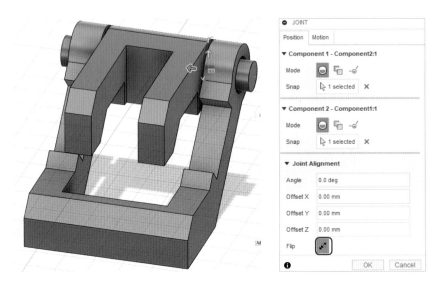을 이동하여 부품이 맞닿지 않도록 한다.

㉓ [INSPECT] ⇨ [Interference] 🔲 클릭 ⇨ 부품 ① 클릭 ⇨ 부품 ② 클릭 ⇨ 옵션창에서 [Compute]의 🔲 클릭

- [INSPECT] ⇨ [Section Analysis] 📑 클릭 ⇨ 단면을 확인하고 싶은 면 클릭 ⇨ 이동툴을 클릭 후 드래그 하면 단면을 확인할 수 있다.(그림은 옆면과 윗면의 단면을 확인함)

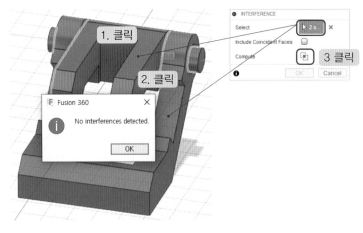

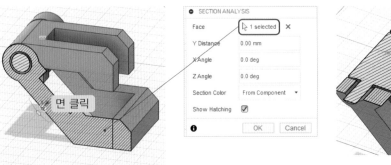

어셈블리 저장하기

- 브라우저에서 메인 부품 클릭 ⇨ 마우스 오른쪽 버튼 클릭 ⇨ [Export] 클릭(비번호 각인 확인하기)
- 파일 이름 '비번호_03.f3d' ⇨ [Export] 클릭 ⇨ 파일 이름 '비번호_03.stp' ⇨ [Export] 클릭

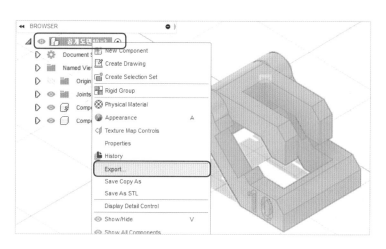

출력을 고려한 배치하기

- Joint 마크 클릭 ⇨ 마우스 오른쪽 버튼 클릭 ⇨ [Edit Joint] 클릭 ⇨ 부품 ② 각도 조절 하기(135도) ⇨ [OK] 클릭

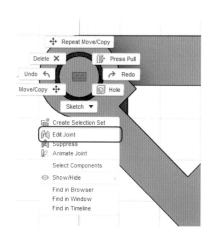

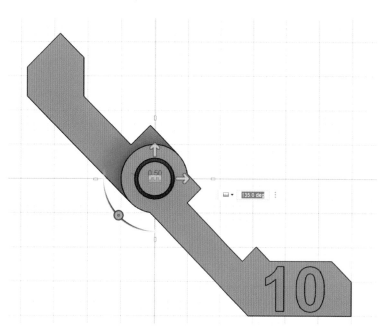

㉖ [INSPECT] ⇨ [Interference] ▣ 클릭 ⇨ 부품 ① 클릭 ⇨ 부품 ② 클릭 ⇨ 옵션창에서
[Compute]의 ▣ 클릭

- [INSPECT] ⇨ [Section Analysis] ▦ 클릭 ⇨ 단면을 확인하고 싶은 면 클릭 ⇨ 이동툴
을 클릭 후 드래그 하면 단면을 확인할 수 있다.

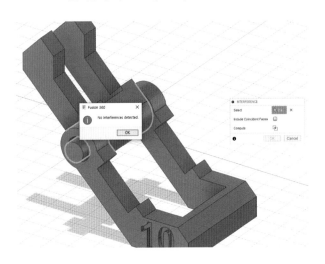
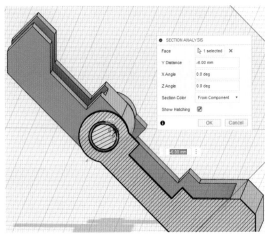

㉗ STL 저장하기

- 브라우저에서 메인 부품 클릭 ⇨ 마우스 오른쪽 버튼 클릭 ⇨ [Save As STL] 클릭
- 저장 옵션창의 기본 설정 확인 후 [OK] 클릭 ⇨ 파일 이름 '비번호_04' ⇨ 파일 형식
'STL' 확인하기 ⇨ [저장] 클릭

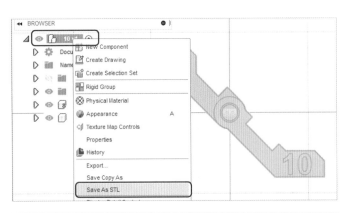

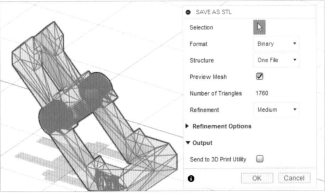

28 **G-code 파일 저장하기**

- Makerbot Print(메이커봇 슬라이싱 프로그램) 실행
- STL 파일 불러오기 ⇨ 출력방향 ◯[Orient] 선택 ⇨ 정렬하기 ▮▮[Arrange]
- 설정 ⚙에서 [Support Type] 'Breakaway Support' 클릭 ⇨ 미리보기 ◷[Preview] 클릭
  ⇨ [Export]

Tip 출력 예상 시간 1시간 20분이 넘어가면 ⚙ [Print Settings]에서 Layer 두께 설정하기

Layer Height : 0.2mm
Support Type(서포트 생성)
Breakaway Support

1h 8m

- 파일 이름 '비번호_04' ⇨ 파일 형식 'Makerbot' ⇨ [저장] 클릭
- 바탕화면에 만든 비번호 폴더에 저장이 잘 되었는지 확인한다.

㉙ 출력물 완성

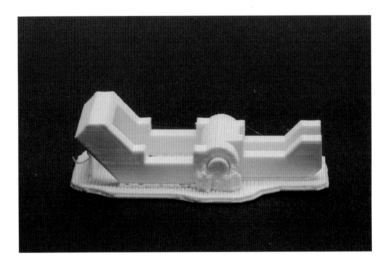

공개도면 ⑩ 저장하기 확인해 보세요.

부품 ① 도면

부품 ①) 도면과 같은 모습으로 저장

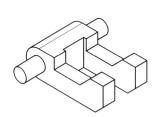

부품 ② 도면

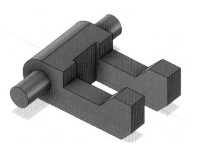

부품 ②) 도면과 같은 모습으로 저장

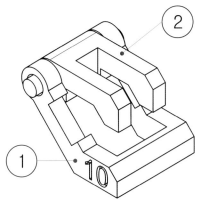

어셈블리 도면

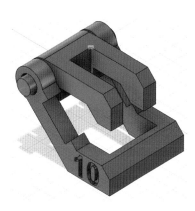

어셈블리) 도면과 같은 모습으로 저장

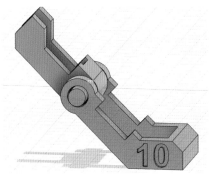

출력을 고려한 어셈블리 재배치

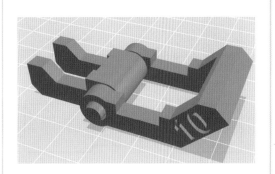

출력을 고려한 어셈블리 재배치 후 STL 저장

Tip 공개도면과 같은 모양대로 저장하기 위해 어셈블리를 하기 전 부품 ①과 부품 ②를 저장합니다. 학습자가 저장하기 수월한 방법, 시점에서 저장을 해도 됩니다.

공 개 도 면 ⑪

자격종목	3D프린터운용기능사	[시험 1] 과제명	3D모델링 작업	척도	NS

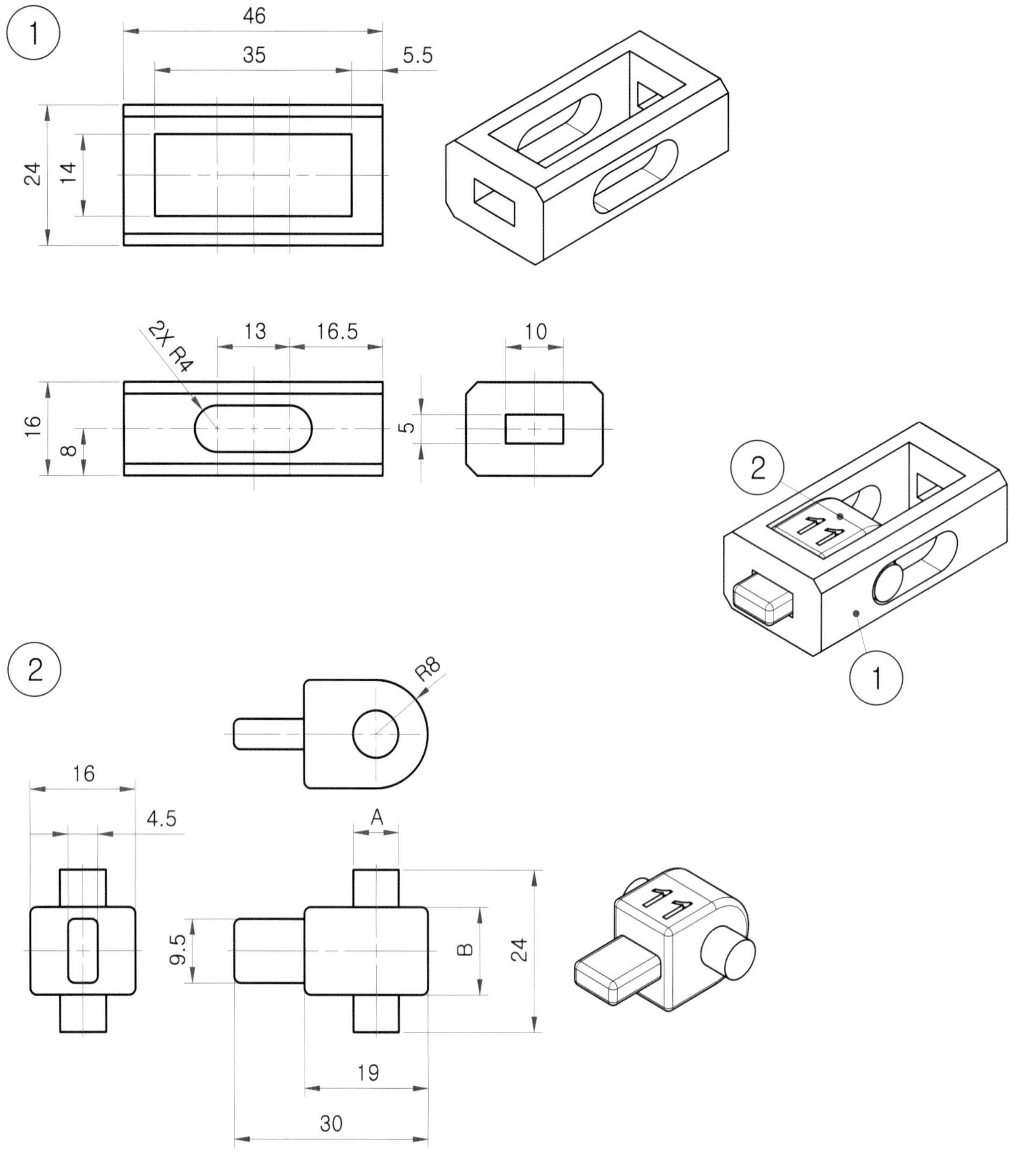

①

②

주 서
도시되고 지시없는 모떼기는 C2, 라운드 R1

(1) 도면 풀이와 A, B 치수 결정하기

- A=7mm A힌트(8)=8보다 ±1mm=공차는 ±0.5mm
  (A는 A의 힌트 안으로 조립이 되므로 A가 더 작아야 한다.)
- B=13mm B힌트(14)=14보다 ±1mm=공차는 ±0.5mm
  (B는 B의 힌트 안으로 조립이 되므로 B가 더 작아야 한다.)

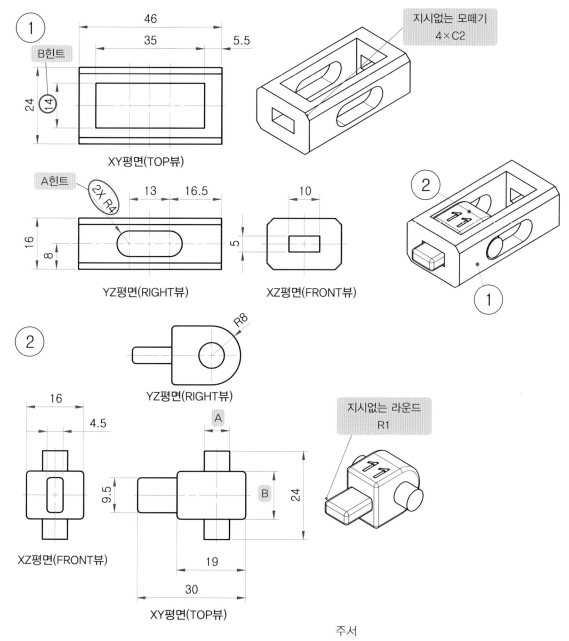

주서
1. 도시되고 지시없는 모떼기는 C2, 라운드는 R1

풀이 도면에서 표기가 없이 비스듬한 경사는 Chamfer(챔퍼) 2mm, 둥글게 된 곳은 Fillet(필렛) 1mm를 적용하시오.

(2) 공개도면 ⑪ 모델링 순서 생각하기

(가)	부품 ① 모델링하기	(나)	부품 ② 모델링하기 공차 부여하기 비번호 각인하기	(다)	어셈블리하기 모델링 검토하기 파일 저장하기

> **Tip** 공개도면 ⑫에서 응용하여 모델링 할 수 있어요.

(가) 부품 ① 모델링하기

① BROWSER에서 메인 부품 마우스 오른쪽 버튼 클릭 ⇨ [New Component(새 부품)]를 클릭 ⇨ Enter
- BROWSER에서 Component1:1이 생성되었는지 확인하기

② 툴바에서 ▣ [Create Sketch] 클릭 ⇨ YZ평면(RIGHT뷰) 클릭

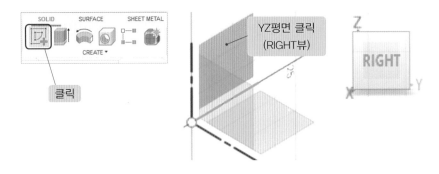

③ [CREATE] ⇨ [Slot] ⇨ [Center to Center Slot] 클릭 ⇨ 원점에서 시작하는 슬롯 그리기 (클릭1~3)
- 툴바 ⇨ ☐ [2-Point Rectangle] 클릭 ⇨ 사각형 1개 그리기(클릭4~5) ⇨ Esc

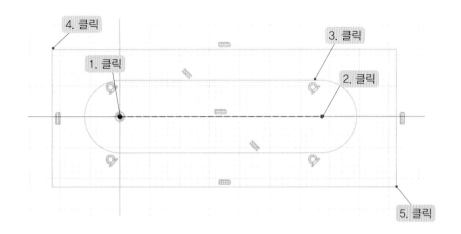

④ 툴바 ⇨ 수직수평 구속조건 ⫴ [Horizontal/Vertical] 클릭 ⇨ Shift + 슬롯의 중심선의 가
운데 △, 미드 포인트 마크가 나타나면 클릭(같은 방법으로 1~4 클릭) ⇨ Esc

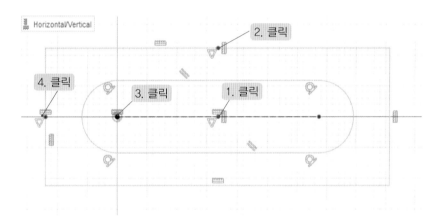

⑤ 치수 단축키 'D' ⊢ ⇨ 치수를 입력하고 싶은 선 클릭 ⇨ 치수 입력할 위치로 마우스 포인트
를 이동 후 클릭 ⇨ 치수 입력 ⇨ Esc ⇨ [FINISH SKETCH] ✓ 클릭

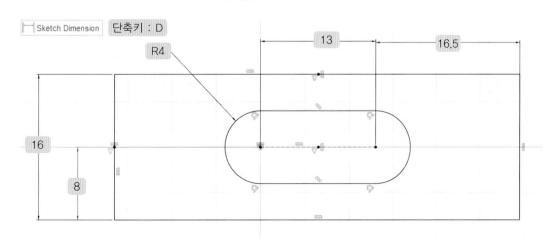

⑥ 돌출 단축키 'E' 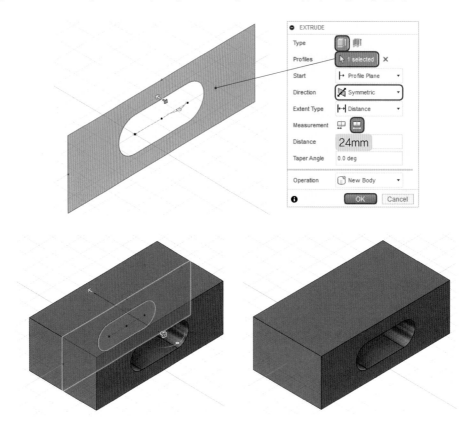 ⇨ 돌출할 Profile(면) 클릭 ⇨ [Direction] 'Symmetric' 클릭
- [Measurement] '⊟' 클릭 ⇨ [Distance] '24mm' 입력 ⇨ [OK] 클릭

⑦ 스케치할 면 클릭 ⇨ [Create Sketch] 클릭
- 툴바 ⇨ ☐[2-Point Rectangle] 클릭 ⇨ 사각형 1개 그리기 ⇨ Esc
- 툴바 ⇨ 수직수평 구속조건 ⫰ [Horizontal/Vertical] 클릭 ⇨ Shift + 사각형 중심선의 가운데 ▦, 미드포인트 마크가 나타나면 클릭(같은 방법으로 1~4 클릭) ⇨ Esc

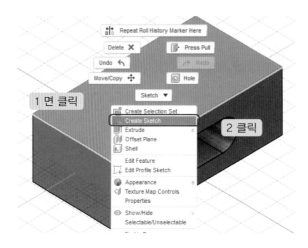

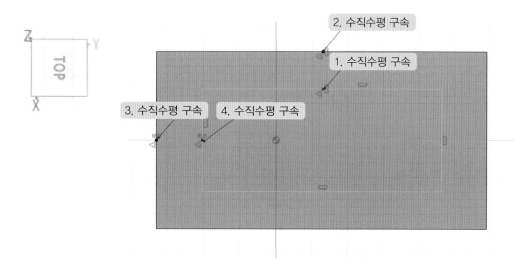

Tip 도면과 같은 방향으로 놓고 스케치를 하기 위해 뷰큐브를 회전합니다.

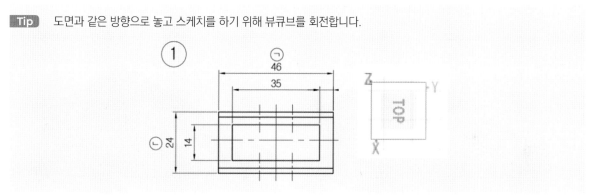

⑧ 치수 단축키 'D' ⊢⊣ ⇨ 치수를 입력하고 싶은 선 클릭 ⇨ 치수 입력할 위치로 마우스 포인트를 이동 후 클릭 ⇨ 치수 입력 ⇨ Esc ⇨ [FINISH SKETCH] 클릭

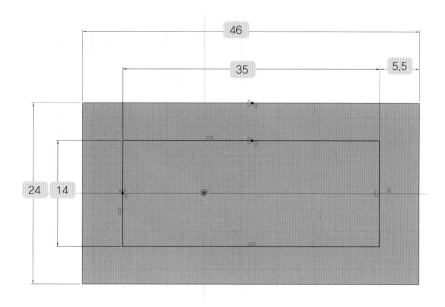

⑨ 돌출 단축키 'E' ▦ ⇨ 돌출할 Profile(면) 클릭 ⇨ 이동툴 ➡ 을 구멍 부분이 빨간색으로 변하는 방향으로 드래그 ⇨ [Operation] 'Cut' ⇨ [OK] 클릭

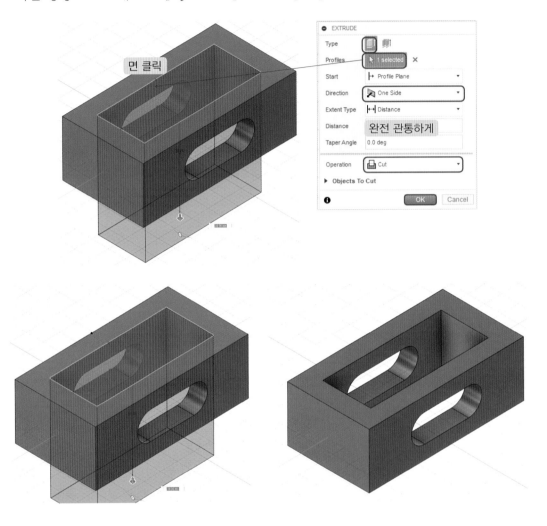

⑩ 스케치할 면 클릭 ⇨ [Create Sketch] 클릭

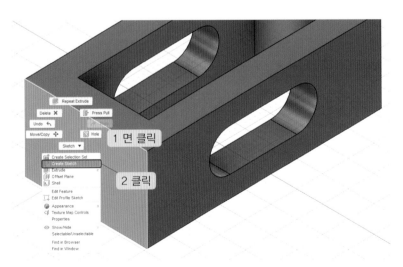

- [CREATE] ⇨ [Rectangle] ⇨ [Center Rectangle] ▢ 클릭 ⇨ 사각형 그리기 ⇨ Esc
- 치수 단축키 'D' ⊢⊣ ⇨ 치수를 입력하고 싶은 선 클릭 ⇨ 치수 입력할 위치로 마우스 포인트를 이동 후 클릭 ⇨ 치수 입력 ⇨ Esc ⇨ [FINISH SKETCH] ✅ 클릭

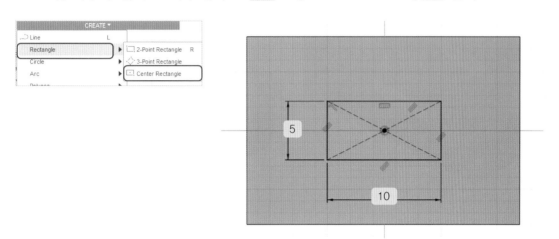

⑪ 돌출 단축키 'E' ▦ ⇨ 돌출할 Profile(면) 클릭 ⇨ 이동툴 ⇨을 구멍 부분이 빨간색으로 변하는 방향으로 드래그 ⇨ [Operation] 'Cut' ⇨ [OK] 클릭

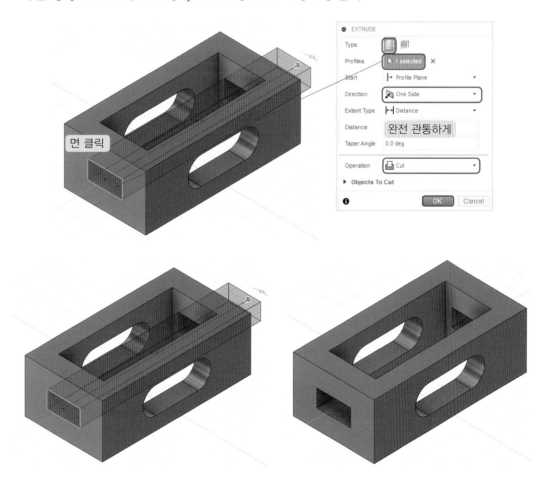

⑫ [MODIFY] ⇨ [Chamfer] 🖐 클릭 ⇨ 챔퍼를 부여할 선 클릭 ⇨ '2mm' 입력 ⇨ [OK] 클릭

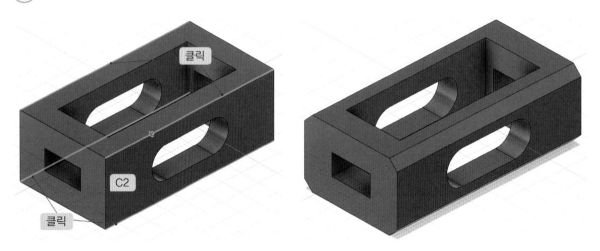

(나) 부품 ② 모델링하기

⑬ 메인 부품의 버튼을 클릭하여 활성화하기(부품 ②를 메인 부품 아래로 포함시키기 위해서)

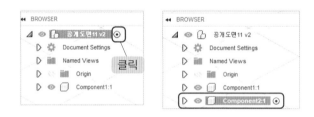

⑭ 메인 부품 마우스 오른쪽 버튼 클릭 ⇨ [New Component(새 부품)]를 클릭 ⇨ Enter
* 툴바에서 📐 [Create Sketch] 클릭 ⇨ YZ평면(RIGHT뷰) 클릭

⑮ 원 단축키 'C' ⊘ [Center Diameter Circle] ⇨ 원점에서 원 그리기(8mm) ⇨ Esc
* 선 단축키 'L' ⟋ ⇨ Line으로 1~10 선 그리기 ⇨ Esc
* 툴바 ⇨ 탄젠트 구속조건 ⟋ [Tangent] 클릭 ⇨ 호와 선을 클릭하여 탄젠트 2곳 하기 ⇨ Esc
* 툴바 ⇨ 동심원 구속조건 ◎ [Concentric] 클릭 ⇨ 작은 원과 큰 원의 호 클릭 ⇨ Esc

● 툴바 ⇨ 수직수평 구속조건 ▓ [Horizontal/Vertical] 클릭 ⇨ 원점 클릭, Shift + 사각형
선 가운데 ▓▓, 미드포인트 마크가 나타나면 클릭 ⇨ Esc

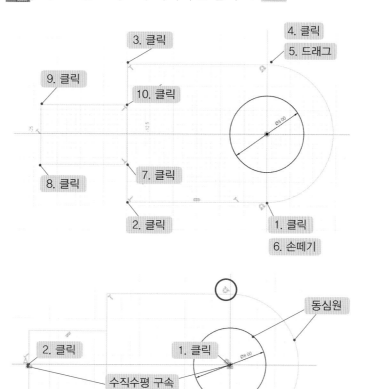

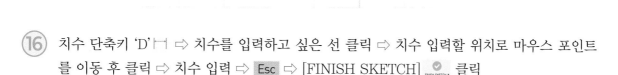

⑯ 치수 단축키 'D'├┤ ⇨ 치수를 입력하고 싶은 선 클릭 ⇨ 치수 입력할 위치로 마우스 포인트
를 이동 후 클릭 ⇨ 치수 입력 ⇨ Esc ⇨ [FINISH SKETCH] ✅ 클릭

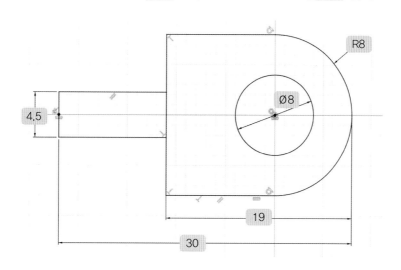

⑰ 돌출 단축키 'E' ▓ ➡ 돌출할 Profile(면) 클릭 ➡ [Direction] 'Symmetric' 클릭
- [Measurement] '묘' 클릭 ➡ [Distance] '14 mm' 입력 ➡ [OK] 클릭 ➡ Sketch1 전구 켜기

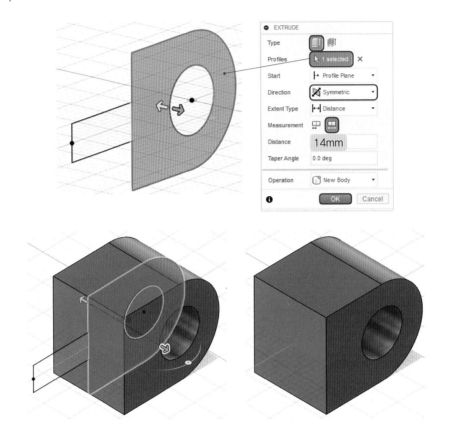

⑱ 돌출 단축키 'E' ▓ ➡ 돌출할 Profile(면) 클릭 ➡ [Direction] 'Symmetric' 클릭
- [Measurement] '묘' 클릭 ➡ [Distance] '24 mm' 입력 ➡ [OK] 클릭 ➡ [Operation] 'Join' ➡ [OK] 클릭

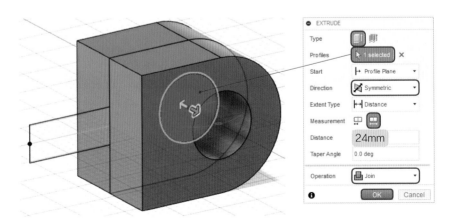

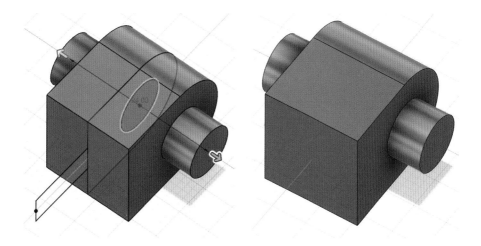

⑲ 돌출 단축키 'E' ⇨ 돌출할 Profile(면) 클릭 ⇨ [Direction] 'Symmetric' 클릭
● [Measurement] '回' 클릭 ⇨ [Distance] '9.5mm' 입력 ⇨ [OK] 클릭 ⇨ [Operation] 'Join' ⇨ [OK] 클릭

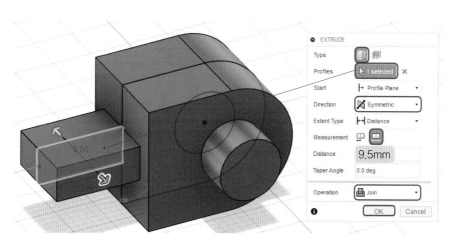

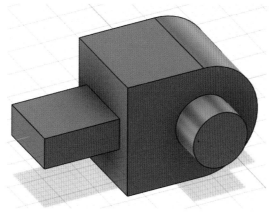

⑳ 필렛 단축키 'F' 📄 ⇨ 필렛을 부여할 선 클릭 ⇨ '1mm' 입력 ⇨ [OK] 클릭

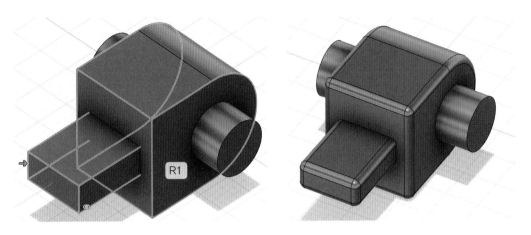

㉑ [A와 B공차 부여하기] [MODIFY] ⇨ [Offset Face] 🗗 클릭 ⇨ 공차 부여할 면 클릭 ⇨ '-0.5mm' 입력 ⇨ [OK] 클릭

> **Tip**　A와 B의 공차가 -0.5mm이므로 A와 B의 공차를 동시에 부여하였다.

● 툴바 ⇨ 치수측정 📐 [Measure] 클릭 ⇨ A(7mm) 확인할 면 클릭, B(13mm) 확인할 면 클릭

㉒ 비번호를 스케치할 면 클릭 ⇨ [Create Sketch] 클릭

  ● [CREATE] ⇨ [Text] 클릭 ⇨ 텍스트 상자 그리기 ⇨ 텍스트 옵션창에 비번호 입력, B(진하게), 크기 '7mm' ⇨ '가로, 세로 가운데 정렬' 클릭 ⇨ [OK] 클릭 ⇨ [FINISH SKETCH] 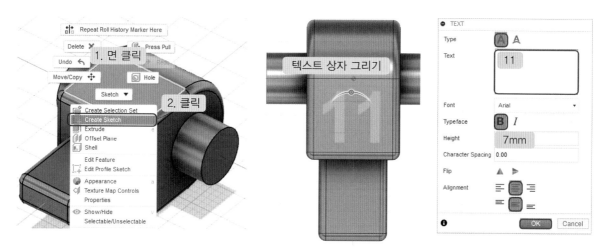 클릭

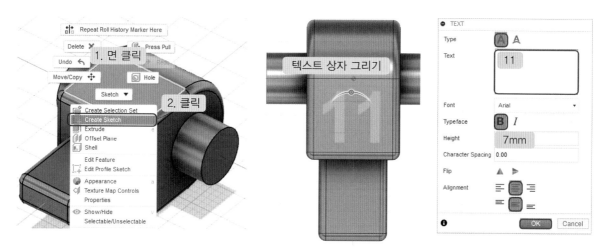

㉓ 돌출 단축키 'E' ⇨ 숫자의 면 클릭 ⇨ [Distance] '−1mm' ⇨ [Operation] 'Cut' ⇨ [OK] 클릭

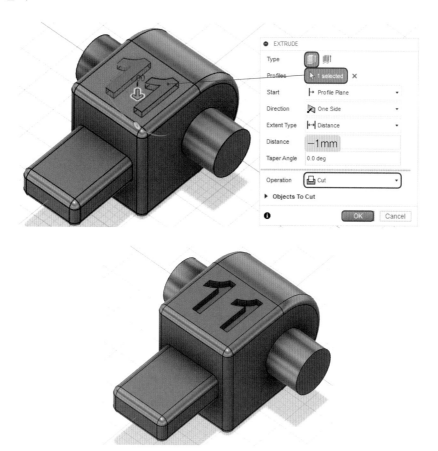

㉔ 메인 부품의 버튼을 클릭하여 활성화하기
- [Component1:1] 클릭 ⇨ 마우스 오른쪽 버튼 클릭 ⇨ [Ground] 클릭(부품을 고정하기)

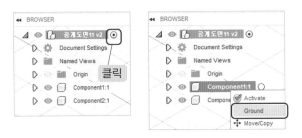

㉕ 조인트 단축키 'J' 🔩 ⇨ 부품 ①과 맞닿을 곳 🔘 을 클릭(호를 클릭하면 호의 중심점이 선택된다.) ⇨ 부품 ②와 맞닿을 곳 🔘 을 클릭(호를 클릭하면 호의 중심점이 선택된다.)

㉖ [INSPECT] ⇨ [Interference] 🔲 클릭 ⇨ 부품 ① 클릭 ⇨ 부품 ② 클릭 ⇨ 옵션창에서 [Compute]의 🔲 클릭
- [INSPECT] ⇨ [Section Analysis] 🔳 클릭 ⇨ 단면을 확인하고 싶은 면 클릭 ⇨ 이동툴을 클릭 후 드래그 하면 단면을 확인할 수 있다.(그림은 옆면과 앞면의 단면을 확인함)

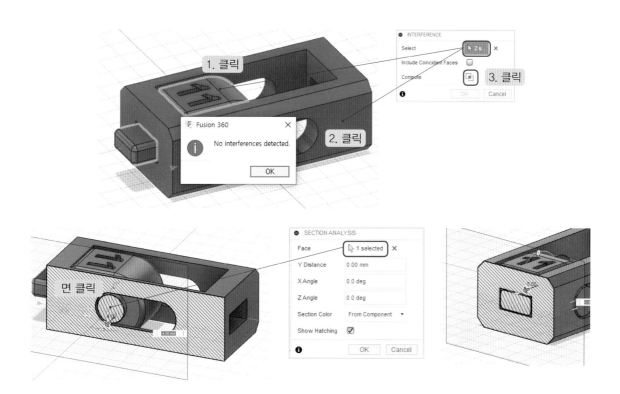

㉗ 저장하기

[부품 ① 저장하기] 브라우저에서 부품 ① 클릭 ⇨ 마우스 오른쪽 버튼 클릭 ⇨ [Export] 클릭 ⇨ 파일 이름 '비번호_01.f3d' ⇨ [Export] 클릭 ⇨ 파일 이름 '비번호_01.stp' ⇨ [Export] 클릭

[부품 ② 저장하기] 브라우저에서 부품 ② 클릭 ⇨ 마우스 오른쪽 버튼 클릭 ⇨ [Export] 클릭 ⇨ 파일 이름 '비번호_02.f3d' ⇨ [Export] 클릭 ⇨ 파일 이름 '비번호_02.stp' ⇨ [Export] 클릭

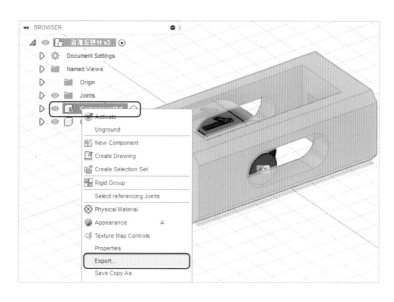

[어셈블리 저장하기]

- 브라우저에서 메인 부품 클릭 ⇨ 마우스 오른쪽 버튼 클릭 ⇨ [Export] 클릭(비번호 각인 확인하기)
- 파일 이름 '비번호_03.f3d' ⇨ [Export] 클릭 ⇨ 파일 이름 '비번호_03.stp' ⇨ [Export] 클릭

㉘ 출력을 고려한 배치하기

- Joint 마크 클릭 ⇨ 마우스 오른쪽 버튼 클릭 ⇨ [Edit Joint] 클릭 ⇨ 이동툴 ⇨ 을 이용 하여 부품 ② 이동 ⇨ [OK] 클릭

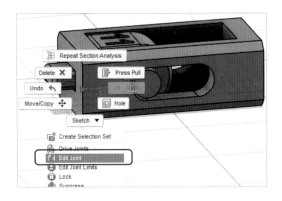
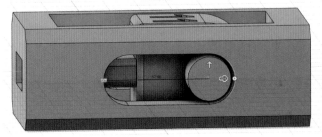

㉙ STL 저장하기

- 브라우저에서 메인 부품 클릭 ⇨ 마우스 오른쪽 버튼 클릭 ⇨ [Save As STL] 클릭
- 저장 옵션창의 기본 설정 확인 후 [OK] 클릭 ⇨ 파일 이름 '비번호_04' ⇨ 파일 형식 'STL' 확인하기 ⇨ [저장] 클릭

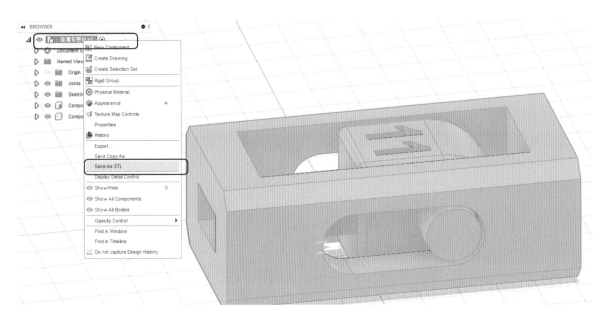

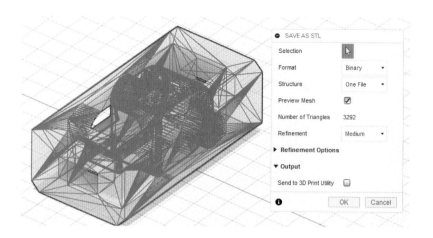

㉚ G-code 파일 저장하기

● Makerbot Print(메이커봇 슬라이싱 프로그램) 실행
● STL 파일 불러오기 ⇨ 출력방향✿[Orient] 선택 ⇨ 정렬하기🔧[Arrange]
● 설정✿에서 [Support Type] 'Breakaway Support' 클릭 ⇨ 미리보기👁[Preview] 클릭
   ⇨ [Export]

Tip 출력 예상 시간 1시간 20분이 넘어가면 ✿ [Print Settings]에서 Layer 두께 설정하기

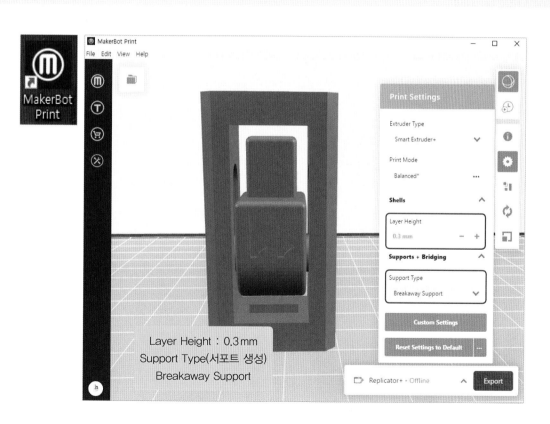

Layer Height : 0.3mm
Support Type(서포트 생성)
Breakaway Support

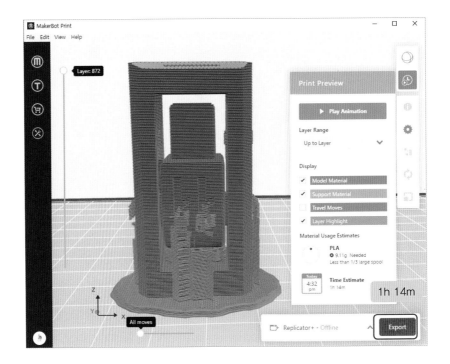

- 파일 이름 '비번호_04' ⇨ 파일 형식 'Makerbot' ⇨ [저장] 클릭
- 바탕화면에 만든 비번호 폴더에 저장이 잘 되었는지 확인한다.

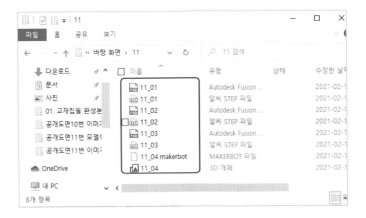

③① 출력물 완성

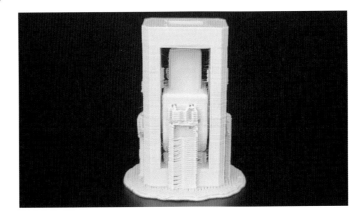

공개도면 ⑪ 저장하기 확인해 보세요.

부품 ① 도면

부품 ①) 도면과 같은 모습으로 저장

부품 ② 도면

부품 ②) 도면과 같은 모습으로 저장

어셈블리 도면

어셈블리) 도면과 같은 모습으로 저장

출력을 고려한 어셈블리 재배치

출력을 고려한 어셈블리 재배치 후 STL 저장

공개도면 ⑫

자격종목	3D프린터운용기능사	[시험 1] 과제명	3D모델링 작업	척도	NS

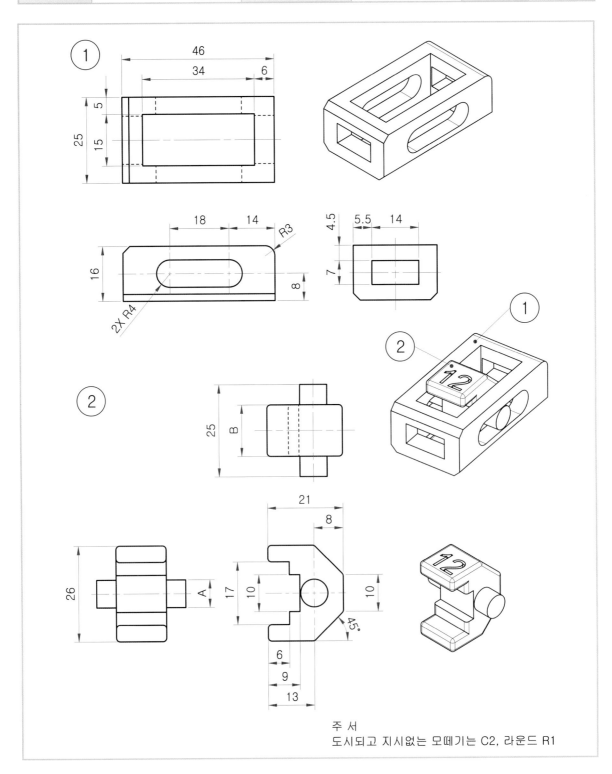

주 서
도시되고 지시없는 모떼기는 C2, 라운드 R1

(1) 도면 풀이와 A, B 치수 결정하기

- A=7mm A힌트(8)=8보다 ±1mm=공차는 ±0.5mm
  (A는 A의 힌트 안으로 조립이 되므로 A가 더 작아야 한다.)
- B=14mm B힌트(15)=15보다 ±1mm=공차는 ±0.5mm
  (B는 B의 힌트 안으로 조립이 되므로 B가 더 작아야 한다.)

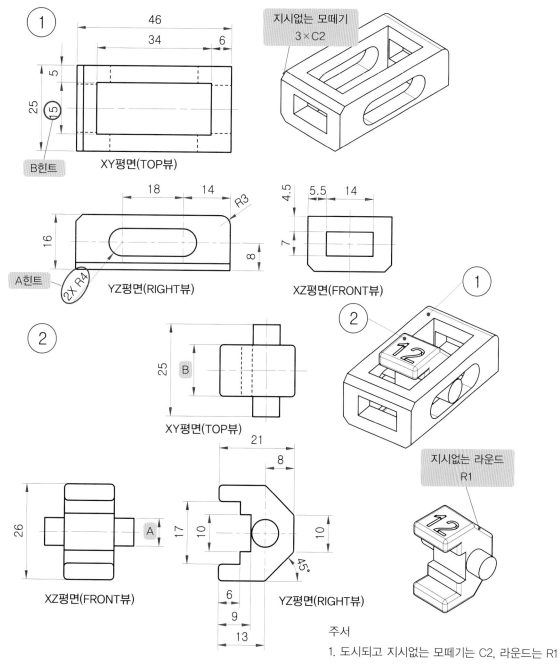

풀이 도면에 표기가 없이 비스듬한 경사는 Chamfer(챔퍼) 2mm, 둥글게 되어 있는 곳은 Fillet(필렛) 1mm를 적용하시오.

(2) 공개도면 ⑫ 모델링 순서 생각하기

(가)	부품 ① 모델링하기	(나)	부품 ② 모델링하기 공차 부여하기 비번호 각인하기	(다)	어셈블리하기 모델링 검토하기 파일 저장하기

> **Tip** 공개도면 ⑪에서 응용하여 모델링 할 수 있어요.

(가) 부품 ① 모델링하기

① BROWSER에서 메인 부품 마우스 오른쪽 버튼 클릭 ⇨ [New Component(새 부품)]를 클릭 ⇨ Enter
  - BROWSER에서 Component1:1이 생성되었는지 확인하기

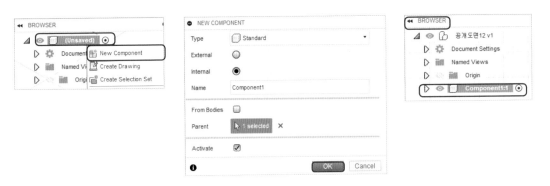

② 툴바에서 ☐⁺ [Create Sketch] 클릭 ⇨ YZ평면(RIGHT뷰) 클릭

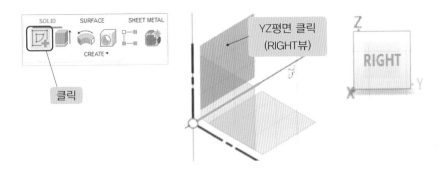

③ [CREATE] ⇨ [Slot] ⇨ [Center to Center Slot] 클릭 ⇨ 원점에서 시작하는 슬롯 그리기 (1~3 클릭)
  - 툴바 ⇨ ☐ [2-Point Rectangle] 클릭 ⇨ 사각형 1개 그리기(4~5 클릭) ⇨ Esc

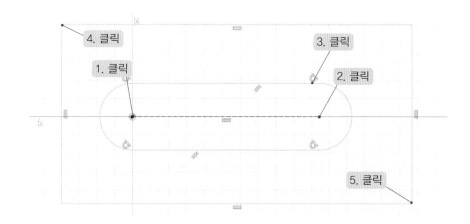

④ 툴바 ⇨ 수직수평 구속조건 ▒ [Horizontal/Vertical] 클릭 ⇨ Shift + 슬롯의 중심선의 가운데 ▓▓, 미드포인트 마크가 나타나면 클릭(같은 방법으로 1~4 클릭) ⇨ Esc

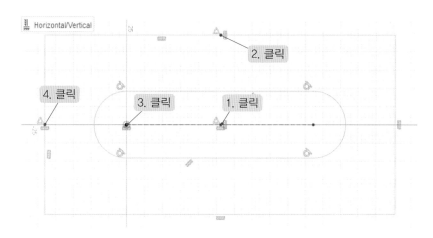

⑤ 치수 단축키 'D' ⊢ ⇨ 치수를 입력하고 싶은 선 클릭 ⇨ 치수 입력할 위치로 마우스 포인트를 이동 후 클릭 ⇨ 치수 입력 ⇨ Esc ⇨ [FINISH SKETCH] ✔ 클릭

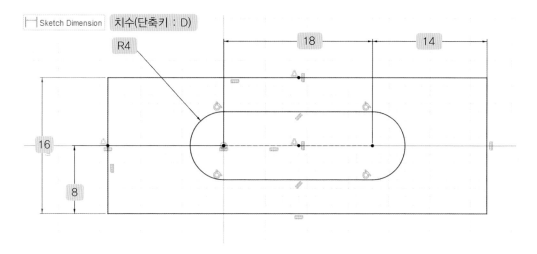

⑥ 돌출 단축키 'E' 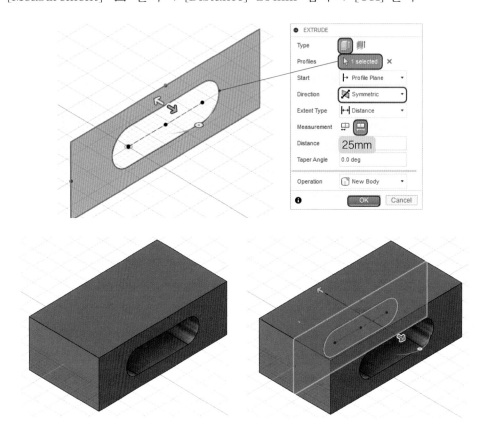 ⇨ 돌출할 Profile(면) 클릭 ⇨ [Direction] 'Symmetric' 클릭
- [Measurement] '⊞' 클릭 ⇨ [Distance] '25mm' 입력 ⇨ [OK] 클릭

⑦ 스케치할 면 클릭 ⇨ [Create Sketch] 클릭
- 툴바 ⇨ □ [2-Point Rectangle] 클릭 ⇨ 사각형 1개 그리기 ⇨ Esc
- 툴바 ⇨ 수직수평 구속조건 ≋ [Horizontal/Vertical] 클릭 ⇨ Shift + 사각형 중심선의 가운데 █, 미드포인트 마크가 나타나면 클릭(같은 방법으로 1~4 클릭 ⇨ Esc

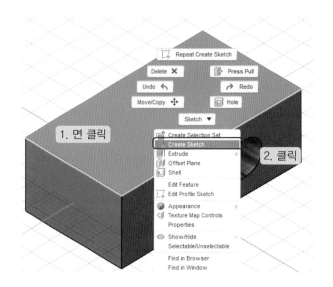

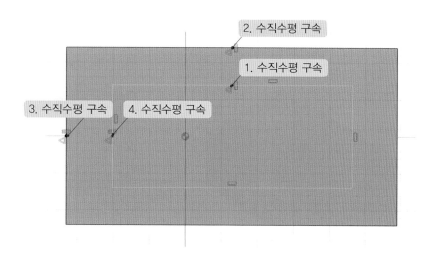

Tip 도면과 같은 방향으로 놓고 스케치를 하기 위해 뷰큐브를 회전합니다.

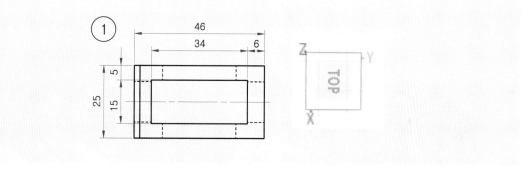

⑧ 치수 단축키 'D' ⊢┤ ⇨ 치수를 입력하고 싶은 선 클릭 ⇨ 치수 입력할 위치로 마우스 포인트를 이동 후 클릭 ⇨ 치수 입력 ⇨ Esc ⇨ [FINISH SKETCH] ◎ 클릭

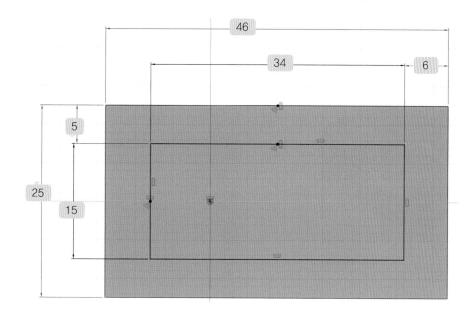

⑨ 돌출 단축키 'E' 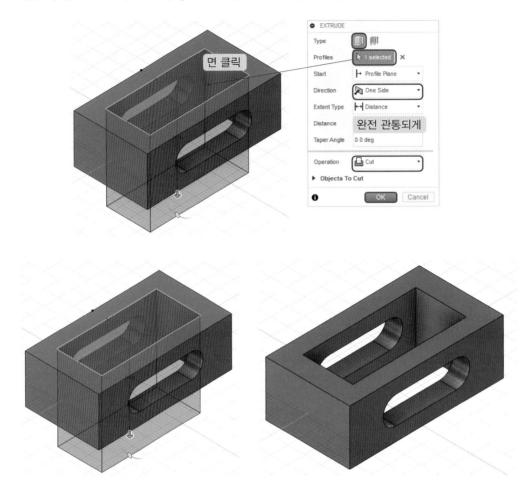 ⇨ 돌출할 Profile(면) 클릭 ⇨ 이동툴 ➾을 구멍 부분이 빨간색으로 변하는 방향으로 드래그 ⇨ [Operation] 'Cut' ⇨ [OK] 클릭

⑩ 스케치할 면 클릭 ⇨ 마우스 오른쪽 버튼 클릭 ⇨ [Create Sketch] 클릭

● 툴바 ⇨ ☐[2-Point Rectangle] 클릭 ⇨ 스케치 파레트의 ▣[Center Rectangle] 클릭 ⇨ 사각형 그리기 ⇨ Esc

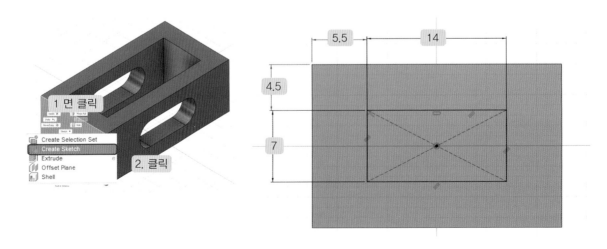

- 치수 단축키 'D' ⊢⊣ ⇨ 치수를 입력하고 싶은 선 클릭 ⇨ 치수 입력할 위치로 마우스 포인트를 이동 후 클릭 ⇨ 치수 입력 ⇨ Esc ⇨ [FINISH SKETCH] 🔵 클릭

⑪ 돌출 단축키 'E' 🟦 ⇨ 돌출할 Profile(면) 클릭 ⇨ 이동툴 ➡ 을 구멍 부분이 빨간색으로 변하는 방향으로 드래그 ⇨ [Operation] 'Cut' ⇨ [OK] 클릭

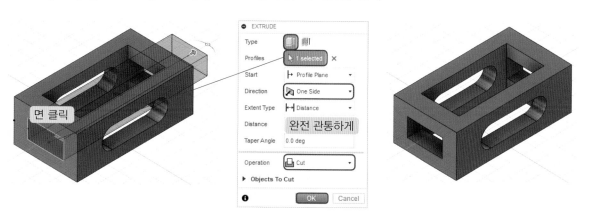

⑫ [MODIFY] ⇨ [Chamfer] 🔲 클릭 ⇨ 챔퍼를 부여할 선 클릭 ⇨ '2mm' 입력 ⇨ [OK] 클릭
- 필렛 단축키 'F' 🔲 ⇨ 필렛을 부여할 선 클릭 ⇨ '3mm' 입력 ⇨ [OK] 클릭

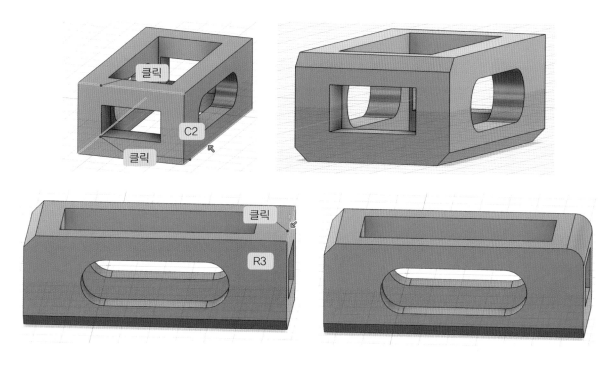

(나) 부품 ② 모델링하기

⑬ 메인 부품의 버튼을 클릭하여 활성화하기(부품 ②를 메인 부품 아래로 포함시키기 위해서)

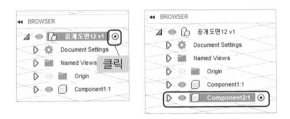

⑭ 메인 부품 마우스 오른쪽 버튼 클릭 ⇨ [New Component(새 부품)]를 클릭 ⇨ Enter
- 툴바에서 [Create Sketch] 클릭 ⇨ YZ평면(RIGHT뷰) 클릭

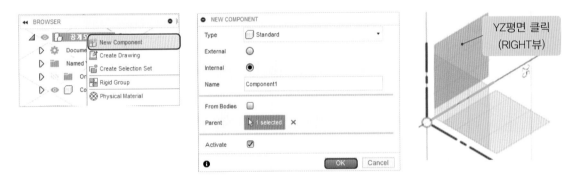

⑮ 원 단축키 'C' [Center Diameter Circle] ⇨ 원점에서 원 그리기(8mm) ⇨ Esc
- 선 단축키 'L' ⇨ Line으로 1~10 선 그리기 ⇨ Esc
- 선 클릭 ⇨ 참조선 단축키 'X' [Construction](실선이 점선으로 변해요.)
- 툴바 ⇨ 탄젠트 구속조건 [Tangent] 클릭 ⇨ 호와 선을 클릭하여 탄젠트 하기 ⇨ Esc

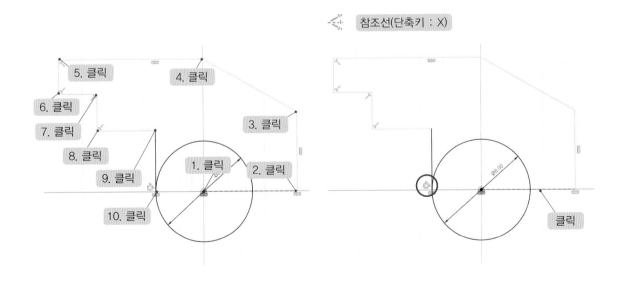

⑯ 툴바 ⇨ 대칭복사 △ [Mirror] 클릭 ⇨ 복사할 선 더블 클릭 ⇨ [Mirror Line] 참조선 클릭
⇨ [OK] 클릭

Tip 선을 클릭했는데 선택이 안될 때는 옵션창에 파란색으로 활성화가 되어 있는지 확인합니다. [Objects]에 해당되는 선
을 클릭하려면 [Objects] 버튼을 클릭하여 파란색 상태로 활성화가 된 후 선을 선택해야 합니다.

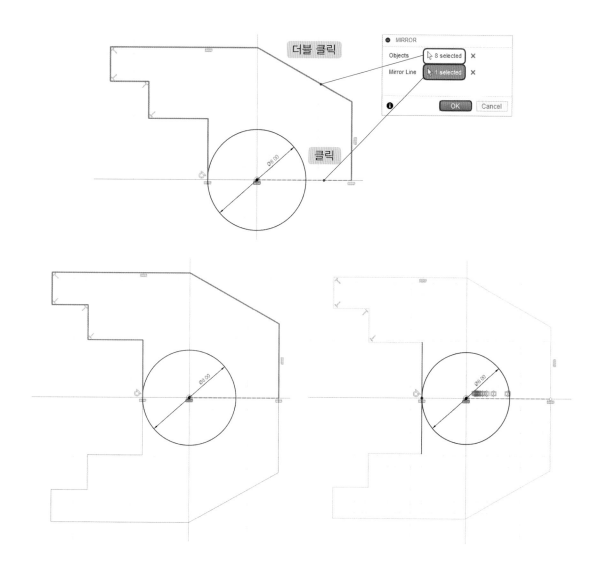

⑰ 치수 단축키 'D' ⊢⊣ ⇨ 치수를 입력하고 싶은 선 클릭 ⇨ 치수 입력할 위치로 마우스 포인트를 이동 후 클릭 ⇨ 치수 입력 ⇨ Esc ⇨ [FINISH SKETCH] ⊘ FINISH SKETCH ▾ 클릭

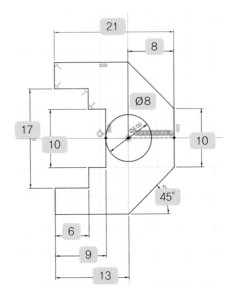

⑱ 돌출 단축키 'E' ▦ ⇨ 돌출할 Profile(면) 클릭 ⇨ [Direction] 'Symmetric' 클릭
● [Measurement] '旦' 클릭 ⇨ [Distance] '15mm' 입력 ⇨ [OK] 클릭 ⇨ Sketch1 전구 켜기

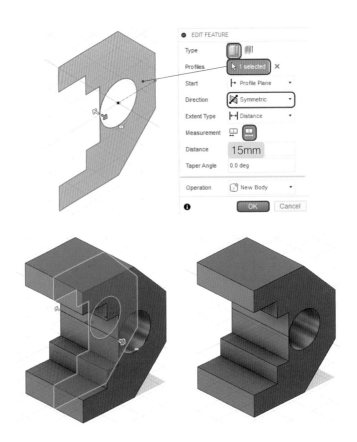

⑲ 돌출 단축키 'E' 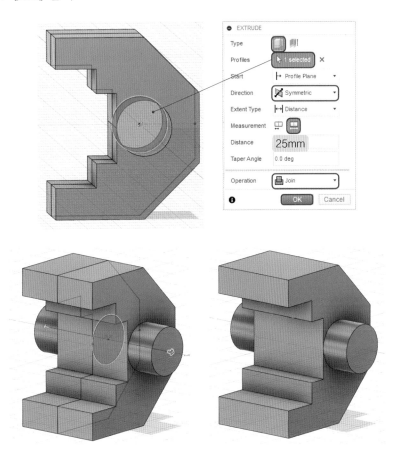 ⇨ 돌출할 Profile(면) 클릭 ⇨ [Direction] 'Symmetric' 클릭
 ● [Measurement] '吅' 클릭 ⇨ [Distance] '25mm' 입력 ⇨ [OK] 클릭 ⇨ [Operation]
 'Join' ⇨ [OK] 클릭

⑳ 필렛 단축키 'F' ⇨ 필렛을 부여할 선 클릭(28곳) ⇨ '1mm' 입력 ⇨ [OK] 클릭
 (공개도면에서 보여지는 부분만 필렛을 적용하였다.)

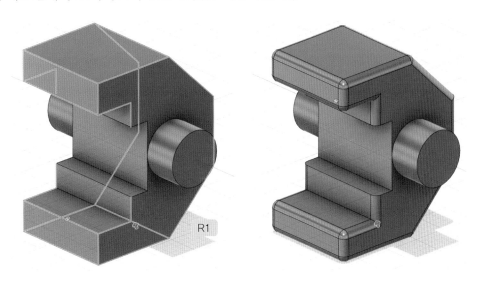

㉑ [A와 B공차 부여하기] [MODIFY] ⇨ [Offset Face] 🗇 클릭 ⇨ 공차 부여할 면 클릭 ⇨ '−0.5mm' 입력 ⇨ [OK] 클릭

> **Tip** A와 B의 공차가 −0.5mm이므로 A와 B의 공차를 동시에 부여하였다.

- 툴바 ⇨ 치수측정 🖿 [Measure] 클릭 ⇨ A(7mm) 확인할 면 클릭, B(14mm) 확인할 면 클릭

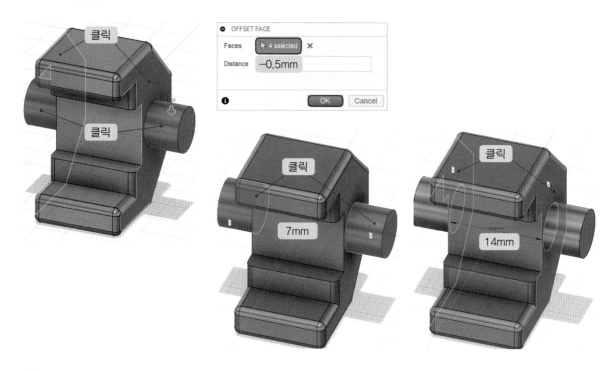

㉒ 비번호를 스케치할 면 클릭 ⇨ [Create Sketch] 클릭
- [CREATE] ⇨ [Text] 클릭 ⇨ 텍스트 상자 그리기 ⇨ 텍스트 옵션창에 비번호 입력, B(진하게), 크기 '7mm' ⇨ '가로, 세로 가운데 정렬' 클릭 ⇨ [OK] 클릭 ⇨ [FINISH SKETCH] 🗸 클릭

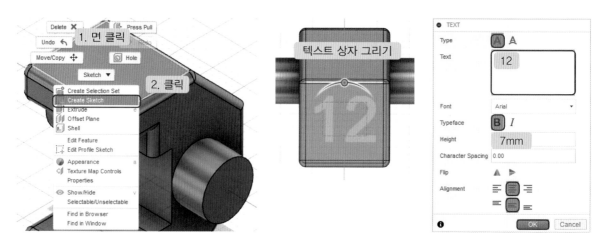

㉓ 돌출 단축키 'E' 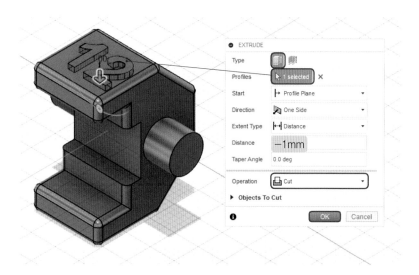 ⇨ 숫자의 면 클릭 ⇨ [Distance] '−1mm' ⇨ [Operation] 'Cut' ⇨ [OK] 클릭

㉔ 메인 부품의 버튼을 클릭하여 활성화하기
- [Component1:1] 클릭 ⇨ 마우스 오른쪽 버튼 클릭 ⇨ [Ground] 클릭(부품을 고정하기)

㉕ 조인트 단축키 'J' 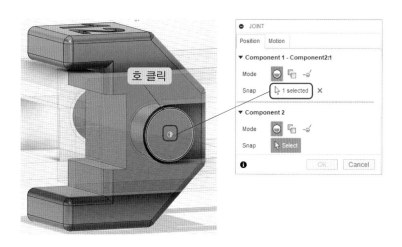 ⇨ 부품 ①과 맞닿을 곳 을 클릭(호를 클릭하면 호의 중심점이 선택된다.) ⇨ 부품 ②와 맞닿을 곳 을 클릭(호를 클릭하면 호의 중심점이 선택된다.)
- 이동툴 을 이용하여 도면과 같은 위치에 부품 ②를 이동시킨다.(9mm)

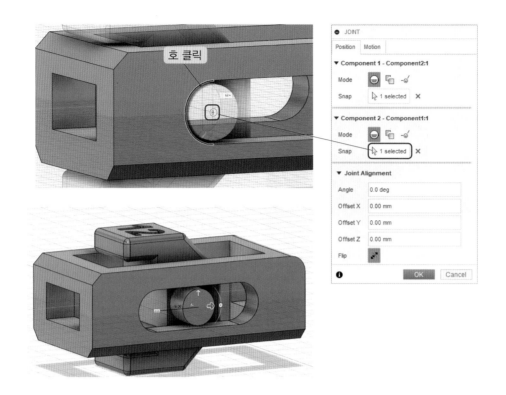

㉖ [INSPECT] ⇨ [Interference] 🔲 클릭 ⇨ 부품 ① 클릭 ⇨ 부품 ② 클릭 ⇨ 옵션창에서 [Compute]의 🔲 클릭

- [INSPECT] ⇨ [Section Analysis] 🔳 클릭 ⇨ 단면을 확인하고 싶은 면 클릭 ⇨ 이동툴을 클릭 후 드래그 하면 단면을 확인할 수 있다.(그림은 옆면과 앞면의 단면을 확인함)

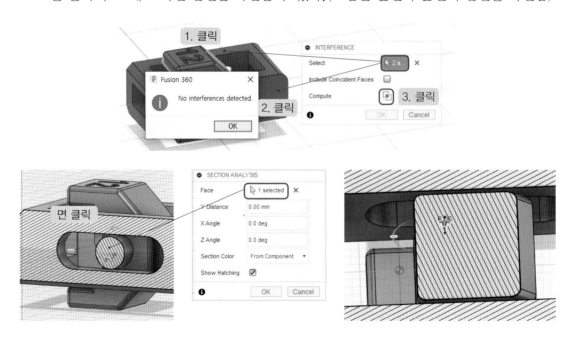

㉗ 저장하기

[부품 ① 저장하기] 브라우저에서 부품 ① 클릭 ⇨ 마우스 오른쪽 버튼 클릭 ⇨ [Export] 클릭 ⇨ 파일 이름 '비번호_01.f3d' ⇨ [Export] 클릭 ⇨ 파일 이름 '비번호_01.stp' ⇨ [Export] 클릭

[부품 ② 저장하기] 브라우저에서 부품 ② 클릭 ⇨ 마우스 오른쪽 버튼 클릭 ⇨ [Export] 클릭 ⇨ 파일 이름 '비번호_02.f3d' ⇨ [Export] 클릭 ⇨ 파일 이름 '비번호_02.stp' ⇨ [Export] 클릭

[어셈블리 저장하기]

● 브라우저에서 메인 부품 클릭 ⇨ 마우스 오른쪽 버튼 클릭 ⇨ [Export] 클릭(비번호 각인 확인하기)

● 파일 이름 '비번호_03.f3d' ⇨ [Export] 클릭 ⇨ 파일 이름 '비번호_03.stp' ⇨ [Export] 클릭

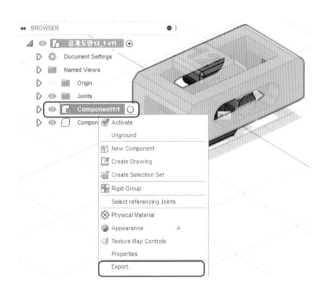

㉘ 출력을 고려한 배치하기

● Joint 마크 클릭 마우스 오른쪽 버튼 클릭 ⇨ [Edit Joint] 클릭 ⇨ 이동툴 ➡ 을 이용하여 부품 ② 이동 ⇨ 회전하기(90도) ⇨ [OK] 클릭

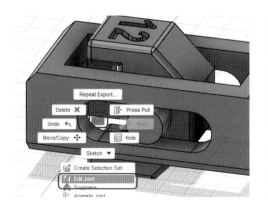
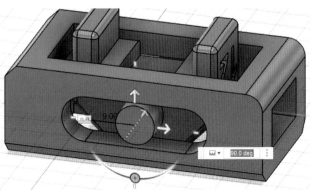

㉙ STL 저장하기

- 브라우저에서 메인 부품 클릭 ⇨ 마우스 오른쪽 버튼 클릭 ⇨ [Save As STL] 클릭
- 저장 옵션창의 기본 설정 확인 후 [OK] 클릭 ⇨ 파일 이름 '비번호_04' ⇨ 파일 형식 'STL' 확인하기 ⇨ [저장] 클릭

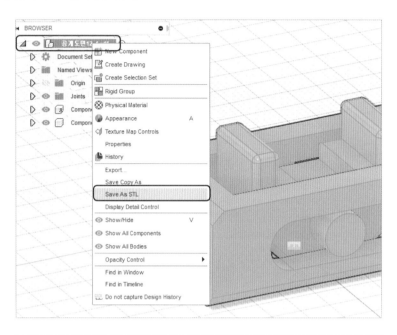

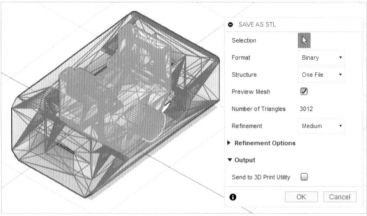

㉚ G-code 파일 저장하기

- Makerbot Print(메이커봇 슬라이싱 프로그램) 실행
- STL 파일 불러오기 ⇨ 출력방향 ↻[Orient] 선택 ⇨ 정렬하기 ▐▌[Arrange]
- 설정 ⚙에서 [Support Type] 'Breakaway Support' 클릭 ⇨ 미리보기 ⊙[Preview] 클릭 ⇨ [Export]

Tip 출력 예상 시간 1시간 20분이 넘어가서 ⚙ [Print Settings]에서 Layer 두께 0.25mm으로 설정하기

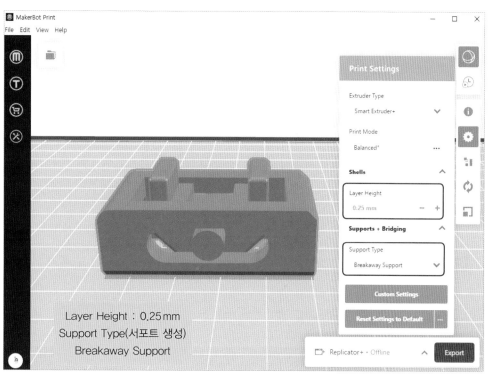

Layer Height : 0.25 mm
Support Type(서포트 생성)
Breakaway Support

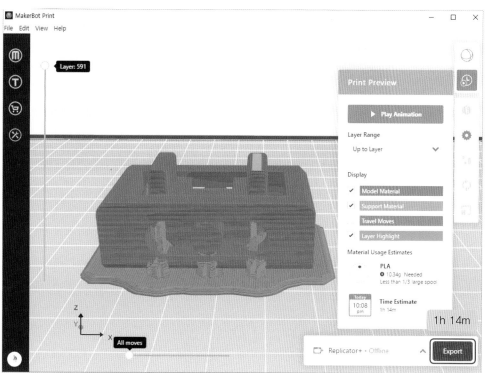

- 파일 이름 '비번호_04' ⇨ 파일 형식 'Makerbot' ⇨ [저장] 클릭
- 바탕화면에 만든 비번호 폴더에 저장이 잘 되었는지 확인한다.

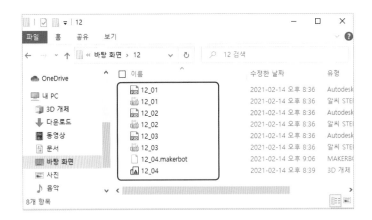

㉛ 출력물 완성

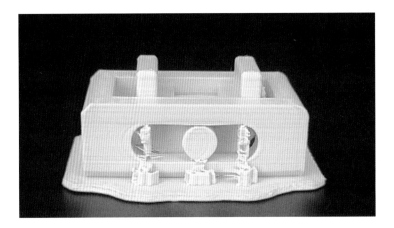

공 개 도 면 ⑬

자격종목	3D프린터운용기능사	[시험 1] 과제명	3D모델링 작업	척도	NS

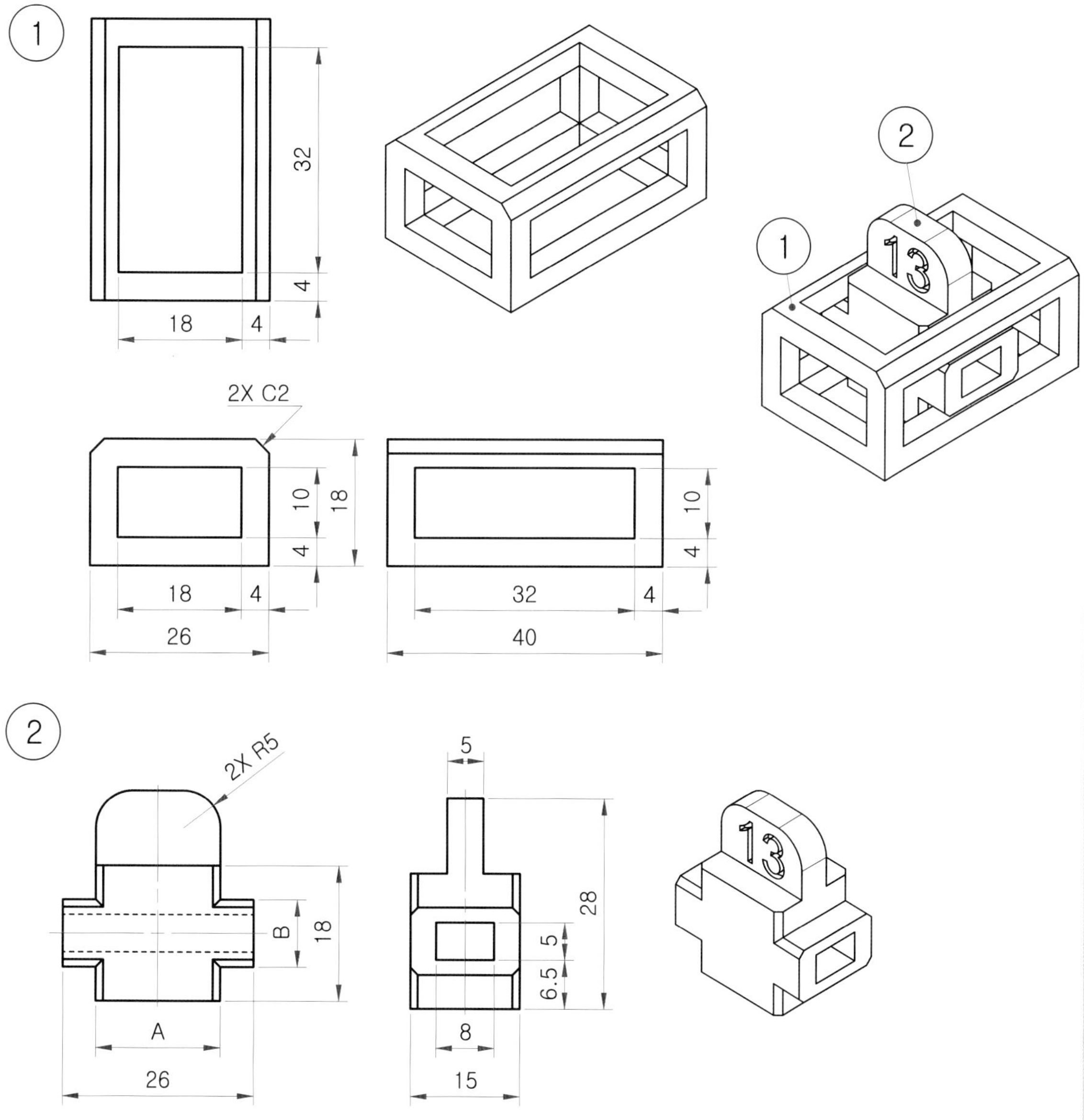

① 32 4 18 4

2X C2

10 18 4 18 4 26

10 4 32 4 40

② 2X R5 B 18 A 26

5 28 5 6.5 8 15

주 서
도시되고 지시없는 모떼기는 C1

(1) 도면 풀이와 A, B 치수 결정하기

- A=17mm A힌트(18)=18보다 ±1mm=공차는 ±0.5mm
  (A는 A의 힌트 안으로 조립이 되므로 A가 더 작아야 한다.)
- B=9mm B힌트(10)=10보다 ±1mm=공차는 ±0.5mm
  (B는 B의 힌트 안으로 조립이 되므로 B가 더 작아야 한다.)

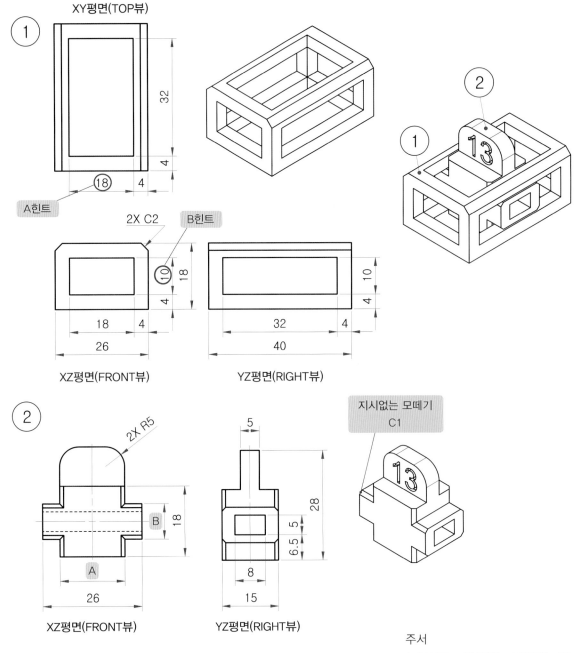

주서
1. 도시되고 지시없는 모떼기는 C1

풀이 도면에서 표기가 없이 비스듬한 경사는 Chamfer(챔퍼) 1mm를 적용하시오.

(2) 공개도면 ⑬ 모델링 순서 생각하기

(가)	부품 ① 모델링하기	(나)	부품 ② 모델링하기 공차 부여하기 비번호 각인하기	(다)	어셈블리하기 모델링 검토하기 파일 저장하기

(가) 부품 ① 모델링하기

① BROWSER에서 메인 부품 마우스 오른쪽 버튼 클릭 ⇨ [New Component(새 부품)]를 클릭 ⇨ Enter

● BROWSER에서 Component1:1 이 생성되었는지 확인하기

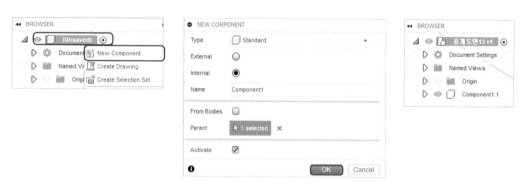

② 툴바에서 ▣ [Create Sketch] 클릭 ⇨ XZ평면(FRONT뷰) 클릭

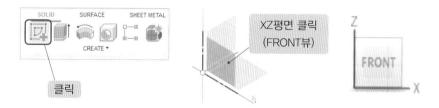

③ 툴바 ⇨ □ [2-Point Rectangle] 클릭 ⇨ 스케치 파레트의 ▣ [Center Rectangle] 클릭

● 원점 클릭 ⇨ 마우스 이동(클릭하지 않아요.) 치수 입력, Tab ⇨ 치수 입력, Enter ⇨ [FINISH SKETCH] ✓ 클릭

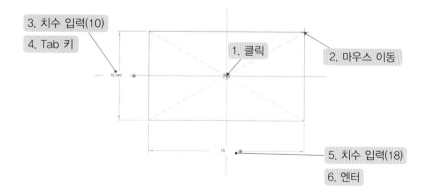

● 원점에서 시작하는 사각형 2개 그리기(세로10×가로18, 세로18×가로26)

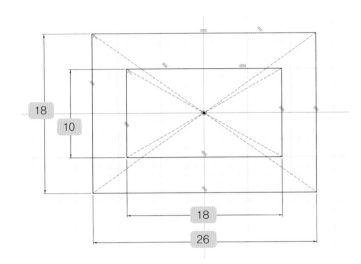

④ 돌출 단축키 'E' ▦ ⇨ 돌출할 Profile(면) 클릭 ⇨ [Direction] 'Symmetric' 클릭
● [Measurement] '밑' 클릭 ⇨ [Distance] '40mm' 입력 ⇨ [OK] 클릭

⑤ 스케치할 면 클릭 ⇨ [Create Sketch] 클릭 ⇨ 툴바 ⇨ ☐ [2-Point Rectangle] 클릭
- 스케치 파레트의 ⊡ [Center Rectangle]클릭 ⇨ 원점에서 시작하는 사각형 그리기
- 치수 입력(세로32×가로18) ⇨ [FINISH SKETCH] ✔ 클릭

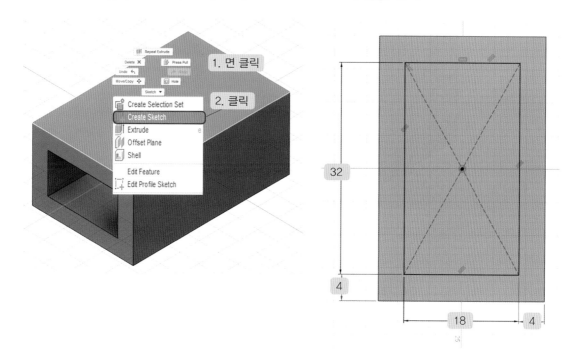

⑥ 돌출 단축키 'E' ▥ ⇨ 사각형의 면 클릭 ⇨ 이동툴 ⇨ 을 이동하여 빨간색으로 변하는 방향
으로 드래그 ⇨ [Operation] 'Cut' ⇨ [OK] 클릭

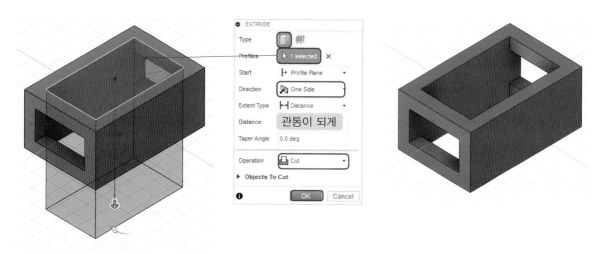

⑦ 스케치할 면 클릭 ⇨ [Create Sketch] 클릭 ⇨ 툴바 ⇨ ☐ [2-Point Rectangle] 클릭
- 스케치 파레트의 ☐ [Center Rectangle] 클릭 ⇨ 원점에서 시작하는 사각형 그리기
- 치수 입력(세로10×가로32) ⇨ [FINISH SKETCH] 클릭

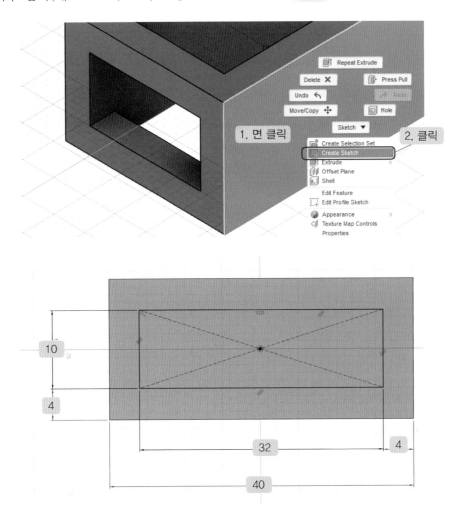

⑧ 돌출 단축키 'E' ⇨ 사각형의 면 클릭 ⇨ 이동툴을 이동하여 빨간색으로 변하는 방향
으로 드래그 ⇨ [Operation] 'Cut' ⇨ [OK] 클릭

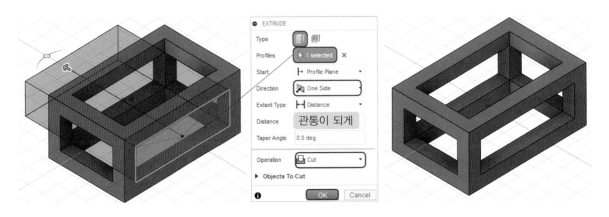

⑨ [MODIFY] ⇨ [Chamfer] 🖑 클릭 ⇨ 챔퍼를 부여할 선 클릭 ⇨ '2mm' 입력 ⇨ [OK] 클릭

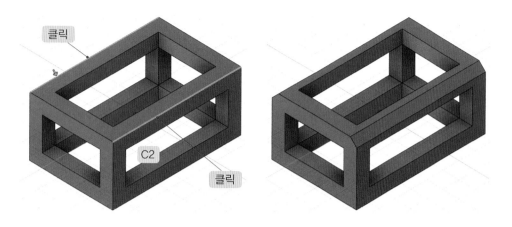

(나) 부품 ② 모델링하기

⑩ 메인 부품의 버튼을 클릭하여 활성화하기(부품 ②를 메인 부품 아래로 포함시키기 위해서)
- 메인 부품 마우스 오른쪽 버튼 클릭 ⇨ [New Component(새 부품)]를 클릭 ⇨ Enter ⇨ Component2:1이 생성되었는지 확인하기

⑪ 툴바에서 ▣ [Create Sketch] 클릭 ⇨ XZ평면(FRONT뷰) 클릭

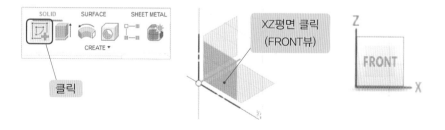

⑫ 부품 ①의 Sketch3 전구켜기(스케치를 투영하기 위해서)

- 프로젝트 단축키 'P' ⇨ 스케치 면 클릭 ⇨ Enter ⇨ 프로젝트 단축키 'P' ⇨ 스케치 면 4곳 클릭 ⇨ Enter

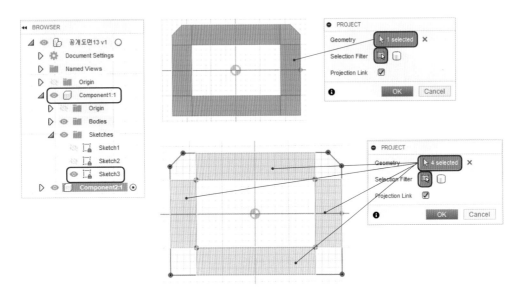

⑬ 툴바 ⇨ □[2-Point Rectangle] 클릭 ⇨ 사각형 그리기(세로 10mm)

- 스케치 파레트의 □[Center Rectangle] 클릭 ⇨ 원점에서 시작하는 사각형 그리기(세로 5×가로26)

- 툴바 ⇨ 일치구속 └[Coincident] 클릭 ⇨ 점 클릭 ⇨ 선 클릭 ⇨ [FINISH SKETCH] ⊘ 클릭

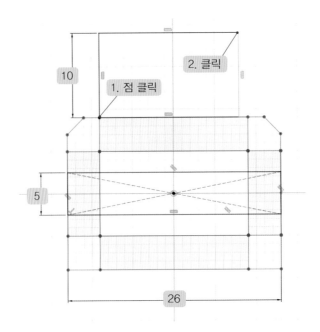

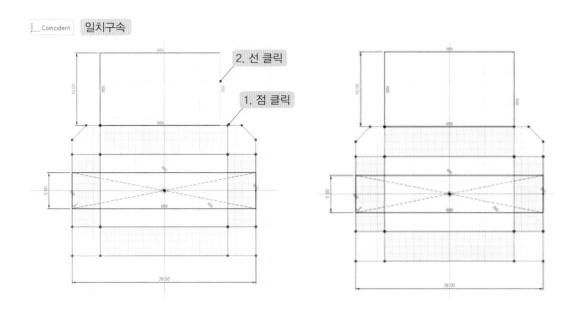

⑭ 돌출 단축키 'E' ⬜ ⇨ 돌출할 Profile(면) 클릭(11곳) ⇨ [Direction] 'Symmetric' 클릭
● [Measurement] '🖭' 클릭 ⇨ [Distance] '15mm' 입력 ⇨ [OK] 클릭

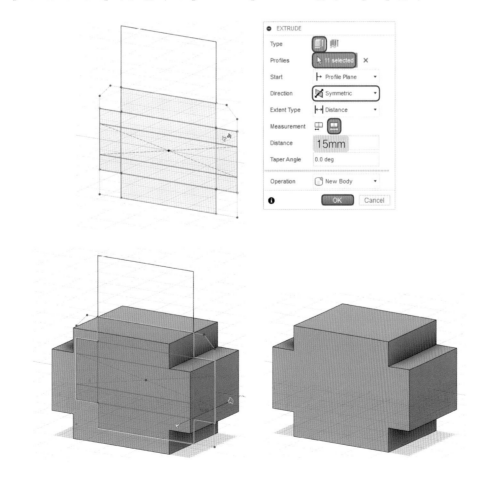

⑮ 부품 ② Sketch1 전구켜기 ⇨ 돌출 단축키 'E' 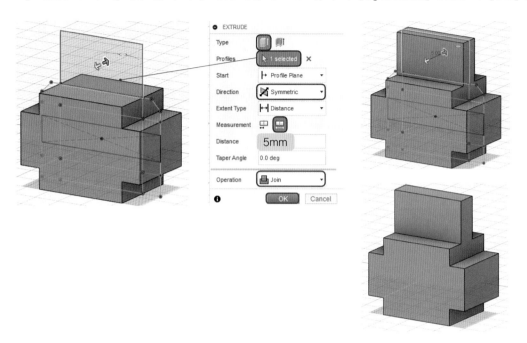 ⇨ 돌출할 Profile(면) 클릭 ⇨ [Direction] 'Symmetric' 클릭

- [Measurement] '🖳' 클릭 ⇨ [Distance] '5mm' 입력 ⇨ [Operation] 'Join' ⇨ [OK] 클릭

⑯ 돌출 단축키 'E' 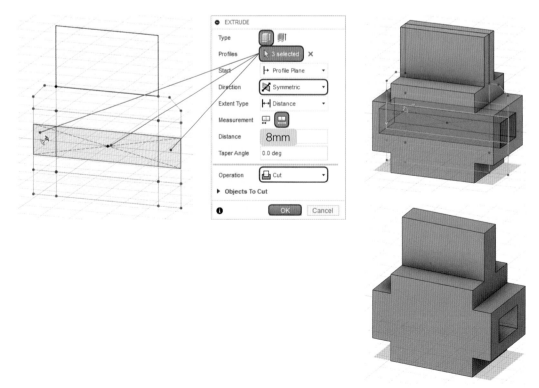 ⇨ 돌출할 Profile(면) 클릭 ⇨ [Direction] 'Symmetric' 클릭

- [Measurement] '🖳' 클릭 ⇨ [Distance] '8mm' 입력 ⇨ [Operation] 'Cut' ⇨ [OK] 클릭

⑰ 필렛 단축키 'F' 🗍 ⇨ 필렛을 부여할 선 클릭 ⇨ '5mm' 입력 ⇨ [OK] 클릭

● [MODIFY] ⇨ [Chamfer]🗍 클릭 ⇨ 챔퍼를 부여할 선 클릭(16곳) ⇨ '1mm' 입력 ⇨ [OK] 클릭

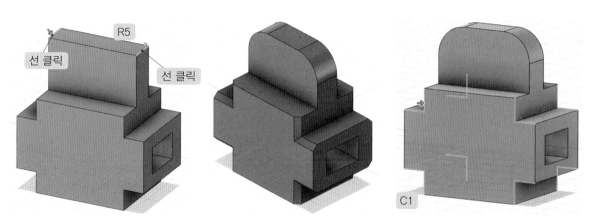

⑱ [A와 B공차 부여하기] [MODIFY] ⇨ [Offset Face] 🗍 클릭 ⇨ 공차 부여할 면(8곳) 클릭 ⇨ '-0.5mm' 입력 ⇨ [OK] 클릭

Tip A와 B의 공차가 -0.5mm이므로 A와 B의 공차를 동시에 부여하였다.

● 툴바 ⇨ 치수측정 ⊨ [Measure] 클릭 ⇨ A(17mm) 확인할 면 클릭 , B(9mm) 확인할 면 클릭(공차를 부여한 곳을 모두 확인하기)

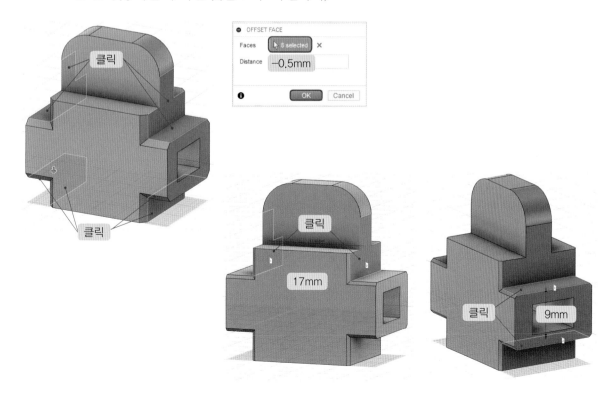

⑲ 비번호를 스케치할 면 클릭 ⇨ [Create Sketch] 클릭

- [CREATE] ⇨ [Text] 클릭 ⇨ 텍스트 상자 그리기 ⇨ 텍스트 옵션창에 비번호 입력, B(진하게), 크기 '7mm' ⇨ '가로, 세로 가운데 정렬' 클릭 ⇨ [OK] 클릭 ⇨ [FINISH SKETCH] 클릭

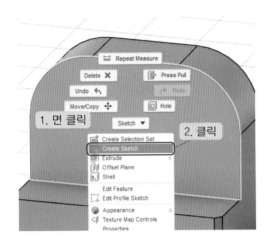

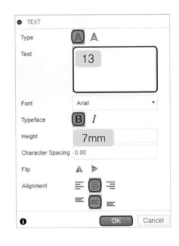

⑳ 돌출 단축키 'E' ⇨ 숫자의 면 클릭 ⇨ [Distance] '-1mm' 입력 ⇨ [Operation] 'Cut' ⇨ [OK] 클릭

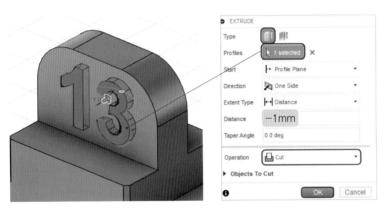

㉑ 메인 부품의 버튼을 클릭하여 활성화하기

- [Component1:1] 클릭 ⇨ 마우스 오른쪽 버튼 클릭 ⇨ [Ground] 클릭(부품을 고정하기)

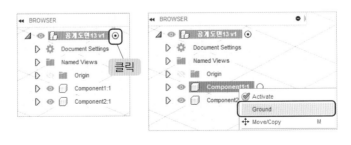

㉒ 조인트 단축키 'J' 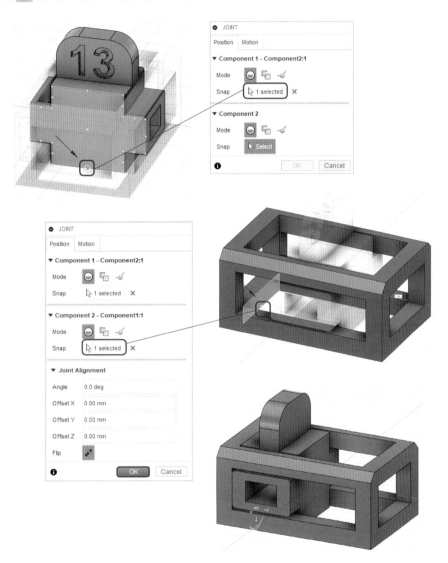 ⇨ 부품 ①과 맞닿을 곳 을 클릭(선의 중심점 클릭) ⇨ 부품 ②와 맞닿을 곳 을 클릭(선의 중심점 클릭)

㉓ [INSPECT] ⇨ [Interference] 클릭 ⇨ 부품 ① 클릭 ⇨ 부품 ② 클릭 ⇨ 옵션창에서 [Compute]의 클릭

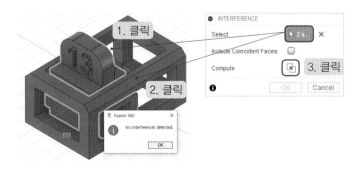

● [INSPECT] ⇨ [Section Analysis] ▦ 클릭 ⇨ 단면을 확인하고 싶은 면 클릭 ⇨ 이동툴
을 클릭 후 드래그 하면 단면을 확인할 수 있다.(그림은 앞면과 윗면의 단면을 확인함)

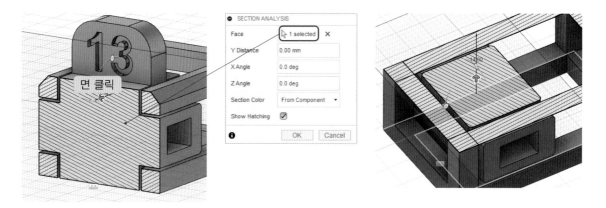

㉔ 저장하기

[부품 ① 저장하기] 브라우저에서 부품 ① 클릭 ⇨ 마우스 오른쪽 버튼 클릭 ⇨ [Export]
클릭 ⇨ 파일 이름 '비번호_01.f3d' ⇨ [Export] 클릭 ⇨ 파일 이름 '비번호_01.stp' ⇨
[Export] 클릭

[부품 ② 저장하기] 브라우저에서 부품 ② 클릭 ⇨ 마우스 오른쪽 버튼 클릭 ⇨ [Export]
클릭 ⇨ 파일 이름 '비번호_02.f3d' ⇨ [Export] 클릭 ⇨ 파일 이름 '비번호_02.stp' ⇨
[Export] 클릭

[어셈블리 저장하기]

● 브라우저에서 메인 부품 클릭 ⇨ 마우스 오른쪽 버튼 클릭 ⇨ [Export] 클릭(비번호 각인
확인하기)

● 파일 이름 '비번호_03.f3d' ⇨ [Export] 클릭 ⇨ 파일 이름 '비번호_03.stp' ⇨ [Export]
클릭

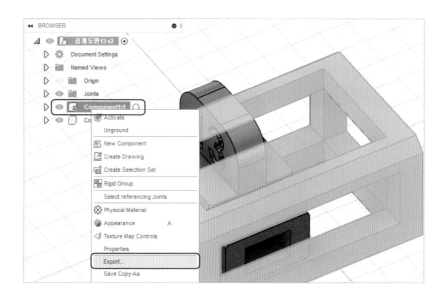

㉕ 출력을 고려한 배치하기
- Joint 마크 클릭 ⇨ 마우스 오른쪽 버튼 클릭 ⇨ [Edit Joint] 클릭 ⇨ 이동툴 ➡ 을 이용하여 부품 ② 이동 ⇨ [OK] 클릭

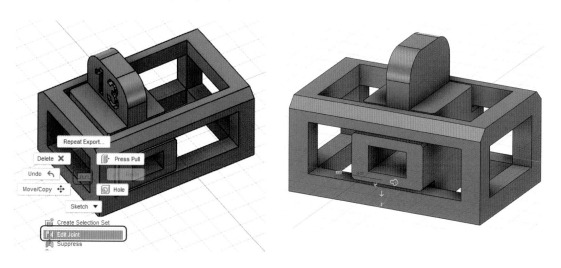

㉖ [INSPECT] ⇨ [Interference] ▣ 클릭 ⇨ 부품 ① 클릭 ⇨ 부품 ② 클릭 ⇨ 옵션창에서 [Compute]의 ▣ 클릭

- [INSPECT] ⇨ [Section Analysis] ▦ 클릭 ⇨ 단면을 확인하고 싶은 면 클릭 ⇨ 이동툴을 클릭 후 드래그 하면 단면을 확인할 수 있다.(그림은 옆면과 윗면의 단면을 확인함)

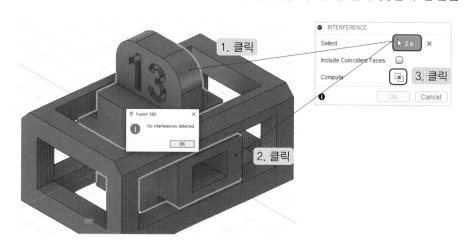

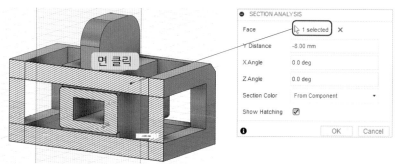
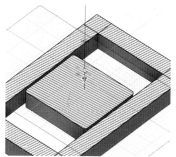

27 STL 저장하기

● 브라우저에서 메인 부품 클릭 ➡ 마우스 오른쪽 버튼 클릭 ➡ [Save As STL] 클릭

● 저장 옵션창의 기본 설정 확인 후 [OK] 클릭 ➡ 파일 이름 '비번호_04' ➡ 파일 형식 'STL' 확인하기 ➡ [저장] 클릭

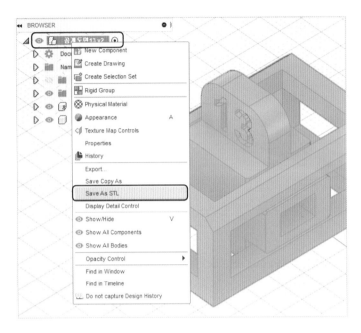

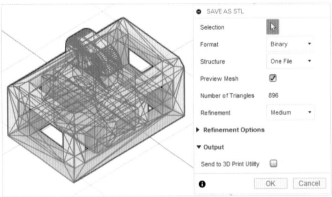

28 G-code 파일 저장하기

● Makerbot Print(메이커봇 슬라이싱 프로그램) 실행

● STL 파일 불러오기 ➡ 출력방향⟳ [Orient] 선택 ➡ 정렬하기 ⊟ [Arrange]

● 설정⚙ 에서 [Support Type] 'Breakaway Support' 클릭 ➡ 미리보기⌚ [Preview] 클릭 ➡ [Export]

Tip 출력 예상 시간 1시간 20분이 넘어가서 ⚙ [Print Settings]에서 Layer 두께 0.35mm으로 설정하기

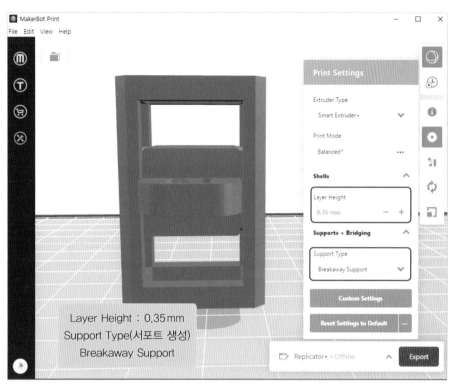

Layer Height : 0.35 mm
Support Type(서포트 생성)
Breakaway Support

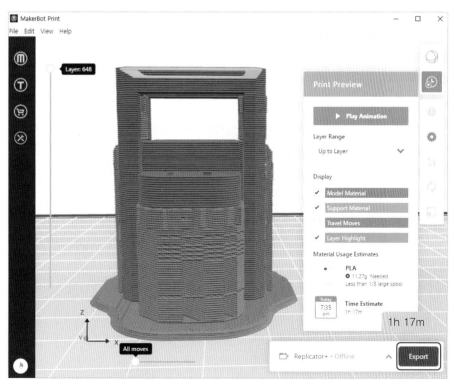

1h 17m

- 파일 이름 '비번호_04' ⇨ 파일 형식 'Makerbot' ⇨ [저장] 클릭
- 바탕화면에 만든 비번호 폴더에 저장이 잘 되었는지 확인한다.

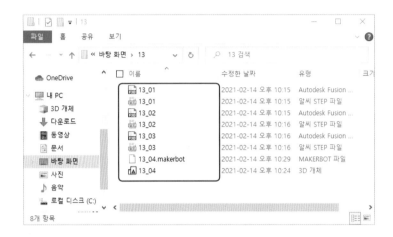

㉙ 출력물 완성

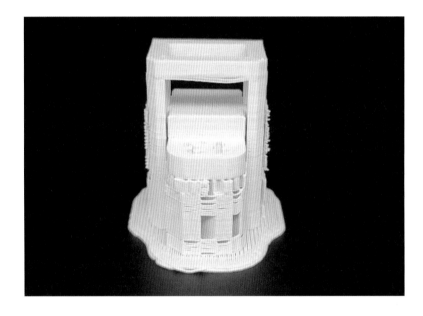

공 개 도 면 ⑭

자격종목	3D프린터운용기능사	[시험 1] 과제명	3D모델링 작업	척도	NS

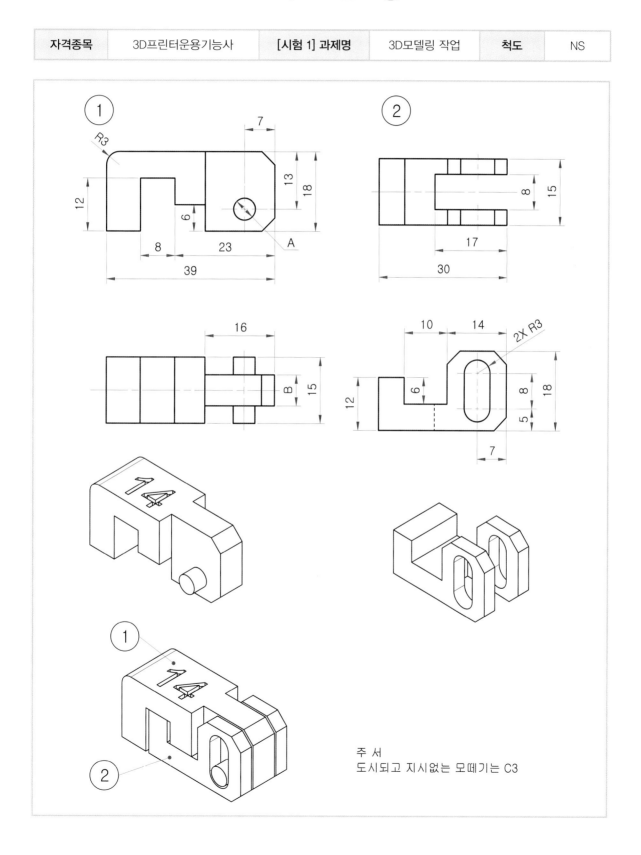

주 서
도시되고 지시없는 모떼기는 C3

(1) 도면 풀이와 A, B 치수 결정하기

- A=5mm A힌트(6)=6보다 ±1mm=공차는 ±0.5mm
  (A는 A의 힌트 안으로 조립이 되므로 A가 더 작아야 한다.)
- B=7mm B힌트(8)=8보다 ±1mm=공차는 ±0.5mm
  (B는 B의 힌트 안으로 조립이 되므로 B가 더 작아야 한다.)

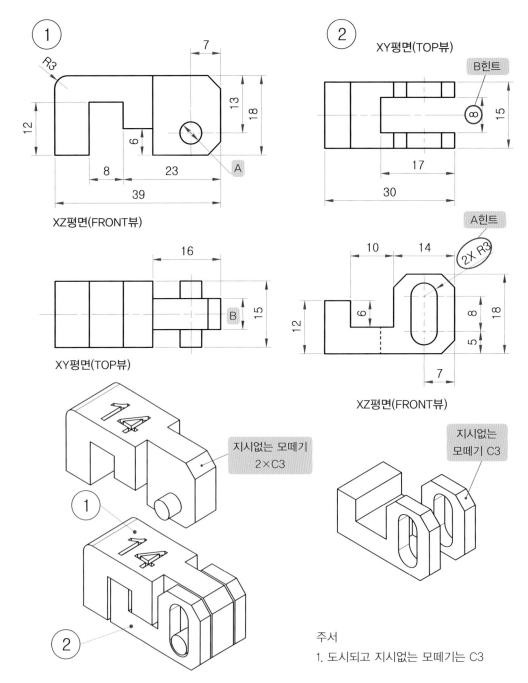

주서
1. 도시되고 지시없는 모떼기는 C3

풀이 도면에서 표기가 없이 비스듬한 경사는 Chamfer(챔퍼) 3mm를 적용하시오.

(2) 공개도면 ⑭ 모델링 순서 생각하기

(가)	부품 ① 모델링하기 공차 부여하기 비번호 각인하기	(나)	부품 ② 모델링하기	(다)	어셈블리하기 모델링 검토하기 파일 저장하기

(가) 부품 ① 모델링하기

① BROWSER에서 메인 부품 마우스 오른쪽 버튼 클릭 ⇨ [New Component(새 부품)]를 클릭 ⇨ `Enter`

● BROWSER에서 Component1:1이 생성되었는지 확인하기

② 툴바에서 ▣ [Create Sketch] 클릭 ⇨ XZ평면(FRONT뷰) 클릭

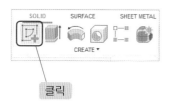
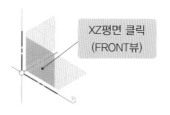

③ 원 단축키 'C' ⊙[Center Diameter Circle] ⇨ 원점에서 원 그리기(6mm) ⇨ `Esc`

● 사각형 단축키 'R' ▢[2-Point Rectangle] 클릭 ⇨ 사각형 1개 그리기

● 선 단축키 'L' ⤸ ⇨ Line으로 선 그리기 ⇨ `Esc`

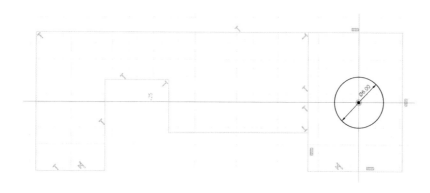

● 툴바 ⇨ 동일선상 구속 ╱ [Collinear] 클릭 ⇨ 선 1~2 클릭 ⇨ Esc

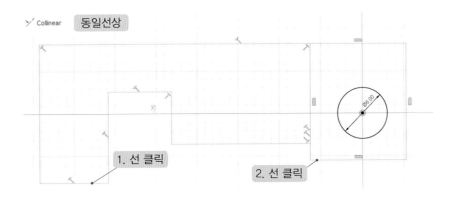

④ 치수 단축키 'D' ⊢⊣ ⇨ 치수를 입력하고 싶은 선 클릭 ⇨ 치수 입력할 위치로 마우스 포인트를 이동 후 클릭 ⇨ 치수 입력 ⇨ Esc ⇨ [FINISH SKETCH] 클릭

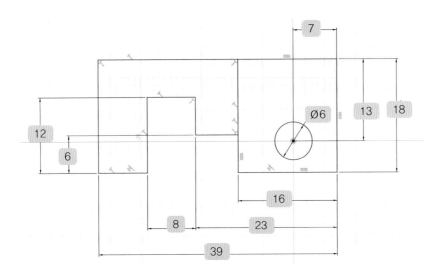

⑤ 돌출 단축키 'E' ▨ ⇨ 돌출할 Profile(면) 클릭 ⇨ [Direction] 'Symmetric' 클릭
  ● [Measurement] '모' 클릭 ⇨ [Distance] '15mm' 입력 ⇨ [OK] 클릭 ⇨ Sketch1 전구 켜기

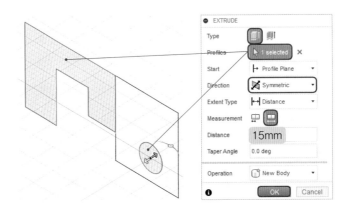

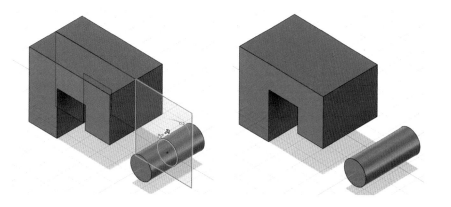

⑥ 돌출 단축키 'E' ▦ ⇨ 돌출할 Profile(면) 클릭 ⇨ [Direction] 'Symmetric' 클릭
● [Measurement] '⊞' 클릭 ⇨ [Distance] '8mm' 입력 ⇨ [Operation] 'Join' ⇨ [OK] 클릭

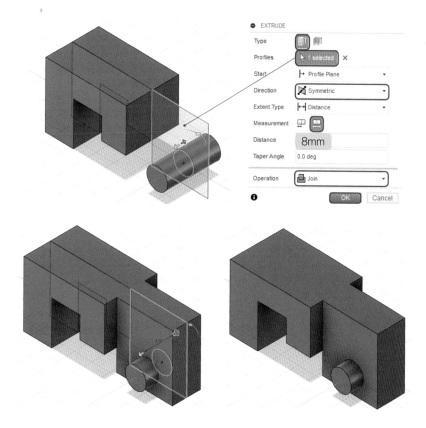

⑦ [MODIFY] ⇨ [Chamfer] 🔲 클릭 ⇨ 챔퍼를 부여할 선 클릭(2곳) ⇨ '3mm' 입력 ⇨ [OK] 클릭

- 필렛 단축키 'F' 🔲 ⇨ 필렛을 부여할 선 클릭 ⇨ '3mm' 입력 ⇨ [OK] 클릭

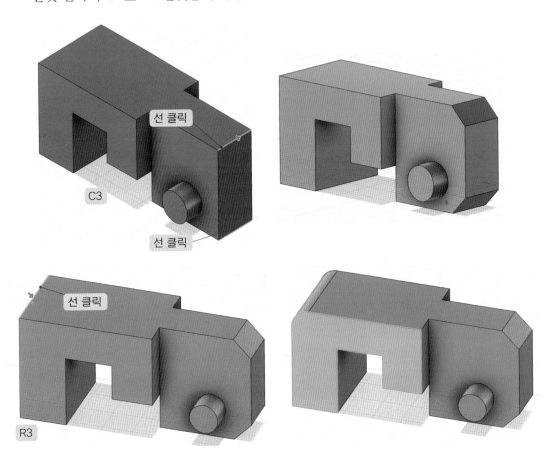

⑧ [A와 B공차 부여하기] [MODIFY] ⇨ [Offset Face] 🔳클릭 ⇨ 공차 부여할 면(4곳) 클릭 ⇨ '−0.5mm' 입력 ⇨ [OK] 클릭

Tip A와 B의 공차가 −0.5mm이므로 A와 B의 공차를 동시에 부여하였다.

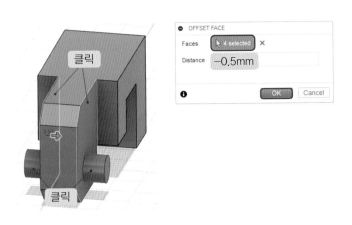

- 툴바 ⇨ 치수측정 [Measure] 클릭 ⇨ A(5mm) 확인할 면 클릭, B(7mm) 확인할 면 클릭

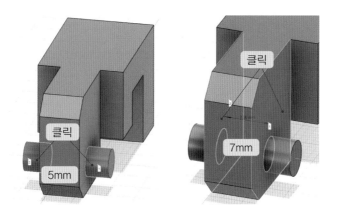

⑨ 비번호를 스케치할 면 클릭 ⇨ [Create Sketch] 클릭
- [CREATE] ⇨ [Text] 클릭 ⇨ 텍스트 상자 그리기 ⇨ 텍스트 옵션창에 비번호 입력, B(진하게), 크기 '10mm' ⇨ '가로, 세로 가운데 정렬' 클릭 ⇨ [OK] 클릭 ⇨ [FINISH SKETCH] 클릭

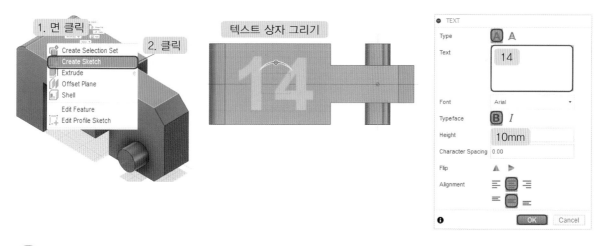

⑩ 돌출 단축키 'E' ⇨ 숫자의 면 클릭 ⇨ [Distance] '−1mm' 입력 ⇨ [Operation] 'Cut' ⇨ [OK] 클릭

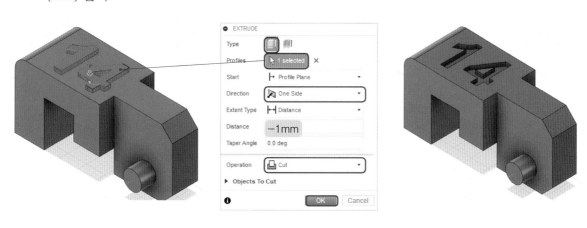

(나) 부품 ② 모델링하기

⑪ 메인 부품의 버튼을 클릭하여 활성화하기(부품 ②를 메인 부품 아래로 포함시키기 위해서)
- 메인 부품 마우스 오른쪽 버튼 클릭 ⇨ [New Component(새 부품)]를 클릭 ⇨ Enter

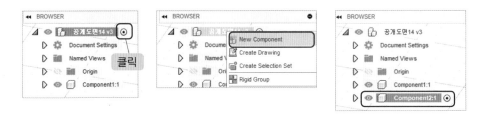

⑫ 툴바에서 [Create Sketch] 클릭 ⇨ XZ평면(FRONT뷰) 클릭

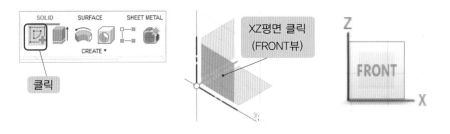

⑬ [CREATE] ⇨ [Slot] ⇨ [Center to Center Slot] 클릭 ⇨ 슬롯 그리기 ⇨ Esc
- 사각형 단축키 'R' □[2-Point Rectangle] 클릭 ⇨ 사각형 1개 그리기 ⇨ Esc
- 선 단축키 'L' ⇨ Line으로 선 그리기 ⇨ Esc

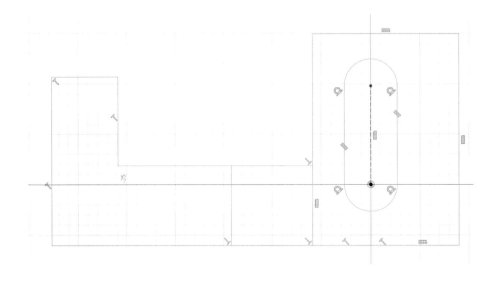

⑭ 치수 단축키 'D' ⊢⊣ ⇨ 치수를 입력하고 싶은 선 클릭 ⇨ 치수 입력할 위치로 마우스 포인트를 이동 후 클릭 ⇨ 치수 입력 ⇨ Esc ⇨ [FINISH SKETCH] FINISH SKETCH ▾ 클릭

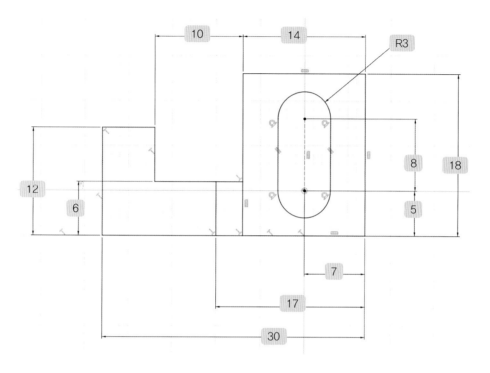

⑮ 돌출 단축키 'E' ▓ ⇨ 돌출할 Profile(면) 클릭 ⇨ [Direction] 'Symmetric' 클릭
- [Measurement] '吅' 클릭 ⇨ [Distance] '15mm' 입력 ⇨ [OK] 클릭

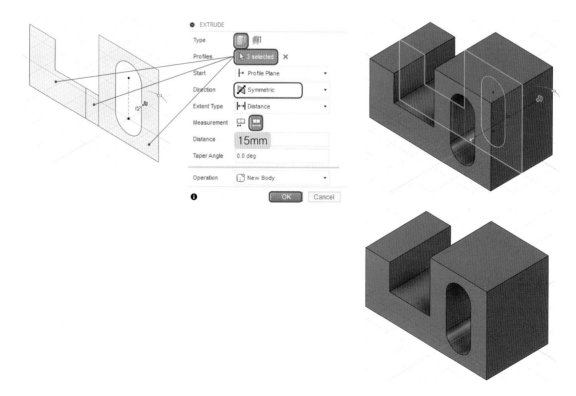

(16) [MODIFY] ⇨ [Chamfer] 🔶 클릭 ⇨ 챔퍼를 부여할 선 클릭 ⇨ '3mm' 입력 ⇨ [OK] 클릭
⇨ Sketch1 전구켜기

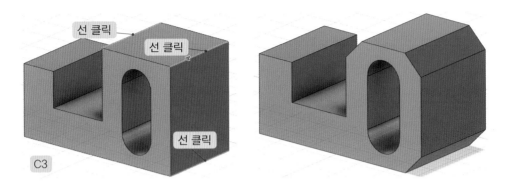

(17) 돌출 단축키 'E' ▮ ⇨ 돌출할 Profile(면) 클릭 ⇨ [Direction] 'Symmetric' 클릭
● [Measurement] '⬚' 클릭 ⇨ [Distance] '8mm' 입력 ⇨ [Operation] 'Cut' ⇨ [OK] 클릭

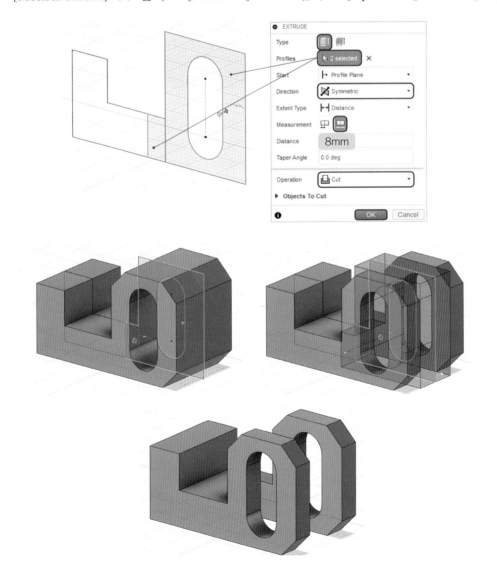

⑱ 메인 부품의 버튼을 클릭하여 활성화하기
● [Component2:1] 클릭 ⇨ 마우스 오른쪽 버튼 클릭 ⇨ [Ground] 클릭(부품을 고정하기)

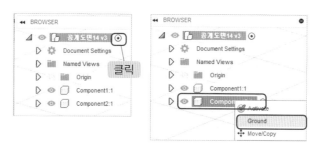

⑲ 조인트 단축키 'J' 🔗 ⇨ 부품 ②와 맞닿을 곳 🔵 을 클릭(호를 클릭하면 호의 중심점이 선택된다.) ⇨ 부품 ①과 맞닿을 곳 🔵 을 클릭(호를 클릭하면 호의 중심점이 선택된다.)
● 이동툴 ➡ 을 이용하여 부품 ② 이동(-0.5mm)

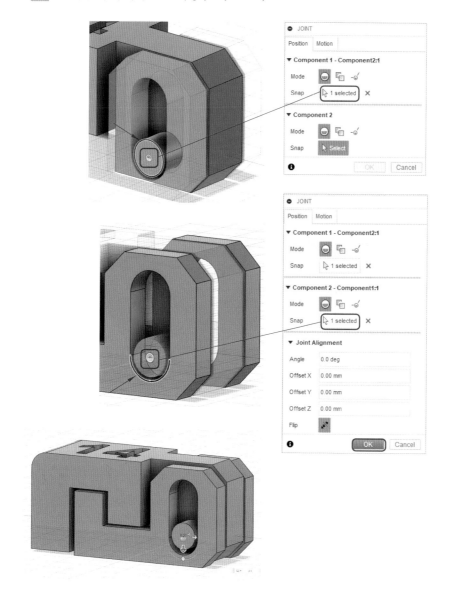

⑳ [INSPECT] ⇨ [Interference]🔲 클릭 ⇨ 부품 ① 클릭 ⇨ 부품 ② 클릭 ⇨ 옵션창에서 [Compute]의 🔲클릭

- [INSPECT] ⇨ [Section Analysis]🔲 클릭 ⇨ 단면을 확인하고 싶은 면 클릭 ⇨ 이동툴을 클릭 후 드래그 하면 단면을 확인할 수 있다.(그림은 옆면과 윗면의 단면을 확인함)

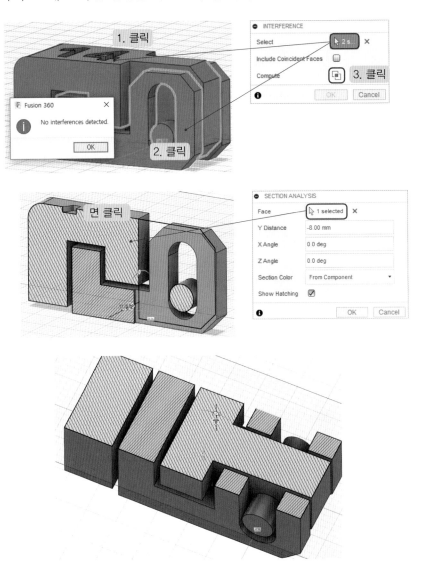

㉑ **저장하기**
[부품 ① 저장하기] 브라우저에서 부품 ① 클릭 ⇨ 마우스 오른쪽 버튼 클릭 ⇨ [Export] 클릭 ⇨ 파일 이름 '비번호_01.f3d' ⇨ [Export] 클릭 ⇨ 파일 이름 '비번호_01.stp' ⇨ [Export] 클릭
[부품 ② 저장하기] 브라우저에서 부품 ② 클릭 ⇨ 마우스 오른쪽 버튼 클릭 ⇨ [Export] 클릭 ⇨ 파일 이름 '비번호_02.f3d' ⇨ [Export] 클릭 ⇨ 파일 이름 '비번호_02.stp' ⇨ [Export] 클릭

[어셈블리 저장하기]

● 브라우저에서 메인 부품 클릭 ⇨ 마우스 오른쪽 버튼 클릭 ⇨ [Export] 클릭(비번호 각인 확인하기)

● 파일 이름 '비번호_03.f3d' ⇨ [Export] 클릭 ⇨ 파일 이름 '비번호_03.stp' ⇨ [Export] 클릭

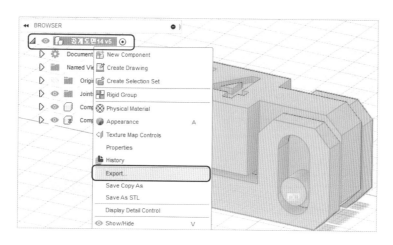

㉒ 출력을 고려한 배치하기

● Joint 마크 클릭 ⇨ 마우스 오른쪽 버튼 클릭 ⇨ [Edit Joint] 클릭 ⇨ 이동툴 을 이용하여 부품 ② 이동 ⇨ 회전하기(180도) ⇨ [OK] 클릭

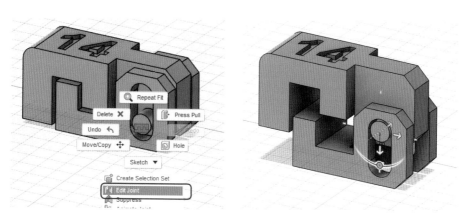

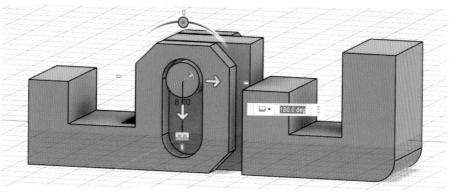

㉓ [INSPECT] ⇨ [Interference]▣ 클릭 ⇨ 부품 ① 클릭 ⇨ 부품 ② 클릭 ⇨ 옵션창에서 [Compute]의 ▣ 클릭

- [INSPECT] ⇨ [Section Analysis]▤ 클릭 ⇨ 단면을 확인하고 싶은 면 클릭 ⇨ 이동툴을 클릭 후 드래그 하면 단면을 확인할 수 있다.(그림은 옆면과 윗면의 단면을 확인함)

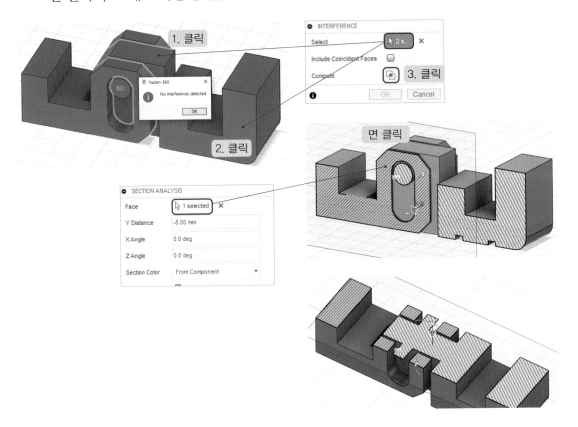

㉔ STL 저장하기

- 브라우저에서 메인 부품 클릭 ⇨ 마우스 오른쪽 버튼 클릭 ⇨ [Save As STL] 클릭
- 저장 옵션창의 기본 설정 확인 후 [OK] 클릭 ⇨ 파일 이름 '비번호_04' ⇨ 파일 형식 'STL' 확인하기 ⇨ [저장] 클릭

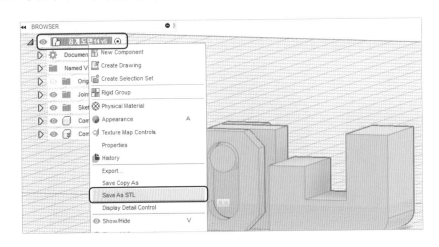

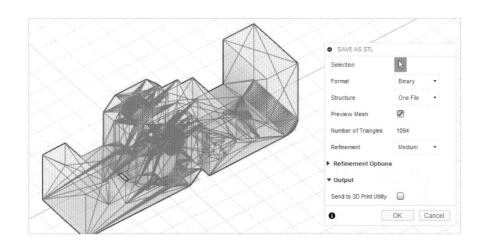

㉕ G-code 파일 저장하기

- Makerbot Print(메이커봇 슬라이싱 프로그램) 실행
- STL 파일 불러오기 ⇨ 출력방향 🔃[Orient] 선택 ⇨ 정렬하기 📊[Arrange]
- 설정 ⚙에서 [Support Type] 'Breakaway Support' 클릭 ⇨ 미리보기 🕐[Preview] 클릭 ⇨ [Export]

Tip 출력 예상 시간 1시간 20분이 넘어가면 ⚙ [Print Settings]에서 Layer 두께 설정하기

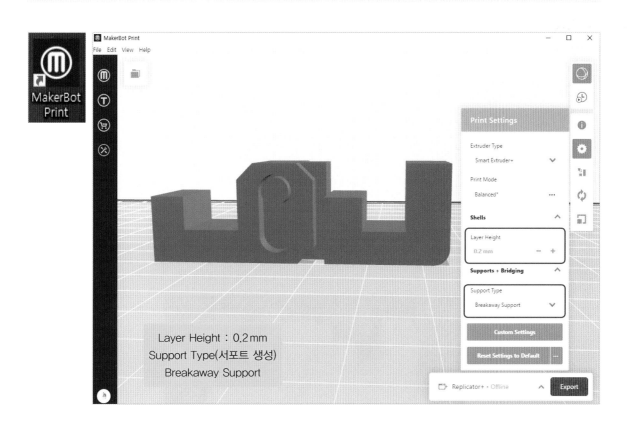

Layer Height : 0.2 mm
Support Type(서포트 생성)
Breakaway Support

- 파일 이름 '비번호_04' ⇨ 파일 형식 'Makerbot' ⇨ [저장] 클릭
- 바탕화면에 만든 비번호 폴더에 저장이 잘 되었는지 확인한다.

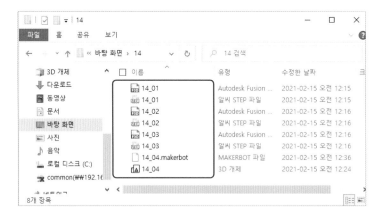

26 출력물 완성

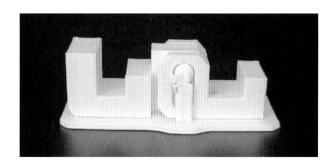

공 개 도 면 ⑮

자격종목	3D프린터운용기능사	[시험 1] 과제명	3D모델링 작업	척도	NS

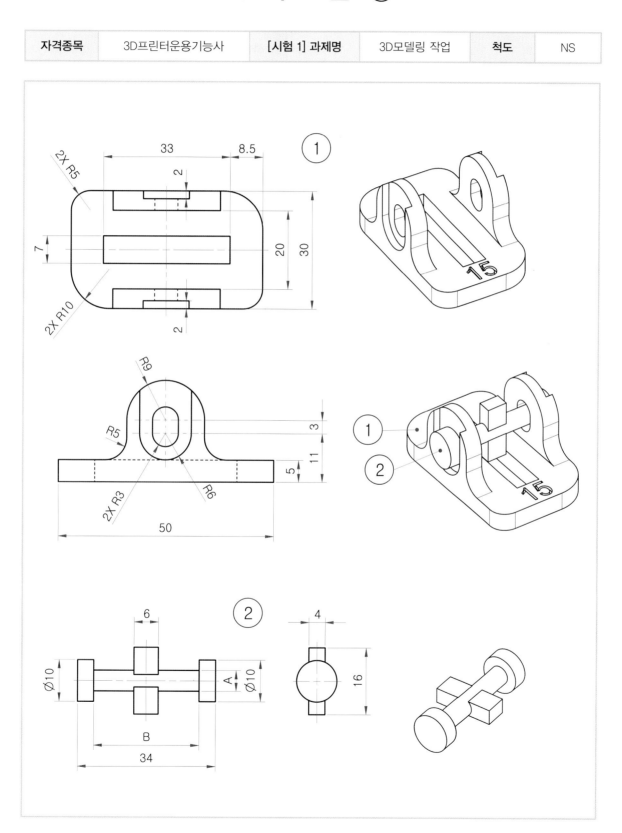

(1) 도면 풀이와 A, B 치수 결정하기

- A=5mm A힌트(6)=6보다 ±1mm=공차는 ±0.5mm
  (A는 A의 힌트 안으로 조립이 되므로 A가 더 작아야 한다.)
- B=27mm B힌트(30-2-2)=26보다 ±1mm=공차는 ±0.5mm
  (B는 B의 힌트 밖으로 조립이 되므로 B가 더 커야 한다.)

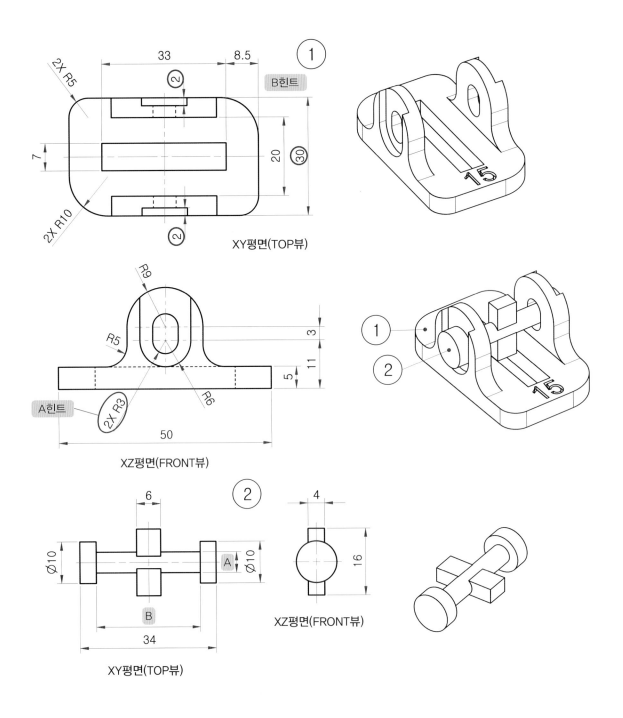

XY평면(TOP뷰)

XZ평면(FRONT뷰)

XY평면(TOP뷰)

XZ평면(FRONT뷰)

(2) 공개도면 ⑮ 모델링 순서 생각하기

(가)	부품 ① 모델링하기 비번호 각인하기	**(나)**	부품 ② 모델링하기 공차 부여하기	**(다)**	어셈블리하기 모델링 검토하기 파일 저장하기

(가) 부품 ① 모델링하기

① BROWSER에서 메인 부품 마우스 오른쪽 버튼 클릭 ⇨ [New Component(새 부품)]를 클릭 ⇨ Enter

● BROWSER에서 Component1:1이 생성되었는지 확인하기

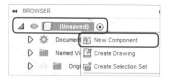

② 툴바에서 [Create Sketch] 클릭 ⇨ XY평면(TOP뷰) 클릭

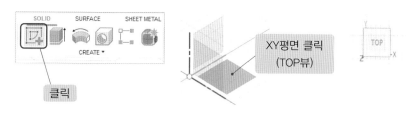

③ 사각형 단축키 'R' □[2-Point Rectangle] ⇨ 스케치 파레트의 □[Center Rectangle] 클릭

● 원점에서 시작하는 사각형 2개 그리기(세로30×가로50, 세로7×가로33) ⇨ [FINISH SKETCH] 클릭

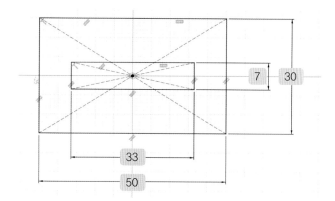

④ 돌출 단축키 'E' 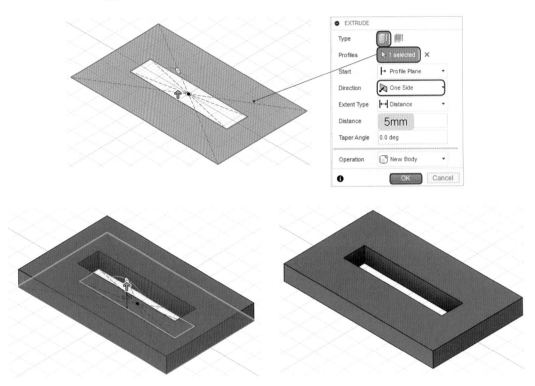 ▷ 돌출할 Profile(면) 클릭 ▷ [Distance] '5mm' 입력 ▷ [OK] 클릭

⑤ 스케치할 면 클릭 ▷ [Create Sketch] 클릭
- 선 단축키 'L' ⟂ ▷ Line으로 선 1~10 그리기 ▷ Esc
- [CREATE] ▷ [Slot] ▷ [Center to Center Slot] 클릭 ▷ 슬롯 그리기 ▷ Esc

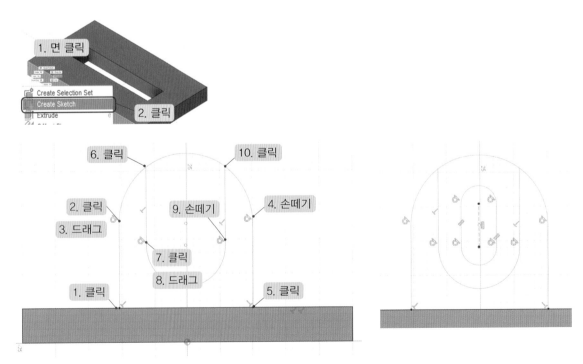

⑥ 툴바 ⇨ 탄젠트 구속조건 ◯ [Tangent] 클릭 ⇨ 호와 선을 클릭하여 탄젠트 하기 ⇨ Esc

• 툴바 ⇨ 동심원 구속조건 ◎ [Concentric] 클릭 ⇨ 슬롯의 호와 호 클릭 ⇨ Esc

• 툴바 ⇨ 수직수평 구속조건 ▒ [Horizontal/Vertical] 클릭 ⇨ 슬롯의 호의 중심점과 원점 클릭 ⇨ Esc

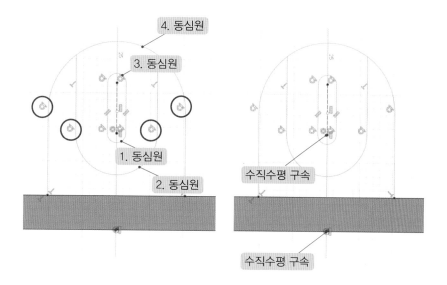

⑦ 치수 단축키 'D' ⊢ ⇨ 치수를 입력하고 싶은 선 클릭 ⇨ 치수 입력할 위치로 마우스 포인트를 이동 후 클릭 ⇨ 치수 입력 ⇨ Esc ⇨ [FINISH SKETCH] ● 클릭

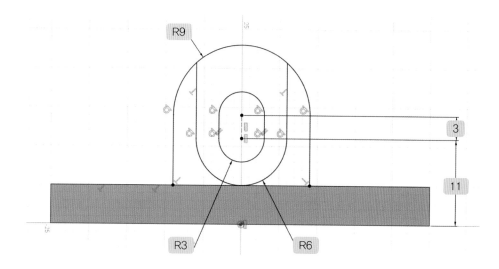

⑧ 돌출 단축키 'E' 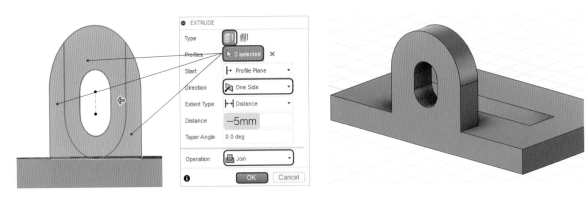 ⇨ 돌출할 Profile(면) 클릭 ⇨ [Distance] '−5 mm' ⇨ [Operation] 'Join' ⇨ [OK] 클릭 ⇨ Sketch2 전구켜기

- 돌출 단축키 'E' ⇨ 돌출할 Profile(면) 클릭 ⇨ [Distance] '−2 mm' ⇨ [Operation] 'Cut' ⇨ [OK] 클릭

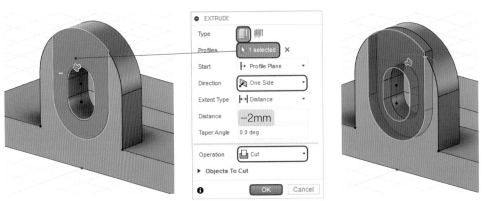

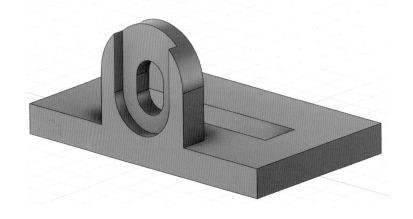

⑨ 필렛 단축키 'F' 🗋 ⇨ 필렛을 부여할 선 클릭 ⇨ '5mm' 입력 ⇨ [OK] 클릭

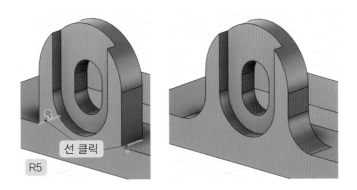

⑩ [CREATE] ⇨ [Mirror] ⚠ 대칭복사 클릭 ⇨ [Type] 'Features' ⇨ [Objects] 타임라인의 돌출과 필렛 클릭 ⇨ [Mirror Plane] 'XZ평면' ⇨ [OK] 클릭

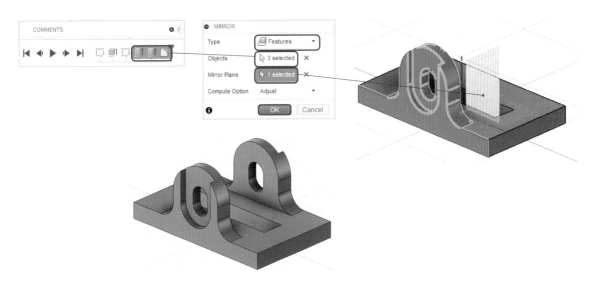

⑪ 필렛 단축키 'F' 🗋 ⇨ 필렛을 부여할 선 클릭 ⇨ '10mm' 입력 ⇨ 옵션창의 '+' 클릭 ⇨ 필렛을 부여할 선 클릭 ⇨ '5mm' 입력 ⇨ [OK] 클릭

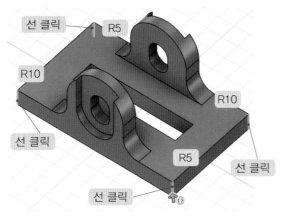

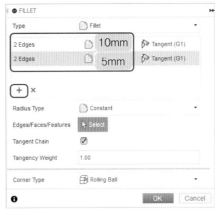

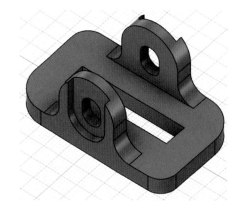

⑫ 비번호를 스케치할 면 클릭 ⇨ [Create Sketch] 클릭 ⇨ 뷰큐브 회전하기
- [CREATE] ⇨ [Text] 클릭 ⇨ 텍스트 상자 그리기 ⇨ 텍스트 옵션창에 비번호 입력, B(진하게), 크기 '6.5mm' ⇨ '가로, 세로 가운데 정렬' 클릭 ⇨ [OK] 클릭 ⇨ [FINISH SKETCH] 클릭

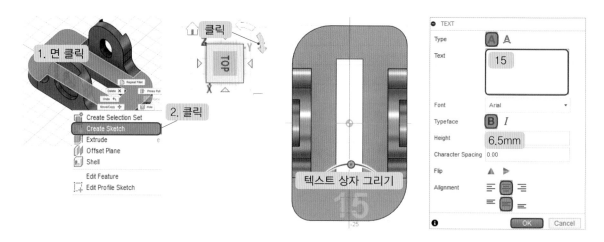

⑬ 돌출 단축키 'E' ⇨ 숫자의 면 클릭 ⇨ [Distance] '−1mm' ⇨ [Operation] 'Cut' ⇨ [OK] 클릭

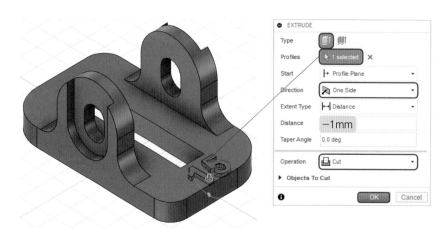

(나) 부품 ② 모델링하기

⑭ 메인 부품의 버튼을 클릭하여 활성화하기(부품 ②를 메인 부품 아래로 포함시키기 위해서)
- 메인 부품 마우스 오른쪽 버튼 클릭 ⇨ [New Component(새 부품)]를 클릭 ⇨ Enter

⑮ 툴바에서 ▣[Create Sketch] 클릭 ⇨ XZ평면(FRONT뷰) 클릭

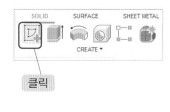 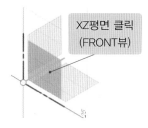 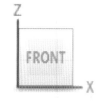

⑯ 원 단축키 'C' ⊘[Center Diameter Circle] ⇨ 원 2개 그리기(6mm, 10mm) ⇨ Esc
- 툴바 ⇨ 동심원 구속조건 ◎[Concentric] 클릭 ⇨ 호와 원의 테두리 클릭 ⇨ Esc ⇨ 부품 ① 전구끄기

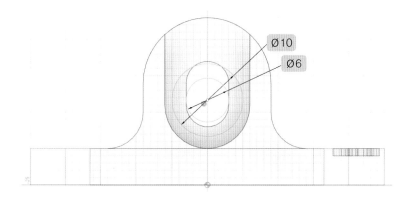 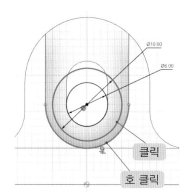

⑰ 사각형 단축키 'R' □[2-Point Rectangle] ⇨ 스케치 파레트의 ⊡[Center Rectangle] 클릭
- 원의 중심점에서 시작하는 사각형 1개 그리기(세로16×가로4) ⇨ 투영된 선 클릭 ⇨ 참조선 단축키 'X' ◁ [Construction](실선이 점선으로 변해요.) ⇨ [FINISH SKETCH] 클릭

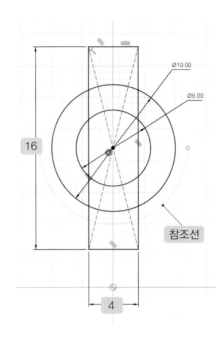

⑱ 돌출 단축키 'E' ▥ ⇨ 돌출할 Profile(면) 클릭 ⇨ [Direction] 'Symmetric' 클릭
- [Measurement] '⊡' 클릭 ⇨ [Distance] '34mm' 입력 ⇨ [OK] 클릭 ⇨ Sketch1 전구 켜기
- 돌출 단축키 'E' ▥ ⇨ 돌출할 Profile(면) 클릭 ⇨ [Direction] 'Symmetric' 클릭
- [Measurement] '⊡' 클릭 ⇨ [Distance] '26mm' 입력 ⇨ [Operation] ⇨ 'Cut' ⇨ [OK] 클릭

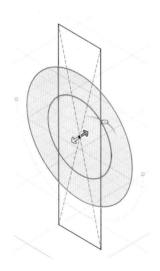

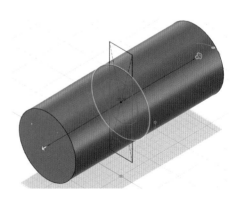

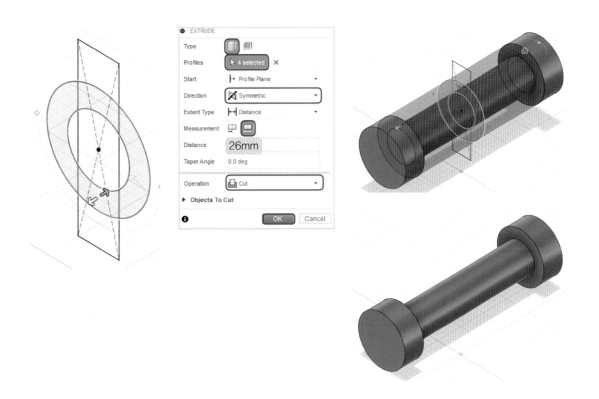

⑲ 돌출 단축키 'E' 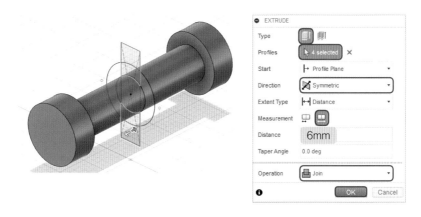 ⇨ 돌출할 Profile(면) 클릭 ⇨ [Direction] 'Symmetric' 클릭
- [Measurement] '💻' 클릭 ⇨ [Distance] '6mm' 입력 ⇨ [Operation] ⇨ 'Join' ⇨ [OK] 클릭

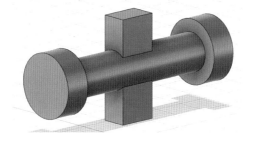

⑳ [A와 B공차 부여하기] [MODIFY] ⇨ [Offset Face] ▣ 클릭 ⇨ 공차 부여할 면 클릭 ⇨ '–0.5mm' 입력 ⇨ [OK] 클릭

Tip A와 B의 공차가 –0.5mm이므로 A와 B의 공차를 동시에 부여하였다.

● 툴바 ⇨ 치수측정 ▭[Measure] 클릭 ⇨ A(5mm) 확인할 면 클릭, B(27mm) 확인할 면 클릭

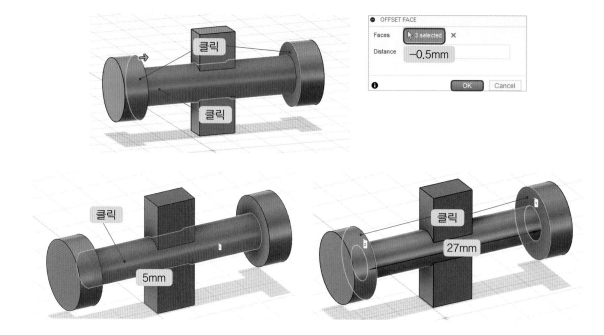

㉑ 메인 부품의 버튼을 클릭하여 활성화하기
● [Component1:1] 클릭 ⇨ 마우스 오른쪽 버튼 클릭 ⇨ [Ground] 클릭(부품을 고정하기)

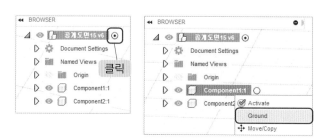

㉒ 조인트 단축키 'J' ▣▣ ⇨ 부품 ②와 맞닿을 곳 ◑을 클릭(호를 클릭하면 호의 중심점이 선택된다) ⇨ 부품 ①과 맞닿을 곳 ◑을 클릭(호를 클릭하면 호의 중심점이 선택된다)
● 이동툴 ➡로 이동, 회전을 하여 부품 ②를 도면과 같은 모습 어셈블리 한다.

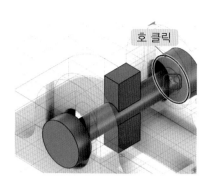

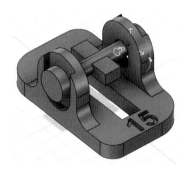

㉓ 저장하기

[부품 ① 저장하기] 브라우저에서 부품 ① 클릭 ⇨ 마우스 오른쪽 버튼 클릭 ⇨ [Export] 클릭 ⇨ 파일 이름 '비번호_01.f3d' ⇨ [Export] 클릭 ⇨ 파일 이름 '비번호_01.stp' ⇨ [Export] 클릭

[부품 ② 저장하기] 브라우저에서 부품 ② 클릭 ⇨ 마우스 오른쪽 버튼 클릭 ⇨ [Export] 클릭 ⇨ 파일 이름 '비번호_02.f3d' ⇨ [Export] 클릭 ⇨ 파일 이름 '비번호_02.stp' ⇨ [Export] 클릭

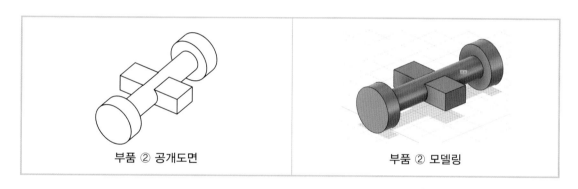

| 부품 ② 공개도면 | 부품 ② 모델링 |

㉔ 도면과 같이 어셈블리 하기

- Joint 마크 클릭 ⇨ 마우스 오른쪽 버튼 클릭 ⇨ [Edit Joint] 클릭 ⇨ 이동툴 ⬛을 이용하여 부품 ② 이동, 회전하기 ⇨ [OK] 클릭

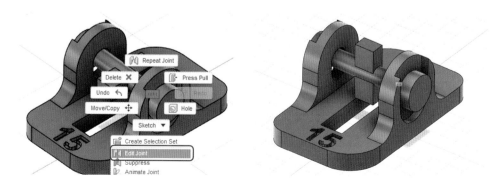

㉕ [INSPECT] ⇨ [Interference]▣ 클릭 ⇨ 부품 ① 클릭 ⇨ 부품 ② 클릭 ⇨ 옵션창에서 [Compute]의 ▣ 클릭

- [INSPECT] ⇨ [Section Analysis]▦ 클릭 ⇨ 단면을 확인하고 싶은 면 클릭 ⇨ 이동툴을 클릭 후 드래그 하면 단면을 확인할 수 있다.(그림은 옆면과 윗면의 단면을 확인함)

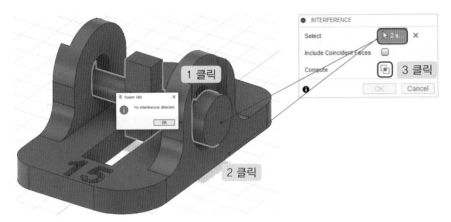

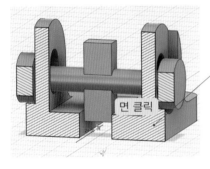

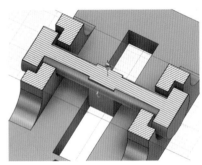

㉖ **어셈블리 저장하기**
- 브라우저에서 메인 부품 클릭 ⇨ 마우스 오른쪽 버튼 클릭 ⇨ [Export] 클릭(비번호 각인 확인하기)
- 파일 이름 '비번호_03.f3d' ⇨ [Export] 클릭 ⇨ 파일 이름 '비번호_03.stp' ⇨ [Export] 클릭

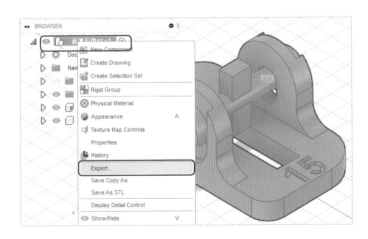

㉗ STL 저장하기

- 브라우저에서 메인 부품 클릭 ⇨ 마우스 오른쪽 버튼 클릭 ⇨ [Save As STL] 클릭
- 저장 옵션창의 기본 설정 확인 후 [OK] 클릭 ⇨ 파일 이름 '비번호_04' ⇨ 파일 형식 'STL' 확인하기 ⇨ [저장] 클릭

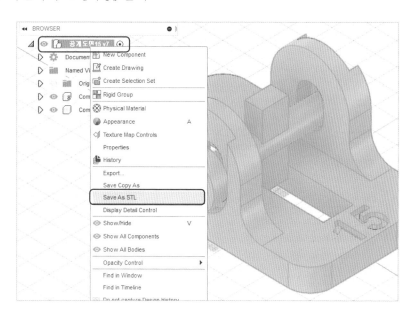

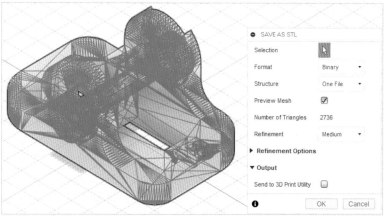

㉘ G-code 파일 저장하기

- Makerbot Print(메이커봇 슬라이싱 프로그램) 실행
- STL 파일 불러오기 ⇨ 출력방향 ↻[Orient] 선택 ⇨ 정렬하기 ▮▮[Arrange]
- 설정 ⚙에서 [Support Type] 'Breakaway Support' 클릭 ⇨ 미리보기 ⏱[Preview] 클릭 ⇨ [Export]

Tip 출력 예상 시간 1시간 20분이 넘어가서 ⚙ [Print Settings]에서 Layer 두께 0.25mm으로 설정하기

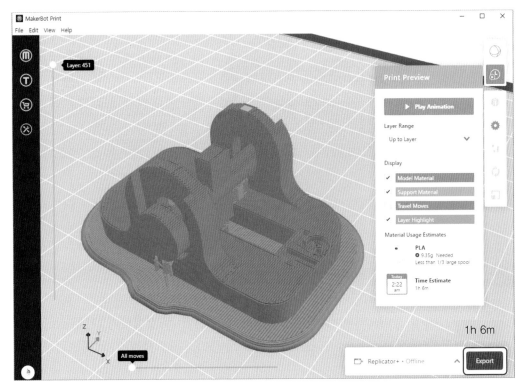

- 파일 이름 '비번호_04' ⇨ 파일 형식 'Makerbot' ⇨ [저장] 클릭
- 바탕화면에 만든 비번호 폴더에 저장이 잘 되었는지 확인한다.

29 출력물 완성

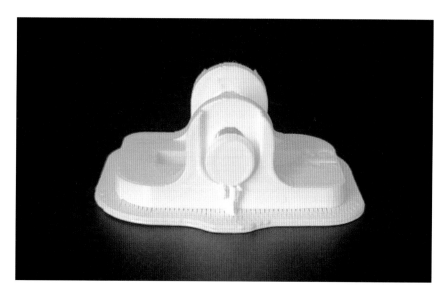

실전 모의고사 형식으로 3D프린터운용기능사 공개도면 ⑯~⑱에 대한 시험 과정을 풀이하였습니다.

공 개 도 면 ⑯

자격종목	3D프린터운용기능사	[시험 1] 과제명	3D모델링 작업	척도	NS

주 서
도시되고 지시없는 모떼기는 C2

[모의시험 1]

모의시험 1을 1시간 동안 할 수 있도록 연습해 보세요.

모의시험 1	3D모델링 작업 : 1시간 (모델링 ⇨ 어셈블리 ⇨ 슬라이싱) USB에 저장하기 까지
3D모델링	비번호 각인, 공차 적용 시 전체 치수가 ±1mm 이하로 부여, 구동이 되도록 어셈블리하기
슬라이싱	슬라이싱 디폴트 설정 클릭하기, 장비, 압출기, 프린트 모드 설정 확인, 서포트 체크하기

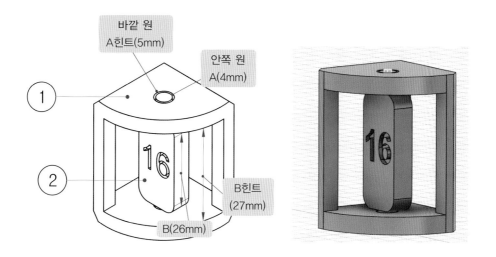

① 브라우저에서 부품생성 ⇨ [Create Sketch] 클릭 ⇨ XY평면(TOP뷰) 클릭
● 원, 사각형으로 스케치 하기 ⇨ 치수 입력

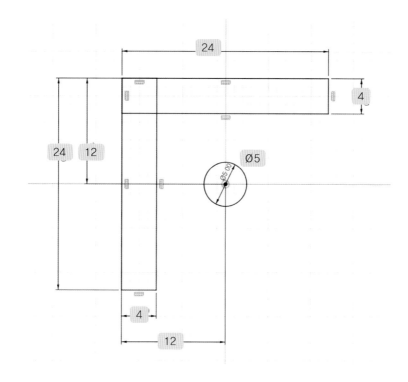

② [3-Point Arc] 호 그리기 ⇨ 라인으로 선 그리기 ⇨ 탄젠트 구속조건 ⇨ 치수 입력 ⇨ [FINISH SKETCH] 클릭

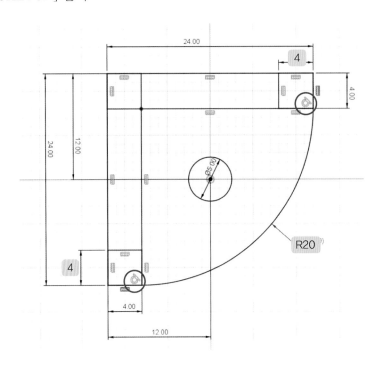

③ 단축키 'E' 돌출 4mm ⇨ 단축키 'E' 돌출 35mm

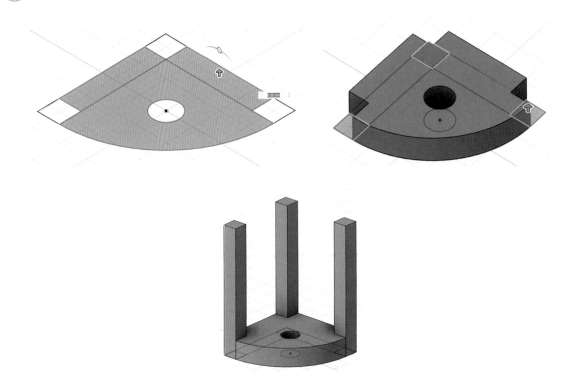

④ 단축키 'E' 돌출 ⇨ 면 클릭 ⇨ [Start] 'Object' ⇨ [Object] 면 클릭 ⇨ −4mm

⑤ 챔퍼 2mm (지시없는 모떼기 C2)

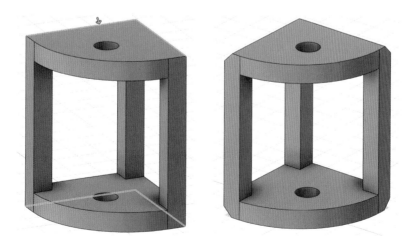

⑥ 메인 부품 활성화 ⇨ 브라우저에서 부품생성 ⇨ [CONSTRUCT] ⇨ [Midplane] 클릭 ⇨ 부품 ② 면 2개 클릭 ⇨ [OK] 클릭 ⇨ 중간에 생성된 평면 클릭 ⇨ 마우스 오른쪽 버튼 ⇨ [Create Sketch] 클릭

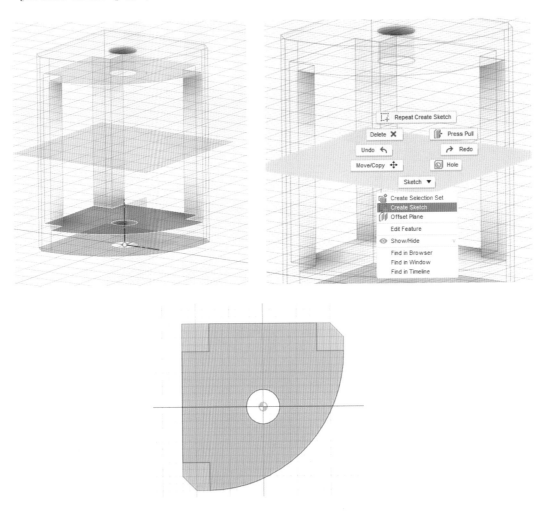

⑦ [Center Rectangle], 원으로 스케치하기 ⇨ 치수 입력 ⇨ [FINISH SKETCH] 클릭

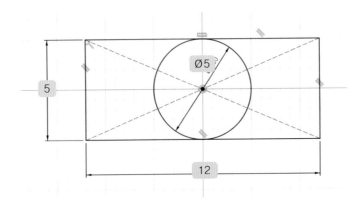

⑧ 단축키 E 돌출 ⇨ 면 클릭 ⇨ [Direction] 'Symmetric' ⇨ [Measurement] '뭅' 클릭 ⇨
27mm ⇨ [OK] 클릭

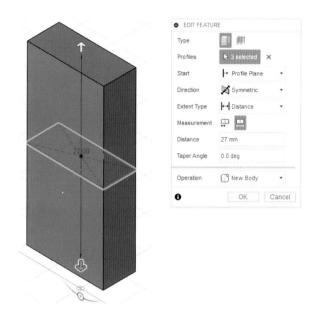

⑨ 단축키 E 돌출 ⇨ 면 클릭 ⇨ [Direction] 'Symmetric' ⇨ [Measurement] '뭅' ⇨ '35mm'
입력 ⇨ [Operation] 'Join' ⇨ [OK] 클릭

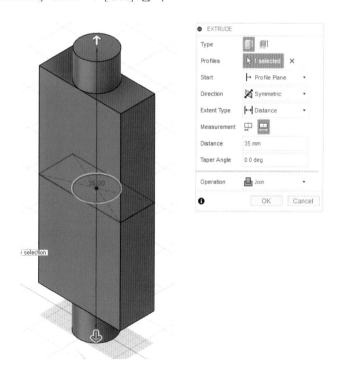

⑩ 비번호 입력할 면 클릭 ⇨ 마우스 오른쪽 버튼 클릭 ⇨ [Create Sketch] ⇨ [Text] 클릭 ⇨
텍스트 상자 그리기 ⇨ 텍스트 옵션창에 비번호 입력, B(진하게), 크기 '7mm' ⇨ '가로, 세
로 가운데 정렬' 클릭 ⇨ [OK] 클릭 ⇨ [FINISH SKETCH] 클릭

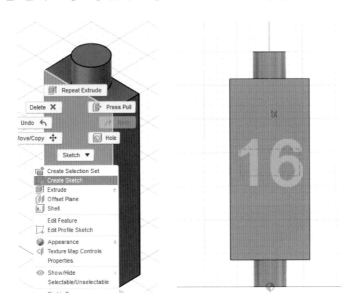

⑪ 단축키 'E' ⇨ 면 클릭 ⇨ ' – 1mm' Cut 하기 ⇨ [OK] 클릭

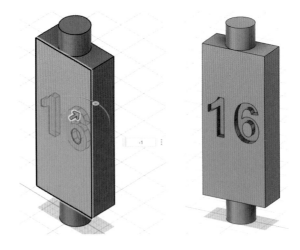

⑫ [A와 B공차 부여하기] [MODIFY] ⇨ [Offset Face] 🗂 클릭 ⇨ 공차 부여할 면 클릭 ⇨
'–0.5mm' 입력 ⇨ [OK] 클릭

Tip A와 B의 공차가 –0.5mm이므로 A와 B의 공차를 동시에 부여하였다.

● 툴바 ⇨ 치수측정 📏 [Measure] 클릭 ⇨ A(4mm) 확인할 면 클릭, B(26mm) 확인할 면
클릭(부품 ① 전구를 켜거나, 메인 부품을 활성화하여 공차 부여 등 조립이 잘 되었는지
확인할 수 있다.)

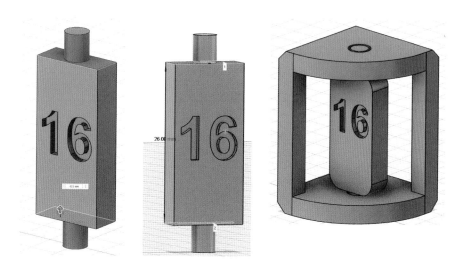

⑬ 단축키 'F' 필렛 부여하기(4곳) ⇨ 3mm 입력

⑭ 메인 부품 활성화하기 ⇨ 부품 ① [Ground] 하기(부품 고정)
- 단축키 'J' ⇨ 부품 ①과 맞닿을 곳 을 클릭(호를 클릭하면 호의 중심점이 선택된다.) ⇨
부품 ②와 맞닿을 곳 을 클릭(호를 클릭하면 호의 중심점이 선택된다.)

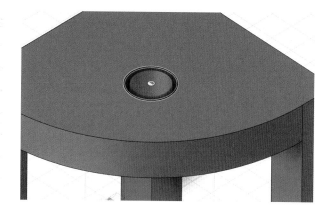

320 | 3D프린터운용기능사

⑮ [INSPECT] ⇨ [Interference] 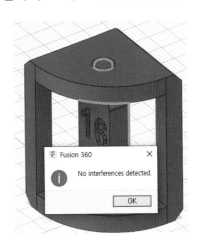 클릭 ⇨ 부품 ① 클릭 ⇨ 부품 ② 클릭 ⇨ 옵션창에서
[Compute]의 클릭

- [INSPECT] ⇨ [Section Analysis] 클릭 ⇨ 단면을 확인하고 싶은 면 클릭 ⇨ 이동툴
을 클릭 후 드래그 하면 단면을 확인할 수 있다.

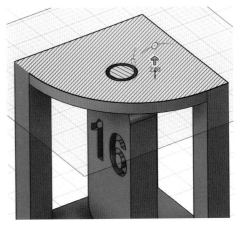

⑯ [부품 ① 저장하기] 부품 ① 클릭 ⇨ 마우스 오른쪽 버튼 클릭 ⇨ [Export] 클릭 ⇨ '비번
호_01.f3d' '비번호_01.stp' 저장하기

[부품 ② 저장하기] 부품 ② 클릭 ⇨ 마우스 오른쪽 버튼 클릭 ⇨ [Export] 클릭 ⇨ '비번
호_02.f3d' '비번호_02.stp' 저장하기

[어셈블리 저장하기] 브라우저의 메인 부품 클릭 ⇨ 마우스 오른쪽 버튼 클릭 ⇨ [Export]
클릭 ⇨ 비번호_03.f3d' '비번호_03.stp' 저장하기

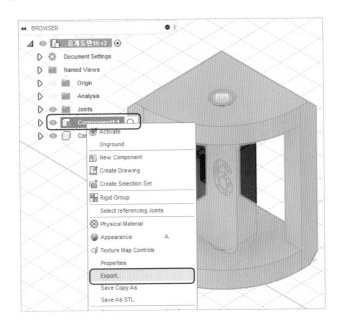

⑰ **[STL 저장하기]** 브라우저에서 메인 부품 클릭 ⇨ 마우스 오른쪽 버튼 클릭 ⇨ [Save As STL] 클릭 ⇨ '비번호_04.STL' 저장하기

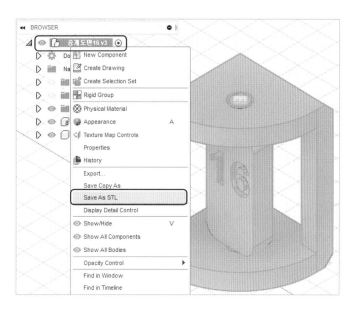

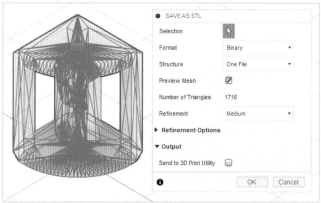

⑱ **[G-code 파일 저장하기]**

Makerbot Print(메이커봇 슬라이싱 프로그램) 실행 ⇨ STL 파일 불러오기 ⇨ 출력방향 [Orient] 선택 ⇨ 정렬하기 [Arrange] ⇨ 설정 에서 [Support Type] 'Breakaway Support' 클릭 ⇨ 미리보기 [Preview] 클릭 ⇨ [Export]

Tip 출력 예상 시간 1시간 20분이 넘어가면 [Print Settings]에서 Layer 두께 설정하기

Layer Height : 0.2 mm
Support Type(서포트 생성)
Breakaway Support

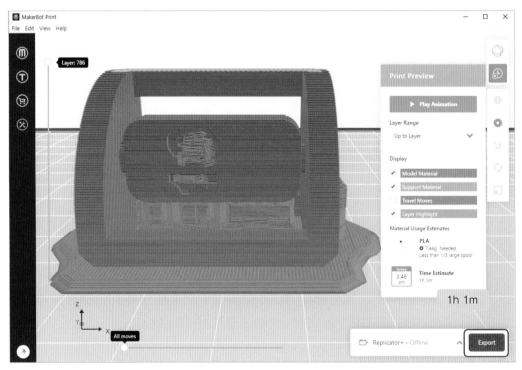

1h 1m

- '비번호_04.Makerbot' ⇨ [저장] 클릭
- 바탕화면에 만든 비번호 폴더에 저장이 잘 되었는지 확인한다.

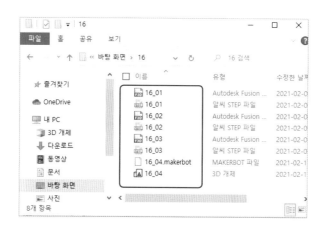

⑲ 시험장에서 받은 USB에 저장하여 감독위원에게 제출하기

[모의시험 2]

모의시험 2	3D프린팅 작업 : 2시간 (3D프린팅 세팅 ⇨ 3D프린팅 ⇨ 후처리) 출력물 제출까지
3D프린터 세팅(20분)	노즐, 베드 등에 이물질을 제거하여 출력 시 방해요소가 없도록 세팅하기 PLA 필라멘트 장착 여부 등 소재의 이상여부를 점검하고 정상 작동하도록 세팅하기 베드 레벨링 기능 등을 활용하여 베드 위치를 세팅하기 ※ 별도의 샘플 프로그램을 작성하여 출력 테스트를 할 수 없음
3D프린팅 (1시간 30분)	프린팅이 잘 진행되는지 확인, 필라멘트 공급이 잘 되는지 확인
후처리 (10분)	안전장갑, 방진마스크 착용하기, 파손, 손상 없이 후처리 하기 서포트, 거스러미 깔끔하게 제거하기, 노즐과 제작판 등에 이물질 제거하기 3D프린터 시험 보기 전 상태와 같이 정리하기

⑳ 3D프린터 세팅

- 필라멘트가 압출기에 공급되어 있는지 확인(배출 테스트 : Load를 해도 되는 경우 로드하기)
- 제작판이 잘 꽂혀 있는지 확인, 노즐과 제작판 등에 이물질이 있는지 확인

㉑ 3D프린팅

- USB(저장매체)를 3D프린터에 꽂고 비번호_04.makerbot 파일 선택하기(프린트 ⇨ USB 저장소 ⇨ '비번호_04.makerbot' 파일 선택 ⇨ 프린트 선택 ⇨ 프린팅이 시작되면 진행률이 표시된다.)

㉒ 후처리(출력물 회수 ➪ 후처리 ➪ 정리)

- 출력물이 제작판에서 잘 안 떨어지면 헤라를 이용하여 떼어내기
- 준비한 롱노우즈, 니퍼, 칼 등을 사용하여 서포트, 거스러미 제거하기
- 제작판, 노즐 등의 이물질 제거, 주변 정리하기
- 감독위원에게 제출하기

후처리 전

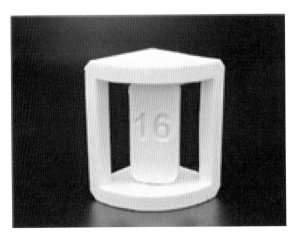

후처리 후

공 개 도 면 ⑰

자격종목	3D프린터운용기능사	[시험 1] 과제명	3D모델링 작업	척도	NS

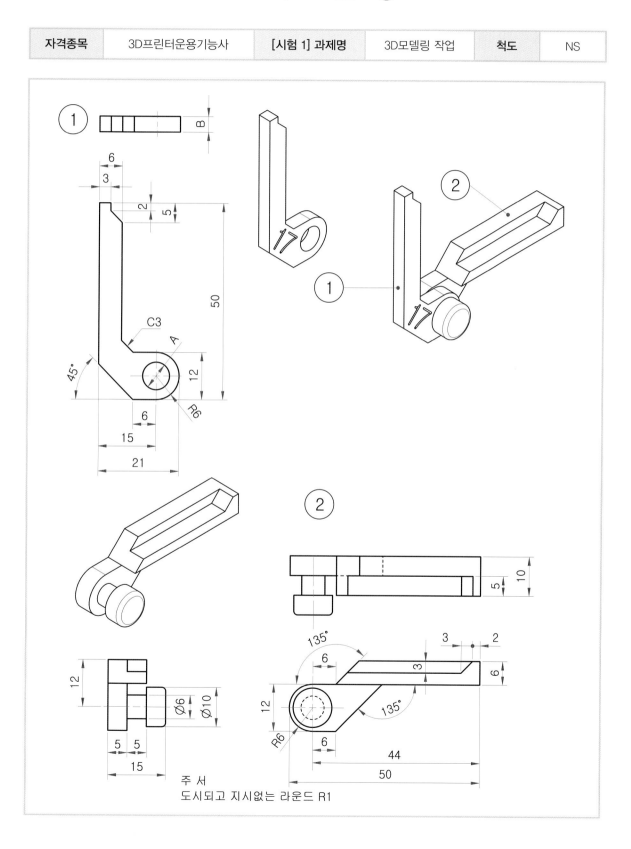

주 서
도시되고 지시없는 라운드 R1

[모의시험 1]

모의시험 1을 1시간 동안 할 수 있도록 연습해 보세요.

모의시험 1	3D모델링 작업 : 1시간 (모델링 ⇨ 어셈블리 ⇨ 슬라이싱) USB에 저장하기 까지
3D모델링	비번호 각인, 공차 적용 시 전체 치수가 ±1mm 이하로 부여, 구동이 되도록 어셈블리하기
슬라이싱	슬라이싱 디폴트 설정 클릭하기, 장비, 압출기, 프린트 모드 설정 확인, 서포트 체크하기

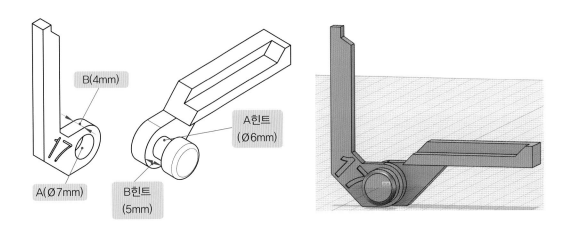

① 브라우저에서 부품생성 ⇨ [Create Sketch] 클릭 ⇨ YZ평면(RIGHT뷰) 클릭
- 원, 라인으로 스케치 하기
- 탄젠트 구속조건, 동심원 구속조건 하기

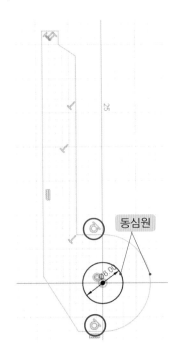

② 단축키 'D' 치수 입력 ⇨ [FINISH SKETCH] 클릭

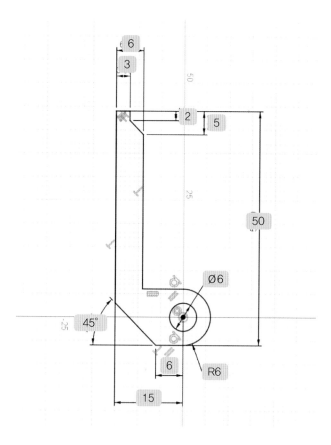

③ 단축키 'E' ⇨ 돌출할 면 클릭 ⇨ [Direction] 'Symmetric' ⇨ [Measurement] '⊞' ⇨ '5mm' 입력 ⇨ [OK] 클릭

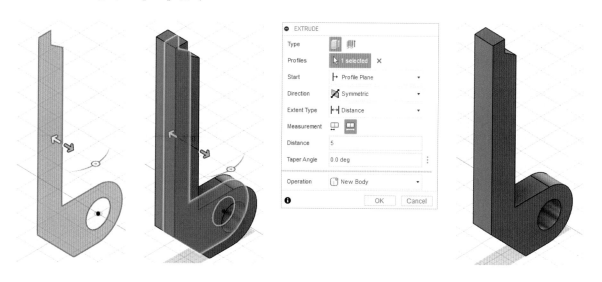

④ 챔퍼 3mm

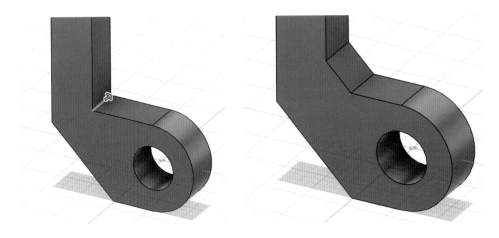

⑤ 비번호 부여할 면 클릭 ⇨ 마우스 오른쪽 버튼 클릭 ⇨ [Create Sketch] 클릭 ⇨ [Text] 클릭 ⇨ 텍스트 상자 그리기 ⇨ 텍스트 옵션창에 비번호 입력, B(진하게), 크기 '7mm' ⇨ 텍스트 각도 조절하기(45도) ⇨ [OK] 클릭 ⇨ [FINISH SKETCH] 클릭

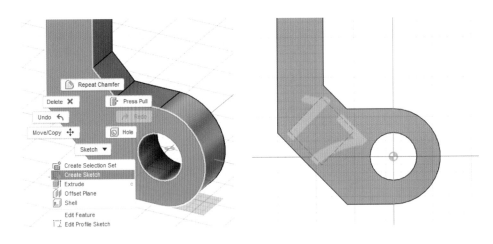

⑥ 단축키 'E' ⇨ 텍스트 클릭 ⇨ '-1mm' 입력 ⇨ [OK] 클릭

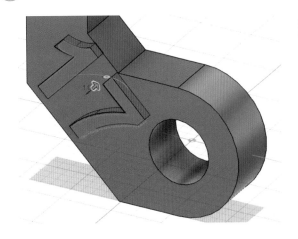
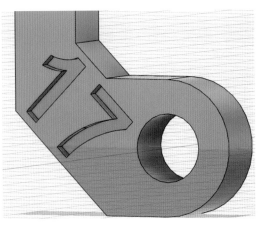

⑦ [A와 B공차 부여하기] [MODIFY] ⇨ [Offset Face] 🔳 클릭 ⇨ 공차 부여할 면 클릭 ⇨ '-0.5mm' 입력 ⇨ [OK] 클릭

Tip A와 B의 공차가 -0.5mm이므로 A와 B의 공차를 동시에 부여하였다.

● 툴바 ⇨ 치수측정 ⊟ [Measure] 클릭 ⇨ A(7mm) 확인할 면 클릭, B(4mm) 확인할 면 클릭(부품 ① 전구를 켜거나, 메인 부품을 활성화하여 공차 부여 등 조립이 잘 되었는지 확인할 수 있다.)

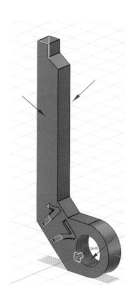

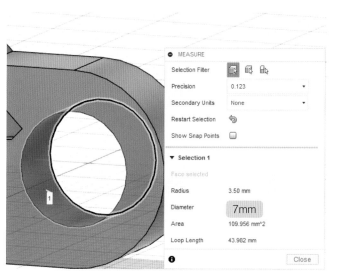

⑧ 메인 부품 활성화 ⇨ 브라우저에서 부품생성 ⇨ [Create Sketch] 클릭 ⇨ YZ평면(RIGHT
뷰) 클릭

- 원, 라인을 사용하여 스케치 하기
- 탄젠트 구속조건 ⇨ 동심원 구속조건 하기

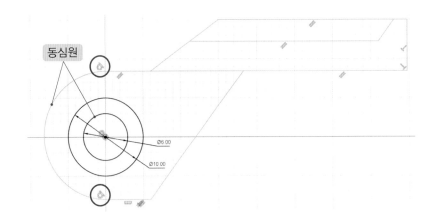

⑨ 단축키 'D' ⇨ 치수 입력 ⇨ [FINISH SKETCH] 클릭

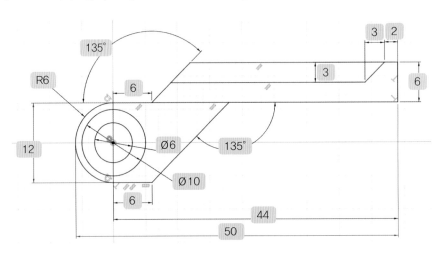

⑩ 단축키 'E' ⇨ 돌출할 면 클릭 ⇨ [Direction] 'Symmetric' ⇨ [Measurement] '⊞' ⇨
'5mm' 입력 ⇨ [OK] 클릭

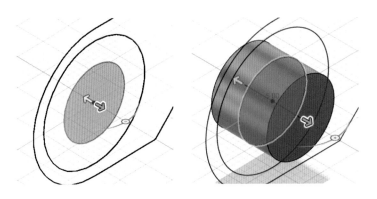

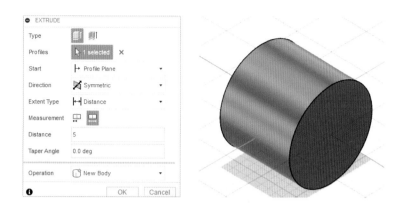

⑪ 단축키 'E' ⇨ 돌출할 면 클릭(원 10mm) ⇨ [Start] 'Object' ⇨ [Object] 면 클릭 ⇨ '5mm'
입력 ⇨ [Operation] 'Join' ⇨ [OK] 클릭

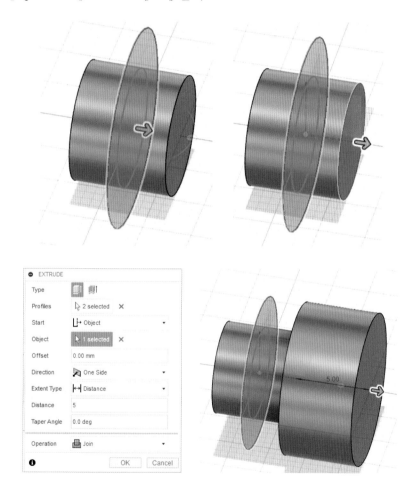

⑫ 단축키 'E' ⇨ 돌출할 면 클릭 ⇨ [Start] 'Object' ⇨ [Object] 면 클릭 ⇨ '−5mm' ⇨ [Operation] 'Join' ⇨ [OK] 클릭

⑬ 단축키 'E' ⇨ 돌출할 면 클릭 ⇨ [Direction] 'Symmetric' ⇨ [Measurement] '⊞' ⇨ '5mm' ⇨ [Operation] 'Join' ⇨ [OK] 클릭

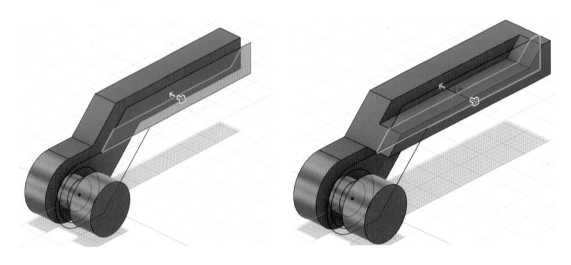

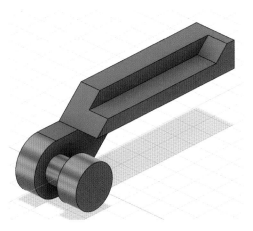
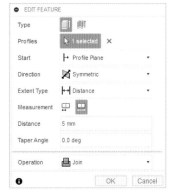

⑭ 필렛 1mm(지시없는 라운드 R1)

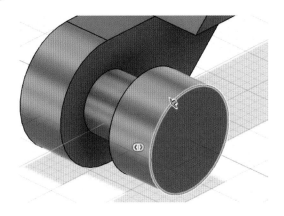
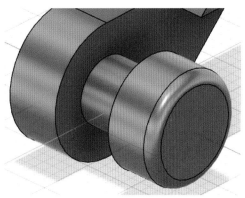

⑮ 메인 부품 활성화하기 ⇨ 부품 ① [Ground]하기(부품 고정)

• 단축키 'J' ⇨ 부품 ①과 맞닿을 곳 █을 클릭(호를 클릭하면 호의 중심점이 선택된다.) ⇨ 부품 ②와 맞닿을 곳 █을 클릭(호를 클릭하면 호의 중심점이 선택된다.) ⇨ 이동툴을 이용하여 이동하기

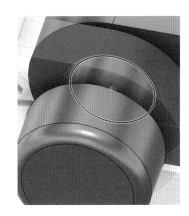
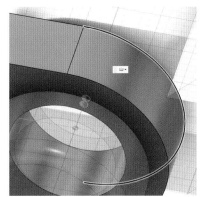

⑯ [INSPECT] ⇨ [Interference] 🖵 클릭 ⇨ 부품 ① 클릭 ⇨ 부품 ② 클릭 ⇨ 옵션창에서
[Compute]의 🖵 클릭

● [INSPECT] ⇨ [Section Analysis] 📖 클릭 ⇨ 단면을 확인하고 싶은 면 클릭 ⇨ 이동툴
을 클릭 후 드래그 하면 단면을 확인할 수 있다.

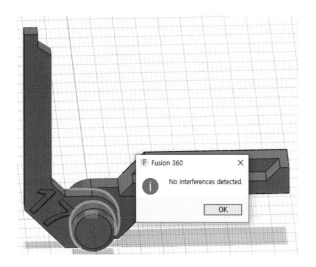 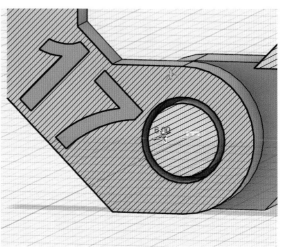

⑰ [부품 ① 저장하기] 부품 ① 클릭 ⇨ 마우스 오른쪽 버튼 클릭 ⇨ [Export] 클릭 ⇨ '비번
호_01.f3d' '비번호_01.stp' 저장하기

[부품 ② 저장하기] 부품 ② 클릭 ⇨ 마우스 오른쪽 버튼 클릭 ⇨ [Export] 클릭 ⇨ '비번
호_02.f3d' '비번호_02.stp' 저장하기

[어셈블리 저장하기] 브라우저의 메인 부품 클릭 ⇨ 마우스 오른쪽 버튼 클릭 ⇨ [Export]
클릭 ⇨ '비번호_03.f3d' '비번호_03.stp' 저장하기

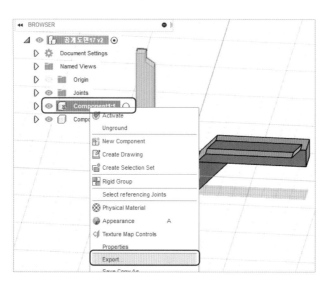

⑱ **[STL 저장하기]** 브라우저에서 메인 부품 클릭 ⇨ 마우스 오른쪽 버튼 클릭 ⇨ [Save As STL] 클릭 ⇨ '비번호_04.STL' 저장하기

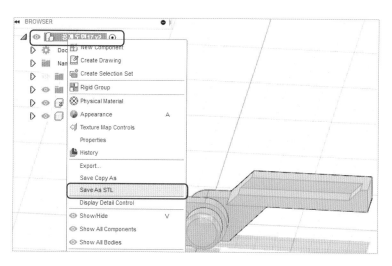

⑲ **[G-code 파일 저장하기]**

Makerbot Print(메이커봇 슬라이싱 프로그램) 실행 ⇨ STL 파일 불러오기 ⇨ 출력방향 ↻[Orient] 선택 ⇨ 정렬하기 ▐▐[Arrange] ⇨ 설정❀에서 [Support Type] 'Breakaway Support' 클릭 ⇨ 미리보기 ⊙[Preview] 클릭 ⇨ [Export]

Tip 출력 예상 시간 1시간 20분이 넘어가면 ❀ [Print Settings]에서 Layer 두께 설정하기

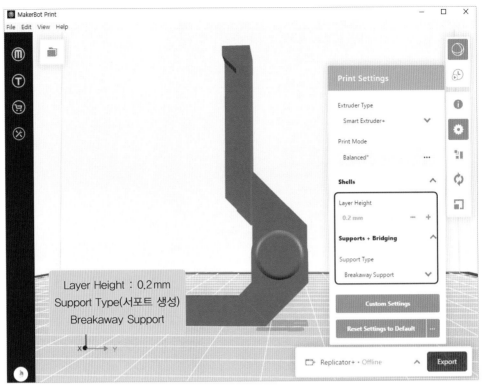

Layer Height : 0.2 mm
Support Type(서포트 생성)
Breakaway Support

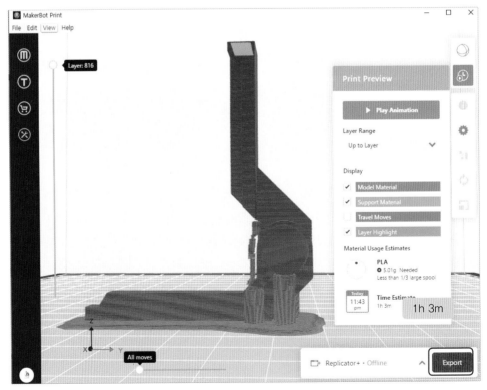

1h 3m

- '비번호_04.Makerbot' ⇨ [저장] 클릭
- 바탕화면에 만든 비번호 폴더에 저장이 잘 되었는지 확인한다.

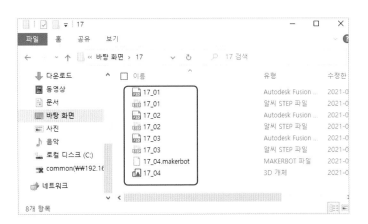

⑳ 시험장에서 받은 USB에 저장하여 감독위원에게 제출하기

[모의시험 2]

모의시험 2	3D프린팅 작업 : 2시간 (3D프린팅 세팅 ⇨ 3D프린팅 ⇨ 후처리) 출력물 제출까지
3D프린터 세팅(20분)	노즐, 베드 등에 이물질을 제거하여 출력 시 방해요소가 없도록 세팅하기 PLA 필라멘트 장착 여부 등 소재의 이상여부를 점검하고 정상 작동하도록 세팅하기 베드 레벨링 기능 등을 활용하여 베드 위치를 세팅하기 ※ 별도의 샘플 프로그램을 작성하여 출력 테스트를 할 수 없음
3D프린팅 (1시간 30분)	프린팅이 잘 진행되는지 확인, 필라멘트 공급이 잘 되는지 확인
후처리 (10분)	안전장갑, 방진마스크 착용하기, 파손, 손상 없이 후처리 하기 서포트, 거스러미 깔끔하게 제거하기, 노즐과 제작판 등에 이물질 제거하기 3D프린터 시험 보기 전 상태와 같이 정리하기

㉑ 3D프린터 세팅
- 필라멘트가 압출기에 공급되어 있는지 확인(배출 테스트 : Load를 해도 되는 경우 로드 하기)
- 제작판이 잘 꽂혀 있는지 확인, 노즐과 제작판 등에 이물질이 있는지 확인

㉒ 3D프린팅
- USB(저장매체)를 3D프린터에 꽂고 비번호_04.makerbot 파일 선택하기(프린트 ⇨ USB 저장소 ⇨ '비번호_04.makerbot' 파일 선택 ⇨ 프린트 선택 ⇨ 프린팅이 시작되면 진행 률이 표시된다.)

후처리(출력물 회수 ⇨ 후처리 ⇨ 정리)

- 출력물이 제작판에서 잘 안 떨어지면 헤라를 이용하여 떼어내기
- 준비한 롱노우즈, 니퍼, 칼 등을 사용하여 서포트, 거스러미 제거하기
- 제작판, 노즐 등의 이물질 제거, 주변 정리하기
- 감독위원에게 제출하기

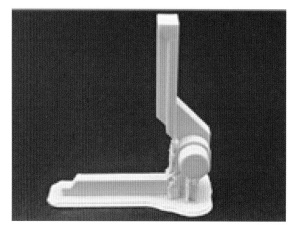

후처리 전

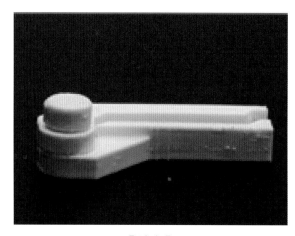

후처리 후

공 개 도 면 ⑱

자격종목	3D프린터운용기능사	[시험 1] 과제명	3D모델링 작업	척도	NS

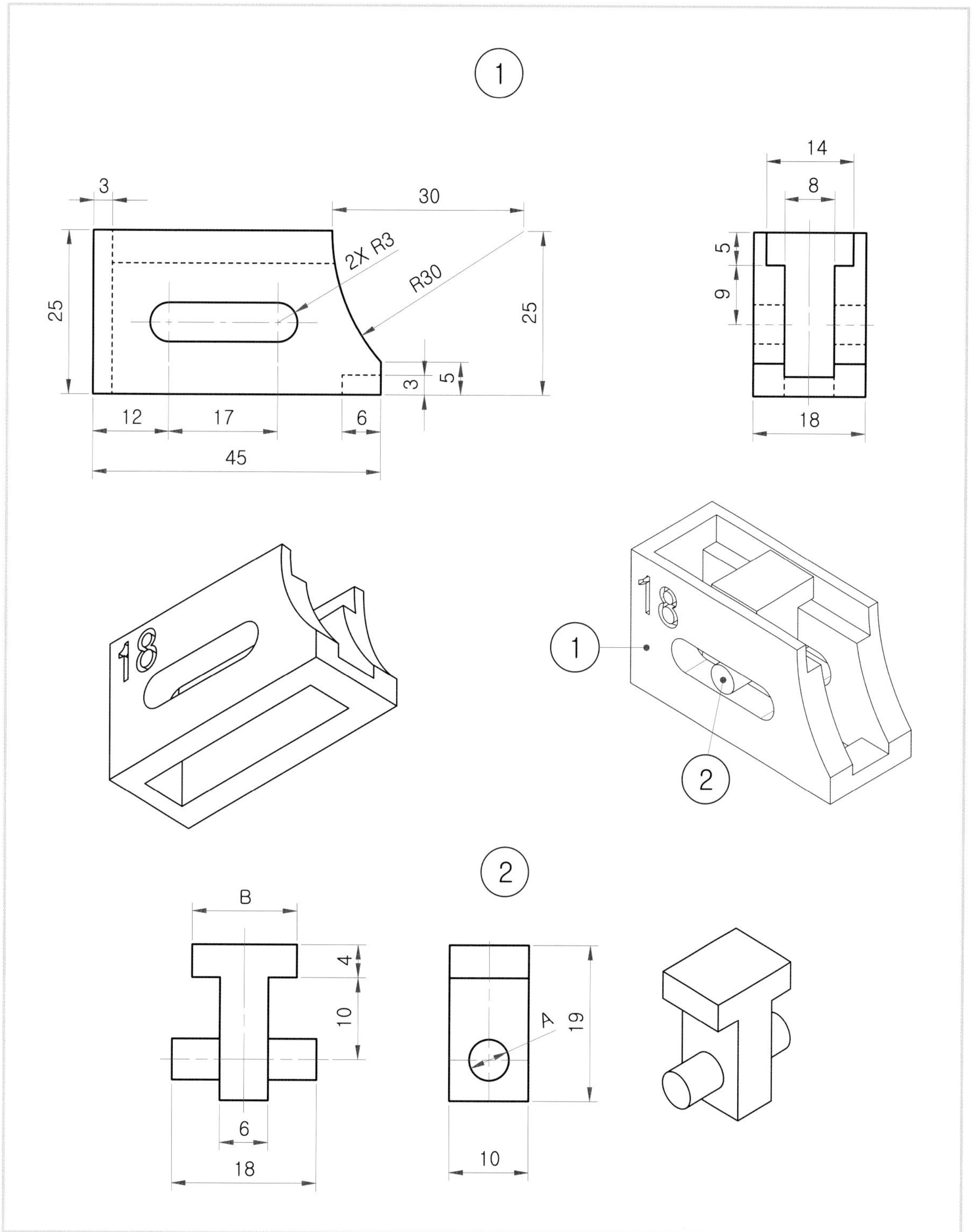

①

②

[모의시험 1]

모의시험 1을 1시간 동안 할 수 있도록 연습해 보세요.

모의시험 1	3D모델링 작업 : 1시간 (모델링 ⇨ 어셈블리 ⇨ 슬라이싱) USB에 저장하기 까지
3D모델링	비번호 각인, 공차 적용 시 전체 치수가 ±1mm 이하로 부여, 구동이 되도록 어셈블리하기
슬라이싱	슬라이싱 디폴트 설정 클릭하기, 장비, 압출기, 프린트 모드 설정 확인, 서포트 체크하기

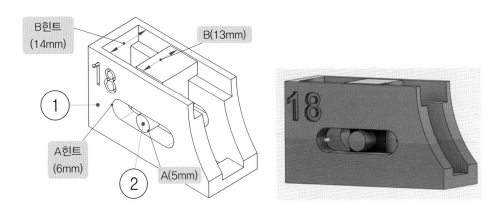

① 브라우저에서 부품생성 ⇨ [Create Sketch] 클릭 ⇨ XZ평면(FRONT뷰) 클릭

• 슬롯, 라인, [3-Point Arc]로 스케치 하기

• 일치구속 └ [Coincident], 수직수평 구속조건 ⫣ [Horizontal/Vertical] 적용하기

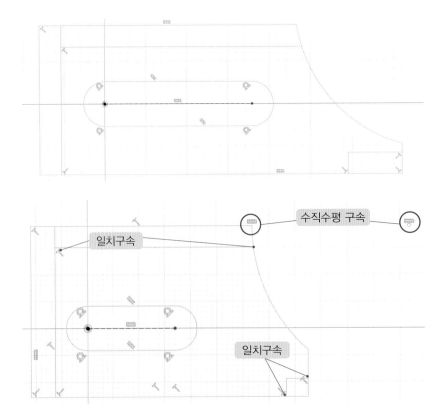

② 단축키 'D' ⇨ 치수 입력하기 ⇨ [FINISH SKETCH] 클릭

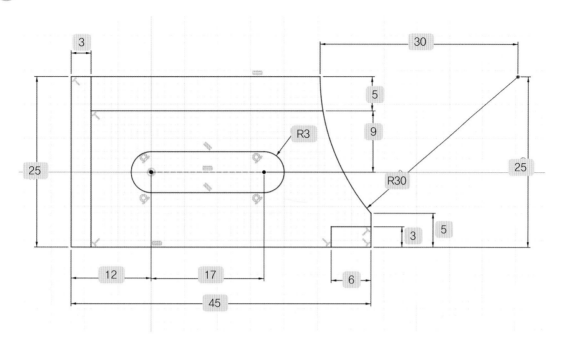

③ 단축키 'E' ⇨ 돌출할 면 클릭 ⇨ [Direction] 'Symmetric' ⇨ [Measurement] '⊞' ⇨ '18mm' 입력 ⇨ [OK] 클릭

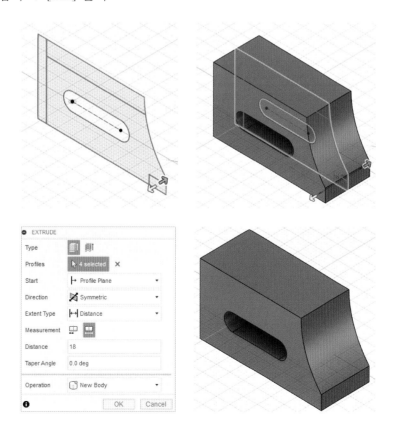

④ 단축키 'E' ⇨ 돌출할 면 클릭 ⇨ [Direction] 'Symmetric' ⇨ [Measurement] '⊞' ⇨ '8mm' 입력 ⇨ [Operation] 'Cut' ⇨ [OK] 클릭

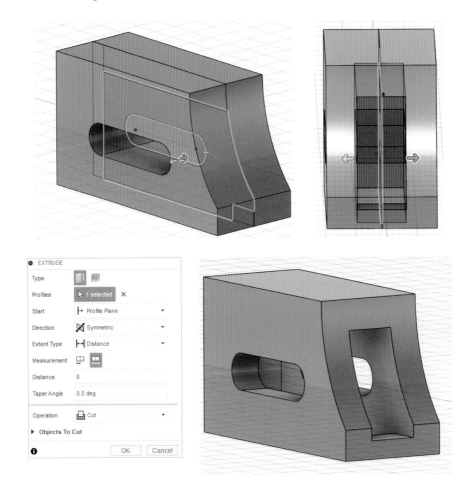

⑤ 단축키 'E' ⇨ 돌출할 면 클릭 ⇨ [Direction] 'Symmetric' ⇨ [Measurement] '⊞' ⇨ '14mm' 입력 ⇨ [Operation] 'Cut' ⇨ [OK] 클릭

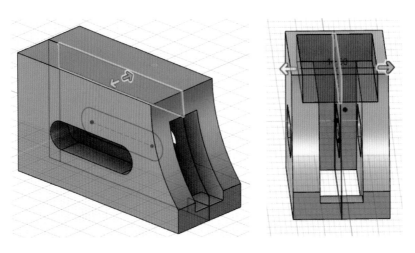

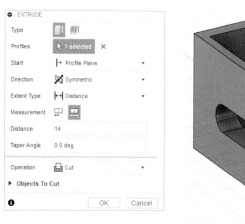
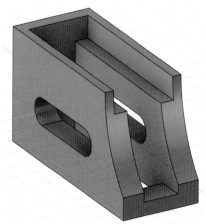

⑥ 비번호 부여할 면 클릭 ⇨ 마우스 오른쪽 버튼 클릭 ⇨ [Create Sketch] 클릭 ⇨ [Text] 클릭 ⇨ 텍스트 상자 그리기 ⇨ 텍스트 옵션창에 비번호 입력, B(진하게), 크기 '7mm' ⇨ [OK] 클릭 ⇨ [FINISH SKETCH] 클릭

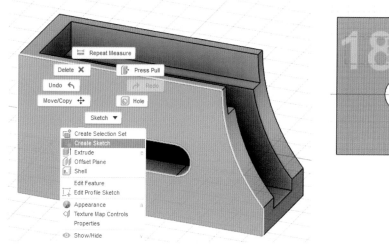
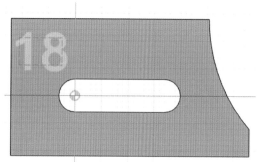

⑦ 단축키 'E' ⇨ 텍스트 클릭 ⇨ '-1mm' 입력 ⇨ [OK] 클릭

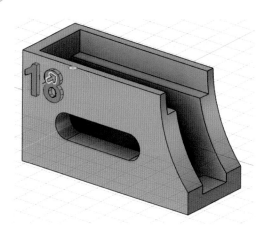
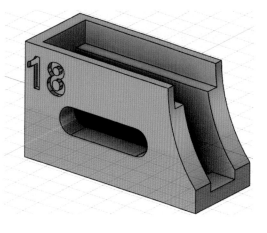

⑧ 메인 부품 활성화 ⇨ 브라우저에서 부품생성 ⇨ [Create Sketch] 클릭 ⇨ XZ평면(FRONT 뷰) 클릭

● 원, 사각형을 사용하여 스케치 하기

● 수직수평 구속조건 ⬚ [Horizontal/Vertical] 클릭 ⇨ 원점 클릭, Shift + 사각형 선 가운데 ⬚, 미드포인트 마크가 나타나면 클릭 ⇨ Esc

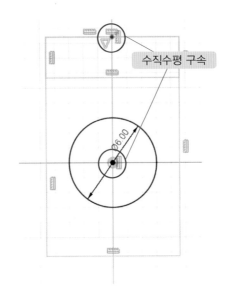

⑨ 단축키 'D' ⇨ 치수 입력하기 ⇨ [FINISH SKETCH] 클릭

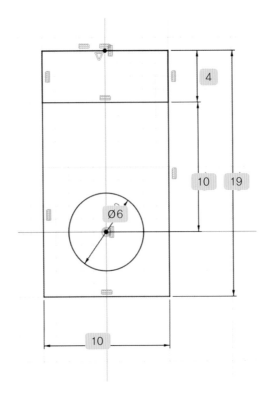

⑩ 단축키 'E' ⇨ 돌출할 면 클릭 ⇨ [Direction] 'Symmetric' ⇨ [Measurement] '☷' ⇨ '6mm' 입력 ⇨ [OK] 클릭

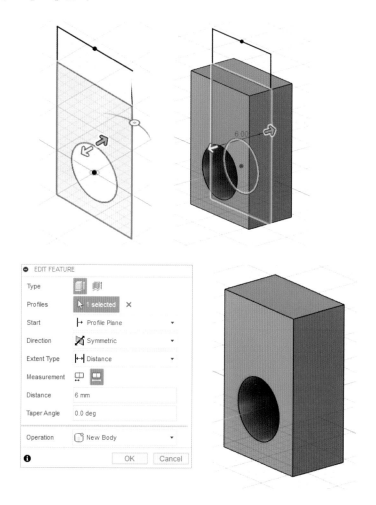

⑪ 단축키 'E' ⇨ 돌출할 면 클릭 ⇨ [Direction] 'Symmetric' ⇨ [Measurement] '☷' ⇨ '14mm' 입력 ⇨ [Operation] 'Join' ⇨ [OK] 클릭

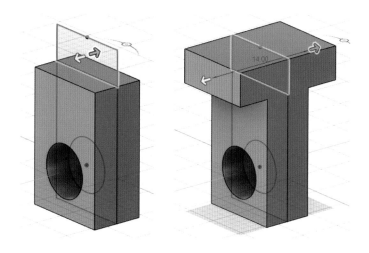

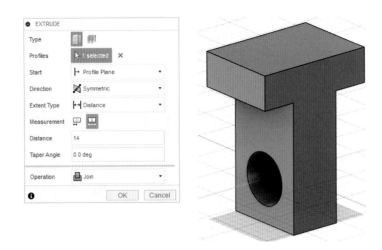

⑫ 단축키 'E' ⇨ 돌출할 면 클릭 ⇨ [Direction] 'Symmetric' ⇨ [Measurement] '品' ⇨ '18mm' 입력 ⇨ [Operation] 'Join' ⇨ [OK] 클릭

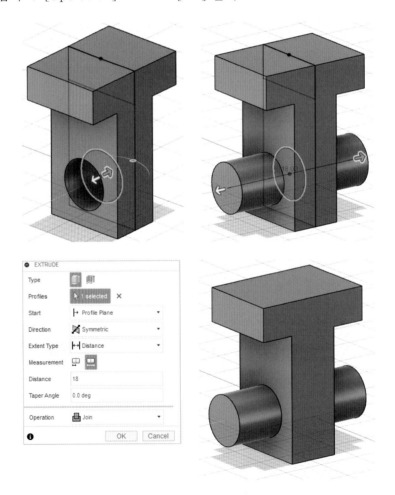

⑬ [A와 B공차 부여하기] [MODIFY] ⇨ [Offset Face] 🗐 클릭 ⇨ 공차 부여할 면 클릭 ⇨ '-0.5mm' 입력 ⇨ [OK] 클릭

Tip A와 B의 공차가 -0.5mm이므로 A와 B의 공차를 동시에 부여하였다.

● 툴바 ⇨ 치수측정 ▭ [Measure] 클릭 ⇨ A(5mm) 확인할 면 클릭, B(13mm) 확인할 면 클릭(부품 ① 전구를 켜거나, 메인 부품을 활성화하여 공차 부여 등 조립이 잘 되었는지 확인할 수 있다.)

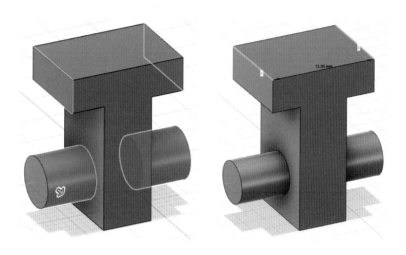

⑭ 메인 부품 활성화하기 ⇨ 부품 ① [Ground]하기(부품 고정)
● 단축키 'J' ⇨ 부품 ①과 맞닿을 곳 🔘을 클릭(호를 클릭하면 호의 중심점이 선택된다.) ⇨ 부품 ②와 맞닿을 곳 🔘을 클릭(호를 클릭하면 호의 중심점이 선택된다.)
● 이동툴을 이용하여 이동하기(8.5mm)

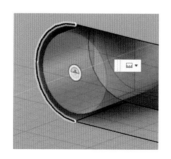
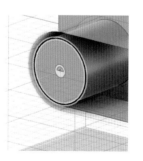

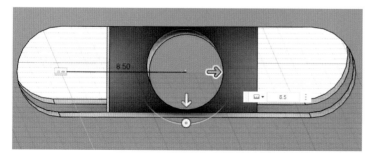
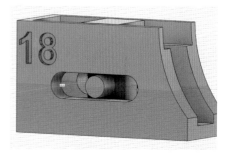

⑮ [INSPECT] ⇨ [Interference] ▣ 클릭 ⇨ 부품 ① 클릭 ⇨ 부품 ② 클릭 ⇨ 옵션창에서
[Compute]의 ▣ 클릭

- [INSPECT] ⇨ [Section Analysis] ▦ 클릭 ⇨ 단면을 확인하고 싶은 면 클릭 ⇨ 이동툴
을 클릭 후 드래그 하면 단면을 확인할 수 있다.

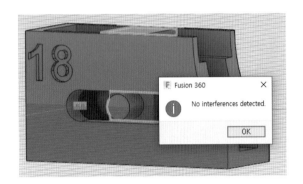
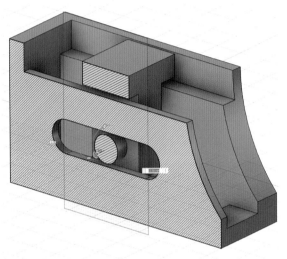

⑯ [부품 ① 저장하기] 부품 ① 클릭 ⇨ 마우스 오른쪽 버튼 클릭 ⇨ [Export] 클릭 ⇨ '비번
호_01.f3d' '비번호_01.stp' 저장하기

[부품 ② 저장하기] 부품 ② 클릭 ⇨ 마우스 오른쪽 버튼 클릭 ⇨ [Export] 클릭 ⇨ '비번
호_02.f3d' '비번호_02.stp' 저장하기

[어셈블리 저장하기] 브라우저의 메인 부품 클릭 ⇨ 마우스 오른쪽 버튼 클릭 ⇨ [Export]
클릭 ⇨ '비번호_03.f3d' '비번호_03.stp' 저장하기

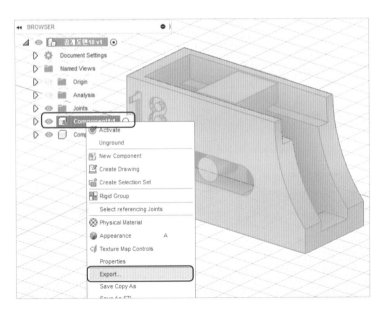

⑰ **[STL 저장하기]** 브라우저에서 메인 부품 클릭 ⇨ 마우스 오른쪽 버튼 클릭 ⇨ [Save As STL] 클릭 ⇨ '비번호_04.STL' 저장하기

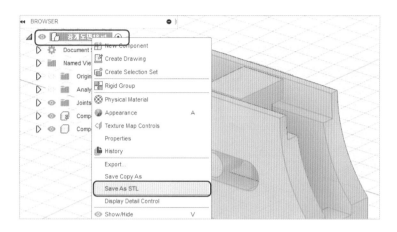

⑱ **[G-code 파일 저장하기]**

Makerbot Print(메이커봇 슬라이싱 프로그램) 실행 ⇨ STL 파일 불러오기 ⇨ 출력방향 🔄[Orient] 선택 ⇨ 정렬하기 📊[Arrange] ⇨ 설정⚙️에서 [Support Type] 'Breakaway Support' 클릭 ⇨ 미리보기 🔎[Preview] 클릭 ⇨ [Export]

Tip 출력 예상 시간 1시간 20분이 넘어가면 ⚙️ [Print Settings]에서 Layer 두께 설정하기

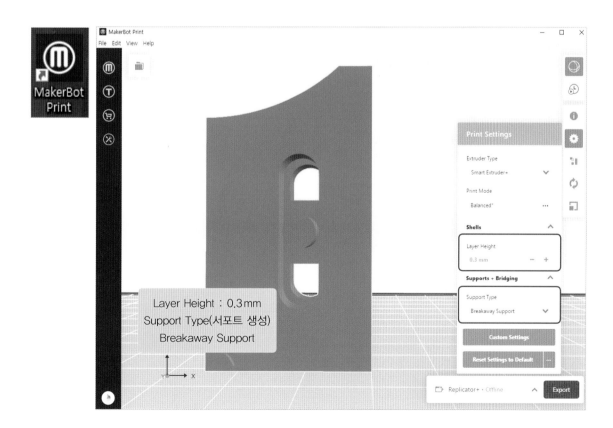

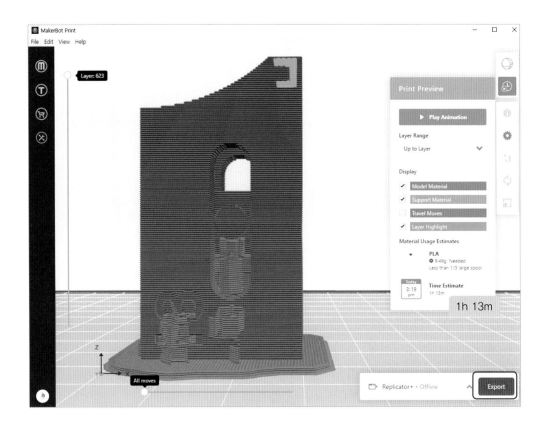

- '비번호_04.Makerbot' ⇨ [저장] 클릭
- 바탕화면에 만든 비번호 폴더에 저장이 잘 되었는지 확인한다.

⑲ 시험장에서 받은 USB에 저장하여 감독위원에게 제출하기

[모의시험 2]

모의시험 2	3D프린팅 작업 : 2시간 (3D프린팅 세팅 ⇨ 3D프린팅 ⇨ 후처리) 출력물 제출까지
3D프린터 세팅(20분)	노즐, 베드 등에 이물질을 제거하여 출력 시 방해요소가 없도록 세팅하기 PLA 필라멘트 장착 여부 등 소재의 이상여부를 점검하고 정상 작동하도록 세팅하기 베드 레벨링 기능 등을 활용하여 베드 위치를 세팅하기 ※ 별도의 샘플 프로그램을 작성하여 출력 테스트를 할 수 없음
3D프린팅 (1시간 30분)	프린팅이 잘 진행되는지 확인, 필라멘트 공급이 잘 되는지 확인
후처리 (10분)	안전장갑, 방진마스크 착용하기, 파손, 손상 없이 후처리 하기 서포트, 거스러미 깔끔하게 제거하기, 노즐과 제작판 등에 이물질 제거하기 3D프린터 시험 보기 전 상태와 같이 정리하기

㉔ 3D프린터 세팅
- 필라멘트가 압출기에 공급되어 있는지 확인(배출 테스트 : Load를 해도 되는 경우 로드하기)
- 제작판이 잘 꽂혀 있는지 확인, 노즐과 제작판 등에 이물질이 있는지 확인

㉑ 3D프린팅
- USB(저장매체)를 3D프린터에 꽂고 비번호_04.makerbot 파일 선택하기 (프린트 ⇨ USB 저장소 ⇨ '비번호_04.makerbot' 파일 선택 ⇨ 프린트 선택 ⇨ 프린팅이 시작되면 진행률이 표시된다.)

㉒ 후처리(출력물 회수 ⇨ 후처리 ⇨ 정리)
- 출력물이 제작판에서 잘 안 떨어지면 헤라를 이용하여 떼어내기
- 준비한 롱노우즈, 니퍼, 칼 등을 사용하여 서포트, 거스러미 제거하기
- 제작판, 노즐 등의 이물질 제거, 주변 정리하기
- 감독위원에게 제출하기

후처리 전

후처리 후

3D프린터운용기능사 슬라이싱 프로그램

3-1 ▶ Makerbot 슬라이싱 프로그램

(1) 시스템 필수사항

① 운영체제 : Windows 7, 10, Mac Os 10.12, Mac OS 10.15

② CPU 유형 : 64비트 프로세서

③ 컴퓨터 이름과 사용자 계정 : 영문 또는 숫자(한글은 안됨)

(2) Makerbot Print 설치하기

① 홈페이지 : www.makerbot.com

② SUPPORT 클릭 ⇨ Software 클릭 ⇨ OS 선택 ⇨ DOWNLOAD 클릭

③ 프로그램 설치하기(크롬 구글에서 홈페이지 연결하기)

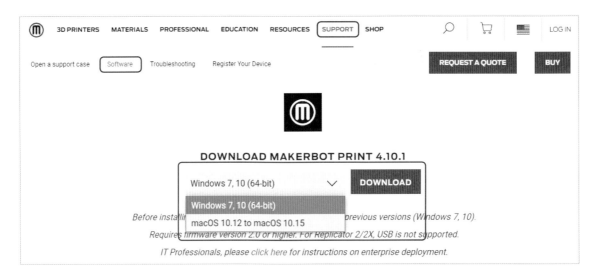

(3) 회원가입하기

① Makerbot 회원가입 후 슬라이싱 프로그램 사용이 가능하다.

② Makerbot Print 로그인을 하면 로그아웃을 하기 전까지는 로그인 상태이다.

③ Makerbot 회원가입을 하면 'Thingiverse(싱기버스)'도 동시 회원가입이 된다.

④ 프로그램 설치 후 로그인 창이 나오면 Sign up을 클릭하여 홈페이지에서 회원가입을 할 수 있다.(회원가입 후 슬라이싱 프로그램을 재실행하여 로그인하기)

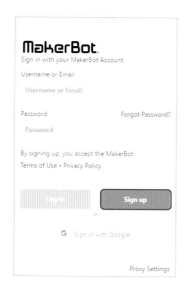

(4) Makerbot Print 사용법

① 장비 선택하기

- [Select a Printer] 클릭 ⇨ [Add a Printer] 클릭

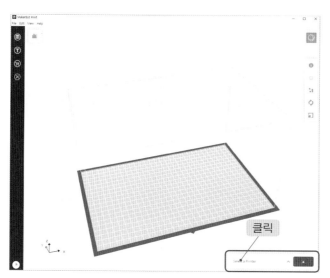

● Add an Unconnected Printer 클릭 ➡ 장비 선택(교재에서는 Replicator+(리플리케이터 플러스)로 선택)

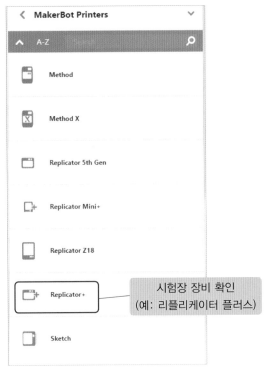

시험장 장비 확인
(예: 리플리케이터 플러스)

> **Tip** 장비선택
> Makerbot 3D프린터는 주로 Replicator+, Replicator 5th Gen, Replicator Z18이 시험장비 목록에 있습니다. 수험자가 시험 보는 장비를 꼭 확인한 뒤에 장비 선택을 하세요.

② 기본메뉴

❶ 기본메뉴 : File, Edit, View, Help

❷ 프로젝트 패널 : STL 불러오기, 슬라이싱할 파일 불러오기

❸ 로그인 정보 : 로그인, 로그아웃 (로그아웃을 하지 않으면 계속 로그인 상태로 있음)

❹ 프린트 메뉴 : 파일을 불러왔을 때 활성화, 슬라이싱 주요 메뉴

❺ 프린터 패널 : 3D프린터 장비 설정, Export(내보내기=G-code) 저장메뉴

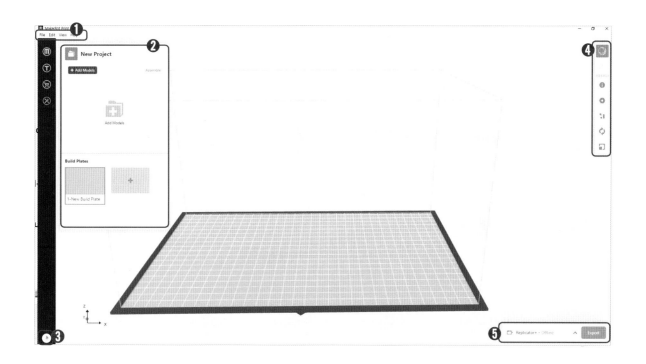

③ 인터페이스

④ 파일 불러오기

- 슬라이싱 프로그램 실행하기
- [프로젝트 패널] 클릭 ⇨ [Add Models] 클릭 ⇨ 파일 클릭 ⇨ [열기] 클릭

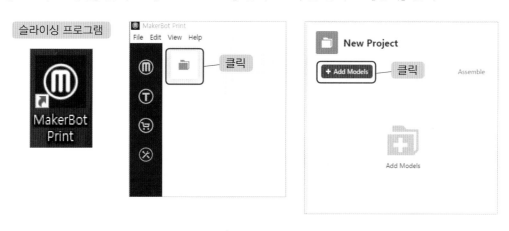

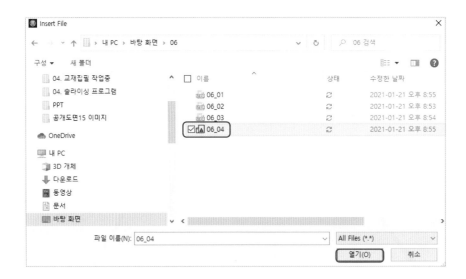

⑤ G-code 생성하기

- [Export] 클릭 ⇨ 파일 이름 입력하기 ⇨ [파일형식] Makerbot ⇨ [저장]
- 파일이름.makerbot 파일이 생성된다.(파일이름은 영문, 숫자로 저장/한글 저장 시 파일인식
  이 안 됨)

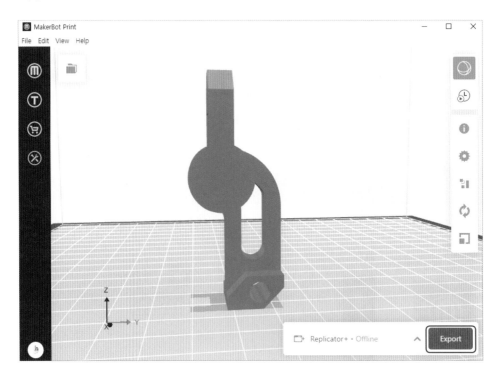

⑥ 프린트 메뉴

(가) Print Prewiew(프린터 미리보기)

㉮ 미리보기, 출력 예상 시간, 재료 소재, 재료 소모량 확인이 가능하다.

㉯ Layer 바를 이동하여 출력물의 내부 모습을 볼 수 있다.

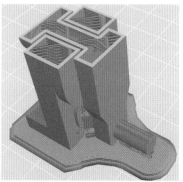

(나) Model Info(단위)

- 모델의 단위를 변경할 수 있다.(모델링 단위와 슬라이싱 단위가 같은지 확인하기)

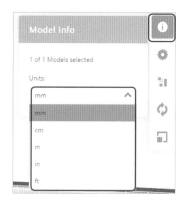

(다) Print Settings(상세 설정)

- 장비를 선택하면 3D프린팅을 할 수 있는 기본 설정으로 자동 설정이 된다.

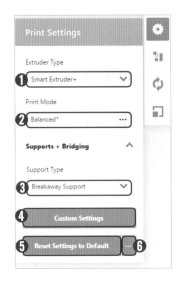

㉮ Extruder Type(압출기 설정)

- 장비 설정을 하면 자동으로 압출기가 설정이 된다.
- 시험장에서는 장비를 선택했을 때 자동으로 선택되는 압출기로 선택이 되었는지 확인한다.

㉯ Print Mode

출력품질과 속도 등에 대한 설정 모드를 선택할 수 있다.

- Balanced(밸란시드) : 기본 설정, 표준모드로 일반적인 출력품질로 인쇄
- Draft(드래프트) : 빠른 모드
- Minfill(민필) : 내부 채움을 최소화한 모드로 가장 빠른 모드

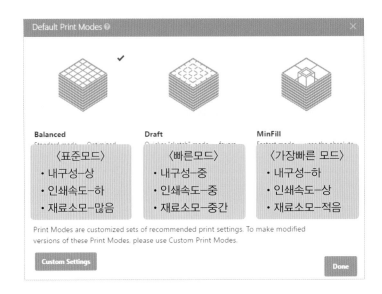

㉰ Support Type(서포트 생성)
- None : 서포트 미생성
- Breakaway Support : 서포트 생성

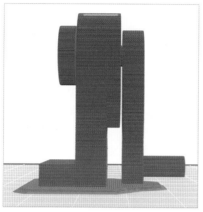

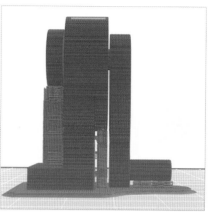

(a) Support Type : None   (b) Support Type : Breakaway Support

㉱ Custom Settings(상세 설정)

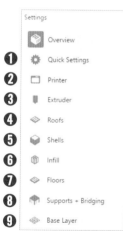

❶ Quick Settings : 많이 사용하는 메뉴 모음
❷ Printer : Travel Speed, 출력하지 않을 때 이동하는 속도
❸ Extruder : 압출기 관련 설정
❹ Roofs : 출력물의 상단 두께 설정
❺ Shells : 출력물의 외벽, 외관 관련 설정
❻ Infill : 출력물의 내부 관련 설정
❼ Floors : 출력물의 바닥 두께 설정
❽ Supports + Bridging : 서포트 관련 설정
❾ Base Layer : 바닥 지지대 관련 설정

① Quick Settings(퀵 메뉴)
- Base Layer : Raft(기본 설정), 바닥 지지대를 설정

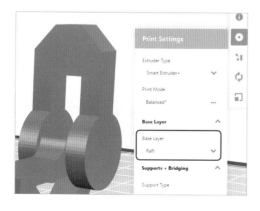

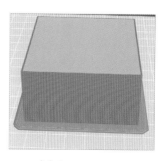

(a) Base Layer : None   (b) Base Layer : Raft(기본 설정)

● Layer Height : 0.2mm(기본 설정), 레이어 두께 조절

 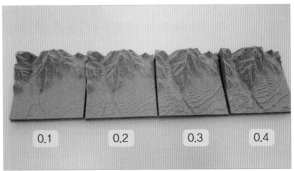

● Infill Density : 10%(기본 설정), 내부 채움 정도 조절

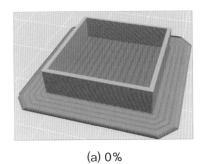 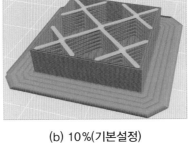 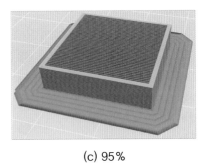

(a) 0% (b) 10%(기본설정) (c) 95%

● Number of Shells : 2 Shells(기본 설정), 외벽 두께 조절

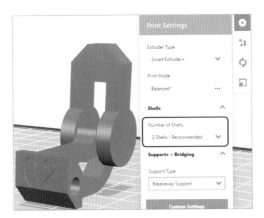

(a) 2 Shells(기본 설정)

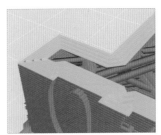

(b) 4 Shells

㉑ Custom Print 메뉴 Show/ Hide

- Custom Print 메뉴는 Show/ Hide 클릭하여 Print Settings 메뉴창에 꺼내어 사용할 수 있다.

㉒ Reset Settings to Default

- 기본 설정으로 초기화하기

㉓ Remove All Settings

- 메뉴창에 꺼내진 메뉴 모두 지우기(기본 설정만 남는다.)

(라) Arrange(정렬)

- Arrange Build Plate(제작판에 정렬하기) : 안정적이고 빠른 출력 위치로 정렬해준다.

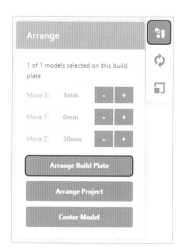

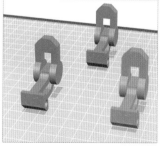

(a) 정렬 전

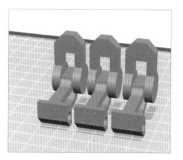

(b) 정렬 후

(마) Orient(회전)

- 출력물의 X, Y, Z축을 따라 90도 또는 특정 각도로 회전할 수 있다.
- Place Face on Build Plates를 선택하여 모델의 지정 면을 원하는 방향으로 회전할 수 있다.

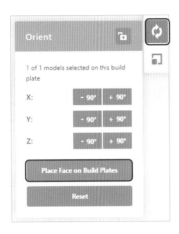
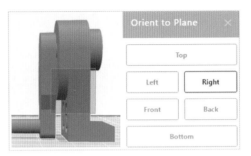

Tip 회전 설정 시 고려사항
- 안정적인 배치, 구동부위 고려
- 서포터 제거 용이
- 출력 시간, 출력 품질 고려

(바) Scale(크기 조절)

● 출력물의 크기 조절을 할 수 있다.

3-2 ▶ 3D WOX(신도리코)

(1) 3D WOX Desktop 설치하기

① 홈페이지 : www.sindoh.com

② 다운로드 센터 클릭 ⇨ 유틸리티/번들소프트웨어 클릭 ⇨ 제품군/모델명/운영체제 선택(시험장 장비를 확인 후 모델명을 선택하기)

③ 다운받기

(2) 장비 선택

① 슬라이싱 프로그램 실행하기

② [설정] ⇨ [프린터 설정] ⇨ 장비 선택하기(교재에서는 DP200을 선택했으며 반드시 시험장 프린터 모델을 확인한 뒤에 선택하기)

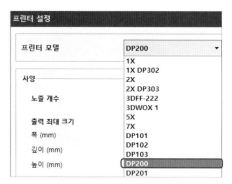

(3) 3D WOX Desktop 사용법

① 파일 불러오기

• 슬라이싱 프로그램 실행하기

• [LOAD] 클릭 ⇨ 파일 클릭 ⇨ [열기]

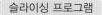

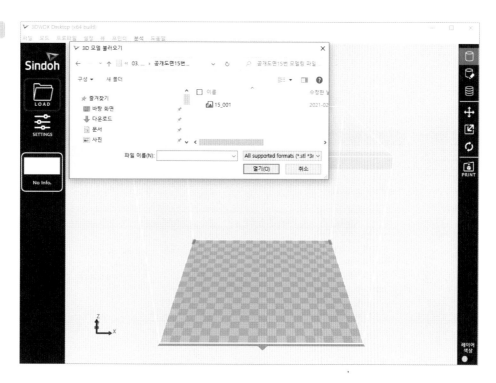

② G-code 저장하기

- [파일] ⇨ [G-code] ⇨ 파일명 입력하기 ⇨ [파일형식] gcode ⇨ [저장]

③ 프린트 메뉴

(가) SETTINGS

㉮ 간편 모드

- 빠른 출력 설정 : 기본 속도 출력이 기본 설정으로 되어 있다.
- 서포트 생성하기 : 서포트 ⇨ 생성 위치 선택하기
- 재질 : PLA

④ 고급 모드

- 상단 메뉴 ⇨ [모드] 클릭 ⇨ [고급 모드] 클릭 ⇨ [SETTINGS] 클릭 ⇨ 고급 모드로 전환 된다.
- 기본 설정 : 레이어 높이, 채우기 밀도, 노즐 온도, 베드 온도 등을 설정

- 서포트 : 서포트의 위치와 서포트 구조 설정

● 베드 고정 : 베드 고정 타입 설정

(나) 분석

● 상단 메뉴 ⇨ [분석] 클릭 ⇨ [최적 출력 방향] 클릭 ⇨ [분석] 클릭 ⇨ 추천 1~6 중 [선택] 클릭

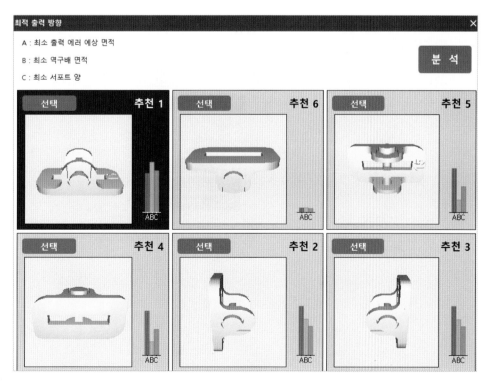

(다) 레이어 뷰어

- 미리보기, 출력 예상 시간, 재료 소모량, 재료소재, Layer 바를 이동하여 출력물의 내부 확인이 가능하다.

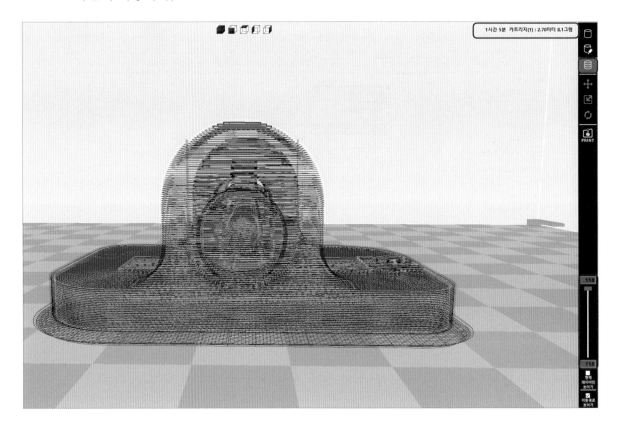

(라) 이동

- X, Y 방향으로 이동, 출력물을 '베드 가운데로 이동'하기

(마) 확대/축소

- 출력물 크기 확대와 축소

(바) 회전

- 출력물을 원하는 각도로 회전

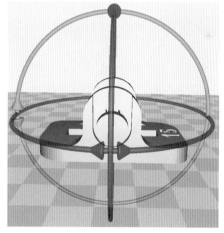

3D프린터 세팅

3DPRINTER

3D프린터 세팅은 시험1(3D모델링 작업)을 잘 수행한 후에 하게 되는 시험2(3D프린팅 작업)이다.
3D프린팅 작업에서는 감점 요소를 최소화하여 작업할 수 있도록 한다.

4-1 ▶ 3D프린터

(1) Makerbot Replicator+ 3D프린터 사용법

① Makerbot Replicator+

② Makerbot Replicator+ 하드웨어

❶ LCD 스크린(패널)
❷ 제작판(빌드 플레이트)
❸ 압출기 어셈블리
❹ 갠트리
❺ 필라멘트 가이드 튜브
❻ 필라멘트 드로어
❼ 슬라멘트 스핀들

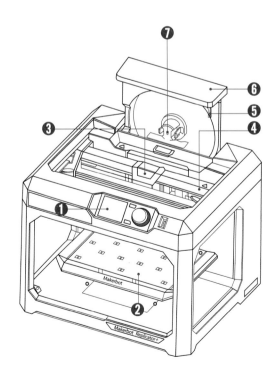

③ 제어판

- LCD 스크린(패널) : 장비 사용을 위한 화면을 제공
- 뒤로 가기 : 메뉴 뒤로 가기 버튼
- 추가 메뉴 버튼 : 추가 메뉴가 보일 때 사용하는 버튼
- 다이얼 : 회전하여 메뉴 이동을 하며, 메뉴 선택 시 다이얼을 누른다.

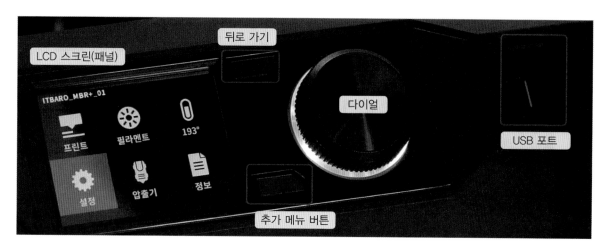

④ 베드 레벨링

- 준비물 : 4mm 육각 렌치

1. [설정] 선택

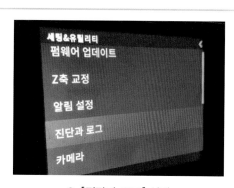

2. [진단과 로그] 선택

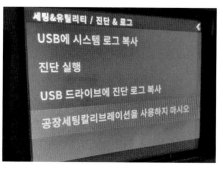

3. [공장세팅칼리브레이션] 선택

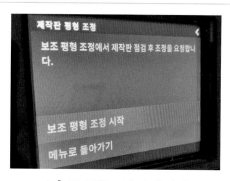

4. [보조 평형 조정 시작] 선택

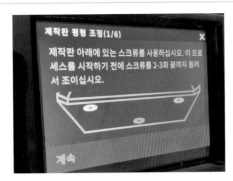

5. [계속] 선택

6. 중심 포인트 확인 중

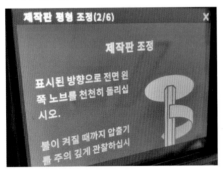

7. 왼쪽교정) 화면을 보며 육각 렌치를 이용하여
   노브를 돌린다.

8. [계속] 선택

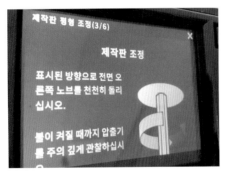

9. 오른쪽 교정) 화면을 보며 육각 렌치를 이용하여
   노브를 돌린다.

10. [계속] 선택

11. 자동으로 교정 마무리 진행

12. 자동으로 교정 마무리 진행 후 완료

⑤ 필라멘트 장착하기

(가) Load(소재 넣기)

1. [필라멘트] 선택

2. [로드] 선택

3. 압출기 가열 중

4. 필라멘트 로드 화면

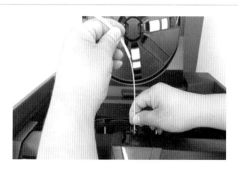

5. 필라멘트 넣기

6. 필라멘트 넣기

7. 필라멘트가 잘 나오는지 확인하기

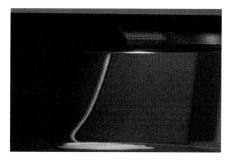

8. 필라멘트가 잘 나오는지 확인하기

(나) Unload(소재 빼기)

1. [필라멘트] 선택

2. [언로드] 선택

3. 압출기 가열 중

4. 필라멘트 언로드 화면

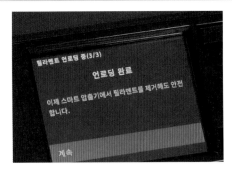
5. 필라멘트 언로드 완료

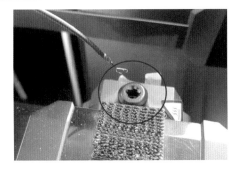
6. 필라멘트 빼기

⑥ **압출기(Extruder)**

- 필라멘트를 공급하여 출력하는 장치
- 3D프린터 출력이 잘 되기 위해서는 필라멘트 공급이 잘 되어야 하며 노즐이 막히지 않고 노즐 주변에 이물질이 묻지 않아야 한다.

⑦ **제작판(빌드 플레이트)**

- 제작판은 이물질이 없도록 하며, 홈에 잘 끼워져 있는지 확인한다.

- 제작판이 제작판 홈에 잘 끼워져 있지 않으면 출력 오류가 발생한다.(압출기와 제작판 부딪힘, 제작판 움직임)
- 출력이 다 되었다면 제작판을 빼낸 후 출력물을 회수한다.

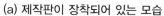

(a) 제작판이 장착되어 있는 모습

(b) 제작판을 빼낸 모습

(2) 신도리코 3D프린터 사용법

① DP200

② DP200 하드웨어

❶ 정면 도어 손잡이
❷ USB 메모리 삽입부
❸ LCD 컨트롤 패널
❹ 전원 버튼
❺ 윗면 도어 손잡이

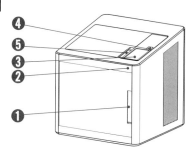
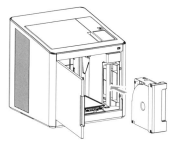

③ 압출기와 베드

④ 카트리지(필라멘트) 장착하기

(가) Load(소재 넣기)

1. [카트리지] 선택

2. [로드] 선택

3. 로드 시작 [확인] 선택

(나) Unload(소재 빼기)

1. [카트리지] 선택

2. [언로드] 선택

3. 언로드 시작 [확인] 선택(필라멘트가 모두 제거되면 [언락] 화면으로 자동으로 넘어간다.)

⑤ 언락

필라멘트를 기기에서 완전히 뺄 수 있는 기능

1. [언락]이 되면 10초 동안 도어를 열어 카트리지를 분리할 수 있다.

2. 10초가 지나면 카트리지가 자동으로 락킹 상태가 된다.
[언락]을 하고 싶으면 다시 [언락]을 누른다.

⑥ 베드 레벨링

베드의 높이를 맞추기 위한 기능

1. [설정] 선택

2. [베드 레벨링] 선택

3. 높이가 맞지 않으면 스크류를 돌려 조절한다.

4. 스크류를 돌린 후 [확인]을 누르면 재측정을 한다.

5. 베드 레벨링이 완료되면 이전 화면으로 복귀된다.

⑦ Z 오프셋

베드 레벨링 작업 후 Z 오프셋 하기

1. [설정] 선택

2. [Z 오프셋] 선택

3. 초기값은 0.25mm이며 [+], [−] 버튼을 이용하여 0.05mm씩 이동이 가능하다.

4. 저장을 하면 설정값이 저장된다.

4-2 ▶ 3D프린터 세팅 시험 대비하기

3D프린터 세팅 체크리스트

3D프린터 세팅 시간 : 20분

	목록	확인 내용
1	전원은 켜져 있나?	시험장 장비는 전원이 켜져 있지만 그래도 장비 이상유무를 위해 전원이 켜져 있는지 확인한다.
2	재료 장착은 잘 되어 있나?	필라멘트가 장착이 되어 있는지 확인한다. 장착이 안되어 있으면 수험자가 필라멘트 장착을 해야 한다.
3	필라멘트 Load가 잘 되는가?	필라멘트 Load가 되는지 확인을 한다. 노즐에서 재료가 잘 배출이 되는지 Load를 해 본다.
4	베드는 잘 장착되어 있는가?	베드가 잘 꽂아져 있거나, 올바른 위치에 있는지 확인한다.
5	빌드테이프(시트)를 붙여야 하는가?	빌드테이프를 붙여야 하는 장비인지 시험 전에 꼭 확인한다. Makerbot 3D프린터 시험장비는 반영구적 빌드테이프가 붙여져 있으므로 수험자가 따로 붙이지 않아도 된다.
6	베드와 3D프린터 주변은 깨끗한가?	이물질이 있으면 출력에 이상이 생기므로 베드와 주변에 이물질이 없도록 한다.
7	노즐에 이물질이 묻어 있는가?	노즐에 이물질이 묻어 있으면 필라멘트가 배출이 되다가 노즐 주변에 붙어 출력 시 필라멘트 뭉침 현상이 생길 수 있다.
8	베드 레벨링이 필요한가?	베드 레벨링이 필요한 장비는 체크를 해야 하며 Makerbot 3D프린터 시험장비는 필요한 경우에만 베드 레벨링을 하므로 특별한 경우가 아니라면 레벨링을 하지 않아도 무관하다.

PART 5

3D프린팅

3DPRINTER

시험장에서 3D프린팅을 할 때에는 출력물이 잘 적층이 되는지 살피고, 필라멘트 공급이 잘 되는지 확인해야한다.

5-1 ▶ 3D프린팅

(1) Makerbot Replicator+으로 출력하기

1. [프린트] 선택

2. [USB 저장소] 선택

3. 출력파일 선택

4. [프린트] 선택

5. 프린트 준비 중(1~3단계), 장비가 작동 중일 때는 다이얼이 적색으로 된다.

6. 프린팅

❶ 현재까지 완료된 프린팅 진행률
❷ 프린팅 경과 시간과 예상되는 남은 시간
❸ 활성화 된 프린트 화면의 위치. 다이얼을 돌리면 다른 화면으로 이동한다.
❹ 프린팅 중 사용할 수 있는 메뉴

Tip 다이얼을 돌리면 나타나는 화면

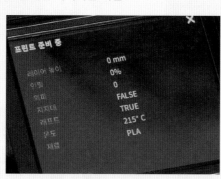

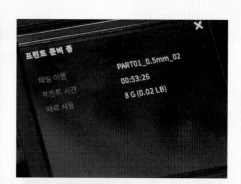

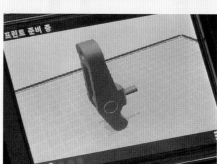

7. 프린팅 완료

8. 장비가 멈추면 다이얼이 흰색으로 된다.

(2) 신도리코 DP200으로 출력하기

1. [출력] 선택

2. 출력 파일 선택

3. 미리보기 확인하기

4. 시작 버튼 누르기

5. 출력 완료

5-2 ▶ 3D프린팅 시험 대비하기

3D프린팅 체크리스트

3D프린팅 시간 : 1시간 30분

	목록	확인 내용
1	바닥 지지대 출력은 잘 되고 있는가?	바닥 지지대가 잘 적층이 되어야 제품 출력이 안정적으로 된다.
2	필라멘트 공급이 원활한가?	필라멘트는 스툴에 감겨 있기 때문에 공급이 원활하지 않을 시 대처방법을 사전에 연습해 본다.
3	서포트는 잘 생성되는가?	서포트 생성 유무를 잘 기억하고 출력 시 서포트가 잘 생성되는지 확인한다.
4	출력 중 3D프린터 이상은 없는가?	출력 중 3D프린터에서 이상한 소리가 들리거나 출력 중 오류로 인하여 멈춤 증상이 있으면 무엇이 문제인지 신속히 대처한다.
5	출력물의 스킵 현상은 없는가?	원래 출력되어야 하는 위치가 아닌 다른 위치에서 출력이 되어 출력물 이상이 생길 수 있으므로 출력 중 잘 살펴보아야 한다.
6	출력 중 제품이 바닥에 잘 고정이 되어 출력되고 있는가?	출력 중 노즐이 출력물과 부딪힘 현상이 있거나 바닥 지지대 또는 출력물이 바닥에 잘 붙어 있지 않다면 제품이 흔들릴 수도 있다.

5-3 ▶ 공개도면 출력물

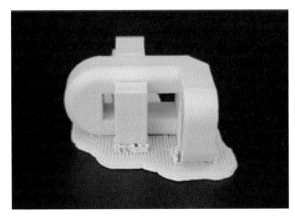

[공개도면 ① 출력물]

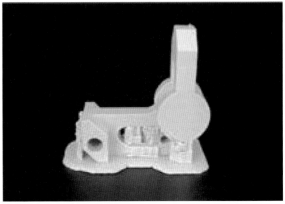

[공개도면 ② 출력물]

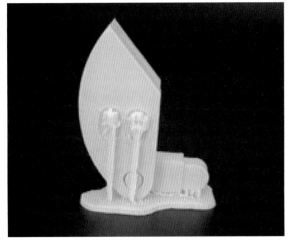

[공개도면 ③ 출력물]

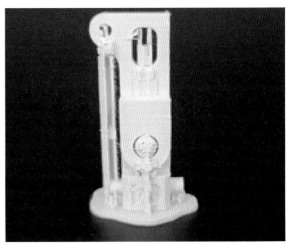

[공개도면 ④ 출력물]

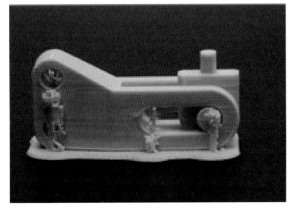

[공개도면 ⑤ 출력물]

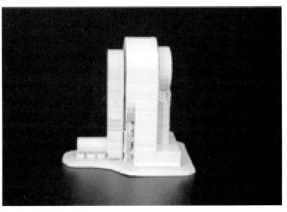

[공개도면 ⑥ 출력물]

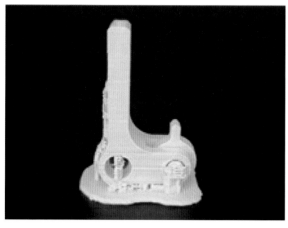

[공개도면 ⑦ 출력물]

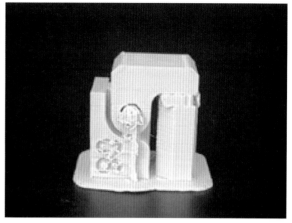

[공개도면 ⑧ 출력물]

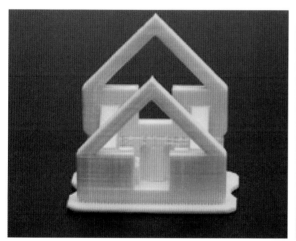

[공개도면 ⑨ 출력물]

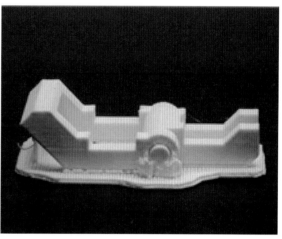

[공개도면 ⑩ 출력물]

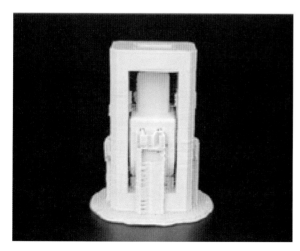

[공개도면 ⑪ 출력물]

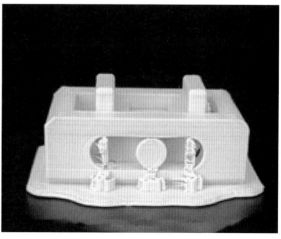

[공개도면 ⑫ 출력물]

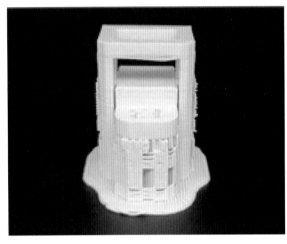

[공개도면 ⑬ 출력물]

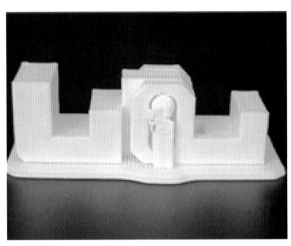

[공개도면 ⑭ 출력물]

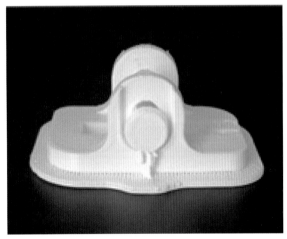

[공개도면 ⑮ 출력물]

[공개도면 ⑯ 출력물]

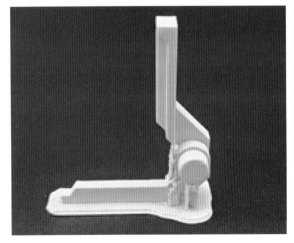

[공개도면 ⑰ 출력물]

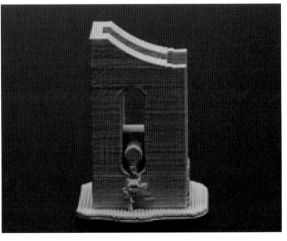

[공개도면 ⑱ 출력물]

5-4 ▶ 공개도면 다양한 방향 설정 출력물

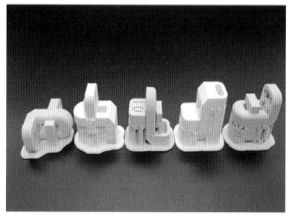

[공개도면 ① 출력물]

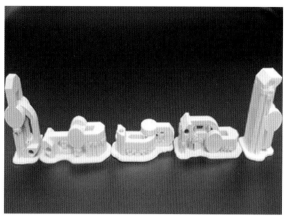

[공개도면 ② 출력물]

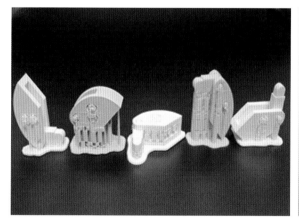

[공개도면 ③ 출력물]

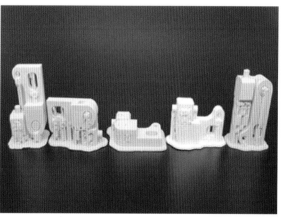

[공개도면 ④ 출력물]

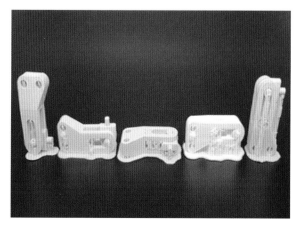

[공개도면 ⑤ 출력물]

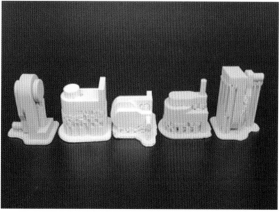

[공개도면 ⑥ 출력물]

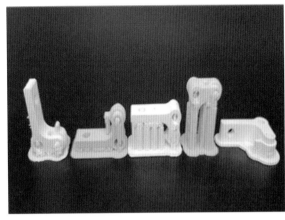

[공개도면 ⑦ 출력물]

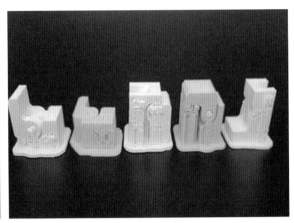

[공개도면 ⑧ 출력물]

[공개도면 ⑨ 출력물]

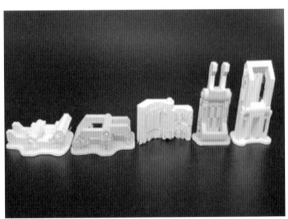

[공개도면 ⑩ 출력물]

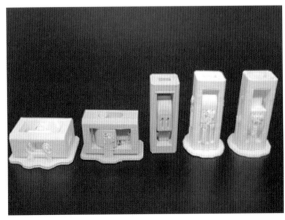

[공개도면 ⑪ 출력물]

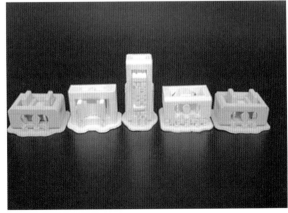

[공개도면 ⑫ 출력물]

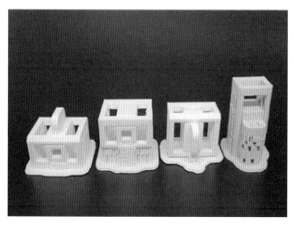

[공개도면 ⑬ 출력물]

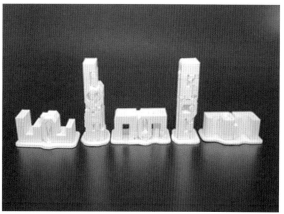

[공개도면 ⑭ 출력물]

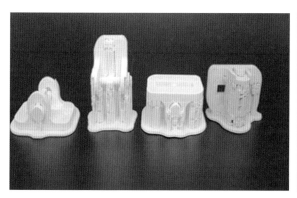

[공개도면 ⑮ 출력물]

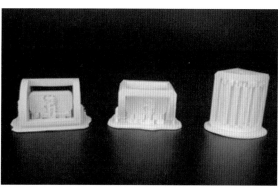

[공개도면 ⑯ 출력물]

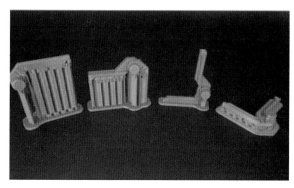

[공개도면 ⑰ 출력물]

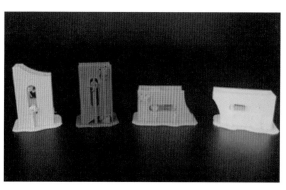

[공개도면 ⑱ 출력물]

3D PRINTER

3D프린터운용기능사 실기시험에서 후처리 부분은 출력물 회수, 후처리(서포트 및 거스러미 제거), 3D프린터 장비와 주변 정리를 모두 포함한다. 후처리 시간은 10분이 주어진다.

6-1 ▶ 출력물 회수하기

(1) Makerbot Replicator+ 출력물 회수하기

1. 안전장갑, 방진마스크 착용하기

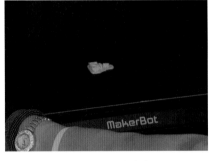

2. 제작판 꺼내기

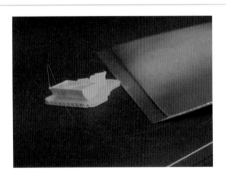

3. 헤라를 이용하여 출력물 회수하기

4. 노즐, 제작판 이물질 제거하기

5. 제작판 끼워 넣기

6. 3D프린터 시험 전 상태로 정리하기(주변 정리)

(2) 신도리코 DP200 출력물 회수하기

1. 안전장갑, 방진마스크 착용하기

2. 베드 탈부착 손잡이의 PUSH 버튼을 누르면서 당기면 베드가 분리되어 꺼낼 수 있다.

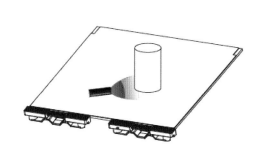

3. 헤라를 이용하여 출력물 회수하기

4. 노즐, 제작판 이물질 제거하기

5. 딸깍 소리가 날 때까지 제작판을 밀어 넣기

6. 3D프린터 시험 전 상태로 정리하기(주변 정리)

6-2 ▶ 후처리하기

(1) 후처리를 위한 공구

2020년 수험자 지참 준비물

Tip 2020년 기준이므로 2021년 실기 일정이 나올 시 큐넷에서 꼭 확인하세요.

번호	재료명	규격	단위	수량	비고
1	PC(노트북)	시험에 요구되는 기능을 갖춘 것	대	1	필요 시 지참
2	니퍼	범용	EA	1	서포트 제거용
3	롱노우즈플라이어	범용	EA	1	서포트 제거용
4	방진마스크	산업안전용	EA	1	
5	보호장갑	서포트 제거용	개	1	
6	칼 혹은 가위	소형	EA	1	서포트 제거용
7	테이프/시트	베드 안착용	개	1	탈부착이 용이한 것 필요 시 지참
8	헤라	플라스틱 등	개	1	출력물 회수용

(2) 수험자 지참 준비물 팁

① 니퍼와 롱노우즈는 서포트 제거 및 출력물 구동에 영향을 주는 중요한 준비물이다.
② 시험을 보기 전에 공개도면 출력물을 출력하고 시험날 가져갈 니퍼와 롱노우즈로 후처리 연습을 하면서 시간 체크를 해봐야 한다.
③ 연습할 때도 안전장갑을 착용하고 미리 준비한 니퍼와 롱노우즈가 공개도면 출력물의 후처리에 사용하기 편하고 구동 부위 서포트 제거 시 도움이 되는지 확인해보길 권장한다.
④ 니퍼는 출력물의 서포트나 거스러미 제거, 출력물 사이 빈틈의 서포트 등을 제거할 때 사용한다. 날이 작고 뾰족한 니퍼는 출력물 사이사이의 서포트를 절단하는 데 도움이 된다.

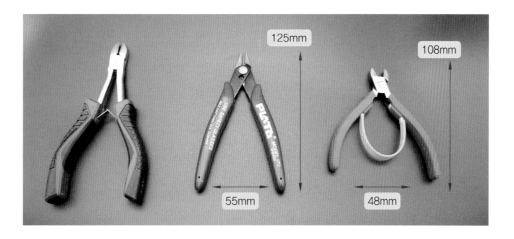

⑤ 날이 가늘고 길게 되어 있는 롱노우즈는 공개도면 출력물 안쪽의 서포트를 제거할 때 도움이 된다.

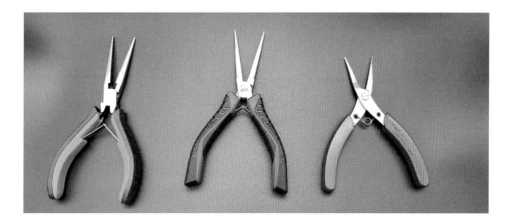

⑥ 헤라(스크래퍼) : 플라스틱 재질과 스테인리스 재질 등이 있다.

　㈎ 플라스틱 헤라보다 스테인리스 재질의 헤라가 출력물을 회수하는 데 더 쉽다.

　㈏ 플라스틱 헤라는 제작판에 상처를 덜 내고 스테인리스 재질의 헤라보다 안전하다.

6-3 ▶ 후처리하기 시험 대비

후처리 체크리스트

후처리 시간 : 10분

	목록	확인 내용
1	후처리 준비물은 잘 준비했나?	해당 연도 수험자 지참물을 꼭 확인하여 준비한다. (니퍼, 롱노우즈플라이어, 방진마스크, 보호장갑, 칼 혹은 가위, 테이프/시트, 헤라 등)
2	안전장갑, 방진마스크는 착용했는가?	감점요소이므로 안전장갑과 방진마스크를 잘 챙겨서 착용한다.
3	출력물을 제작판에서 회수할 수 있나?	Makerbot Replicator+는 제작판을 꺼내서 출력물을 회수한다.
4	서포트 및 거스러미를 잘 제거했는가?	다치지 않게 후처리를 한다. 시간이 남는다면 서포트와 거스러미를 최대한 제품에 손상이 가지 않도록 하면서 깔끔하게 제거한다.
5	출력물 구동이 잘 되는가?	구동이 제일 중요한 요소이므로 구동이 되는 것을 중점으로 후처리를 한다. 파손, 제품 손상을 주의해야 한다.
6	3D프린터 노즐과 제작판에 이물질이 있는가?	노즐에 이물질이 묻어 있으면 롱노우즈플라이어를 이용하여 이물질을 안전하게 제거한다. 제작판 홈 구멍에도 이물질이 쌓이므로 꼭 확인한다.
7	주변 정리를 잘 하였는가?	서포트 및 거스러미 등을 잘 정리하여 휴지통에 버리거나 개인 공구 지참 시 공구통에 잘 담아 놓고 주변이 깨끗하도록 정리한다.
8	3D프린터를 시험 전의 상태로 잘 정리하였는가?	3D프린터 패널이 메뉴 화면으로 오도록 하고 제작판이 잘 꽂아졌는지 확인한다. 필라멘트도 처음 상태(압출기에 꽂아 있거나, 압출기에 꽂아 있지 않은 상태)로 해 놓는다.

6-4 ▶ 공개도면 출력물 후처리하기

(1) 공개도면 ① 후처리하기

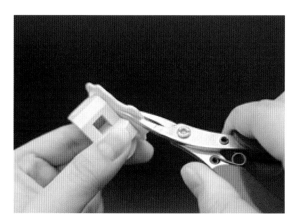

❶ 바닥 지지대 제거하기

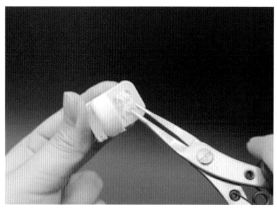

❷ 주변의 서포트 제거하기

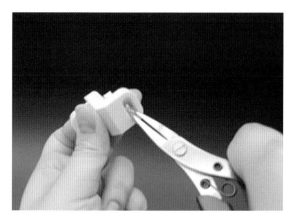

❸ 구멍에 있는 서포트 제거하기

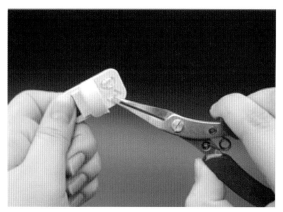

❹ 비번호 거스러미 제거하기

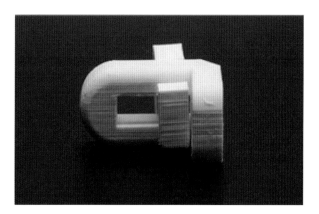

❺ 래프트, 서포트 제거가 용이하다. 출력물의 적층 결이 구
동 방향과 동일하여 구동이 잘 된다.

(2) 공개도면 ② 후처리하기

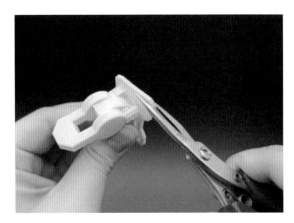

❶ 바닥 지지대 제거하기

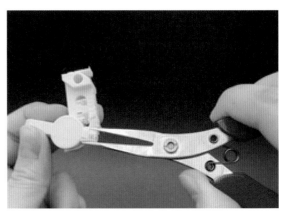

❷ 주변의 서포트 제거하기

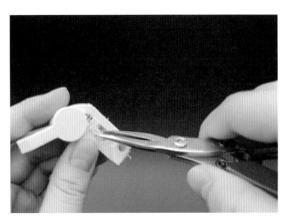

❸ 구멍에 있는 서포트 제거하기

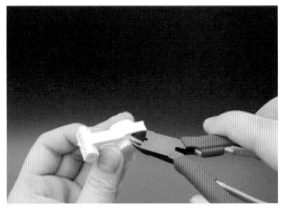

❹ 원 모양의 출력물 거스러미를 꼼꼼히 제거하기

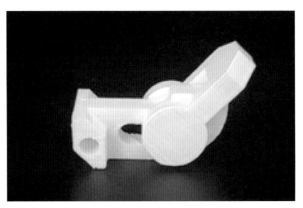

❺ 래프트, 서포트 제거가 용이하다. 출력물의 적층 결이 구
동 방향과 동일하여 구동이 잘 된다.

(3) 공개도면 ③ 후처리하기

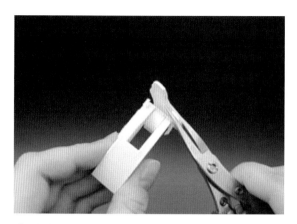

❶ 바닥 지지대 제거하기

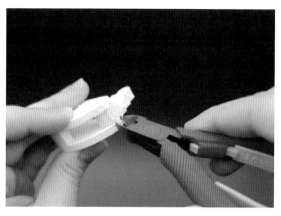

❷ 주변의 서포트 제거하기

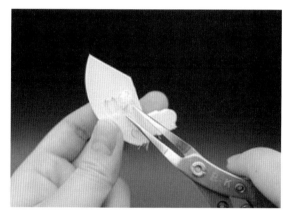

❸ 구멍에 있는 서포트 제거하기

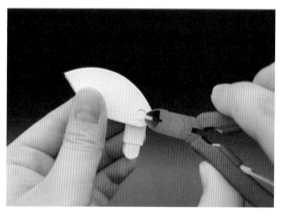

❹ 안쪽의 서포트 절단하기(칼, 얇은 니퍼를 사용하여 절단하면서 구동이 되도록 살살 움직이며 서포트를 제거한다.)

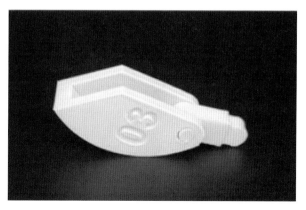

❺ 래프트, 서포트 제거가 용이하다. 출력물이 부러지지 않도록 구동 부위를 움직여 준다.

(4) 공개도면 ④ 후처리하기

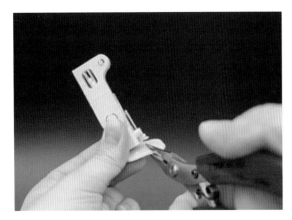

❶ 바닥 지지대 제거하기

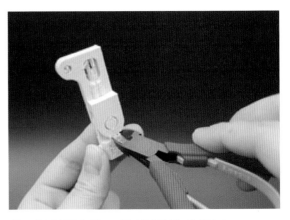

❷ 구동 부위의 서포트를 절단하여 제거하기 (니퍼, 칼 등을 이용한다.)

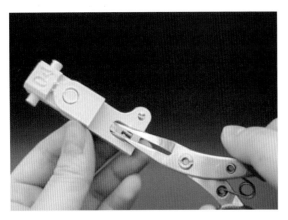

❸ 구멍에 있는 서포트 제거하기

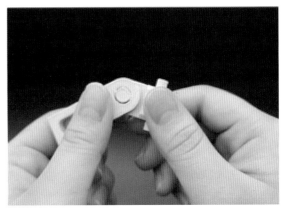

❹ 출력물이 부러지지 않도록 구동 부위를 움직여 주기 (구동을 하면 서포트 생성 부위들이 잘 보이므로 거스러미를 다시 제거한다.)

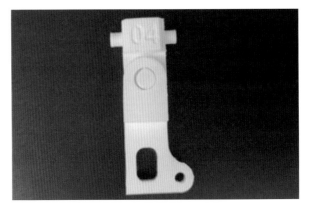

❺ 구동 부위 안쪽의 서포트 절단을 잘 해야 구동이 되므로 꼼꼼히 제거하고 제거 중 구동이 되도록 살살 움직이며 제거한다.

(5) 공개도면 ⑤ 후처리하기

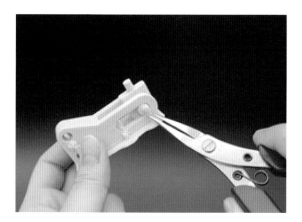

❶ 바닥 지지대를 떼기 위한 서포트 제거하기

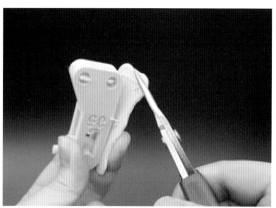

❷ 바닥 지지대 제거하기

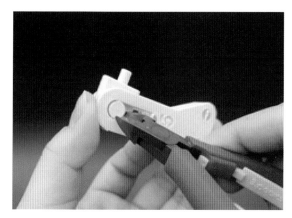

❸ 니퍼나 칼을 이용하여 원 안의 서포트가 출력물과 떼어지도록 하기

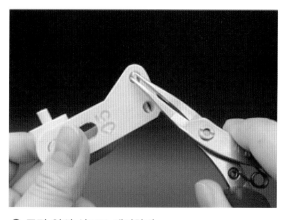

❹ 구멍 안의 서포트 제거하기

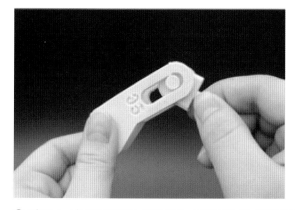

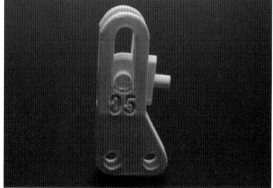

❺ 래프트, 서포트 제거가 용이하다. 출력물의 원 모양 주변의 거스러미를 잘 제거하고 원 안의 서포트가 떨어지고 출력물이 부러지지 않도록 구동 부위를 움직여 준다.

(6) 공개도면 ⑥ 후처리하기

❶ 바닥 지지대 제거하기

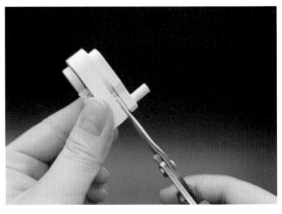

❷ 주변의 서포트 제거하기

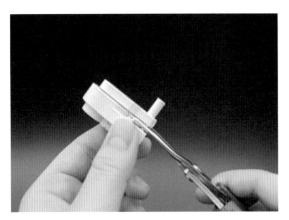

❸ 출력물 사이의 서포트 제거하기

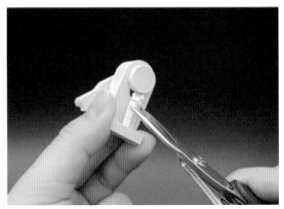

❹ 원 아래쪽의 서포트 제거하기(원 모양의 출력물 거스러미를 꼼꼼히 제거한다.)

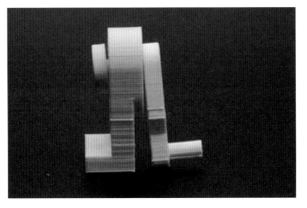

❺ 래프트, 서포트 제거가 용이하다. 출력물이 부러지지 않도록 구동 부위를 움직여 준다.

(7) 공개도면 ⑦ 후처리하기

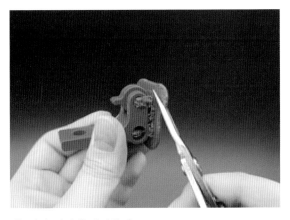

❶ 바닥 지지대 제거하기

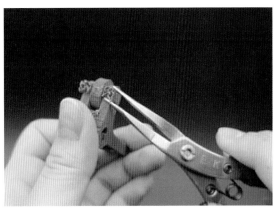

❷ 주변의 서포트 제거하기

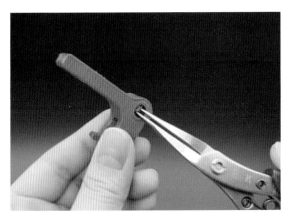

❸ 구멍 안쪽의 서포트 제거하기

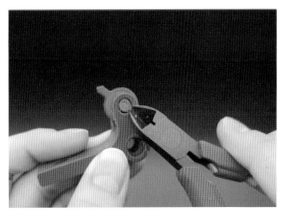

❹ 니퍼나 칼을 사용하여 구동 부위 안쪽 서포트 절단하기

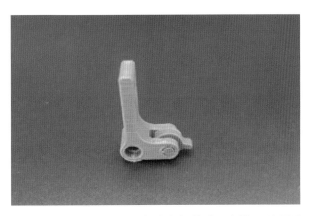

❺ 래프트, 서포트 제거가 용이하다. 출력물의 원 모양 주변의 거스러미를 잘 제거한다. 출력물이 부러지지 않도록 구동 부위를 움직여 준다.

(8) 공개도면 ⑧ 후처리하기

❶ 바닥 지지대 제거하기

❷ 주변의 서포트 제거하기

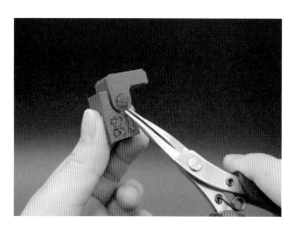

❸ 안쪽의 서포트 제거하기

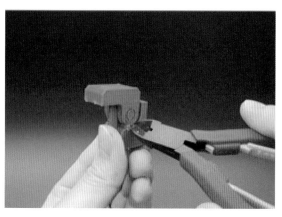

❹ 구동 부위 안쪽 서포트 절단하기(칼, 날이 얇은 니퍼를 사용한다.)

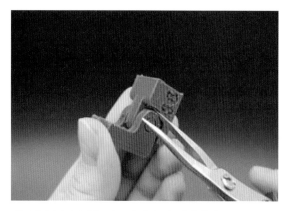

❺ 구동 부의 안쪽 거스러미를 잘 제거하기

❻ 출력물이 파손되지 않도록 주의하며 구동이 되도록 움직여 보기

⑼ 공개도면 ⑨ 후처리하기

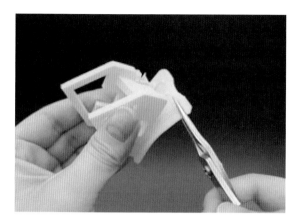

❶ 바닥 지지대 제거하기

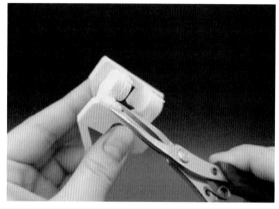

❷ 주변의 서포트 제거하기(출력물이 막대모양이므로 파손에 주의한다.)

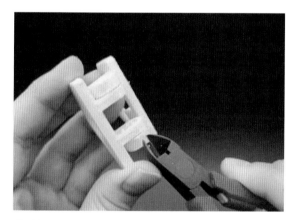

❸ 원 주변의 서포트 제거하기

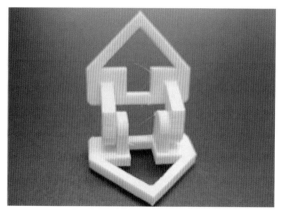

❹ 바닥 지지대와 서포트 제거가 용이하다. 출력물이 파손되지 않도록 주의하며 구동이 되도록 움직여 본다.

(10) 공개도면 ⑩ 후처리하기

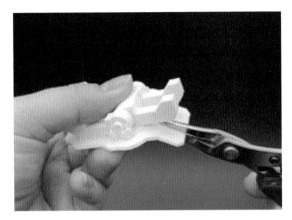

❶ 바닥 지지대 제거하기

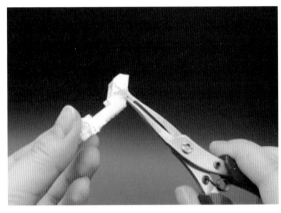

❷ 주변의 서포트 제거하기(출력물이 막대모양이므로 파손에 주의한다.)

❸ 바닥의 서포트와 거스러미 제거하기

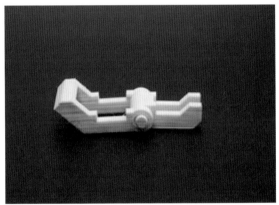

❹ 출력물이 파손되지 않도록 주의하며 구동이 되도록 움직여 보기

(11) 공개도면 ⑪ 후처리하기

❶ 서포트와 바닥 지지대 제거하기

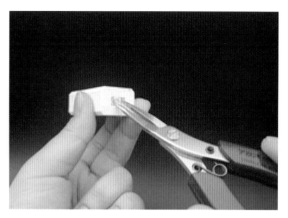

❷ 안쪽의 서포트 제거하기

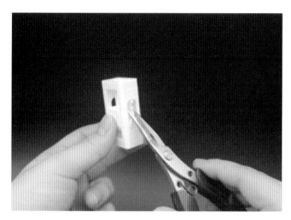

❸ 구동 부위 주변의 서포트 제거하기

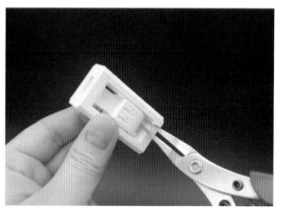

❹ 안쪽의 서포트 제거하기(둥근 부분은 니퍼를 사용하여 거스러미를 제거한다.)

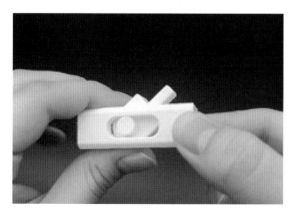

❺ 출력물이 파손되지 않도록 구동을 한다.

❻ 출력물의 적층 결이 구동 방향과 동일하여 구동이 매끄럽게 잘 된다.

(12) 공개도면 ⑫ 후처리하기

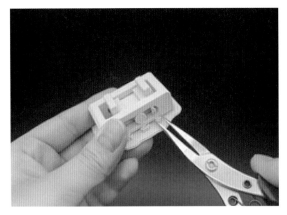

❶ 바닥 지지대 제거를 위해 서포트 제거하기

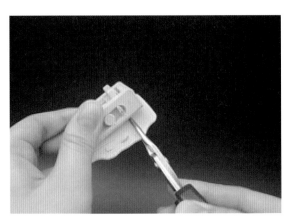

❷ 바닥 지지대 제거하기

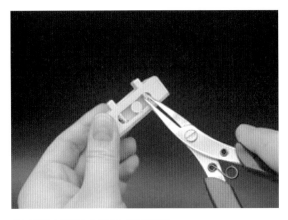

❸ 구동 부위의 서포트 제거하기

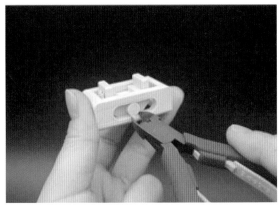

❹ 니퍼나 칼을 사용하여 구동 부위 안쪽 서포트 절단하기

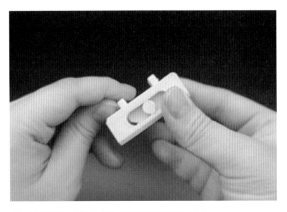

❺ 출력물이 부러지지 않도록 구동을 한다.

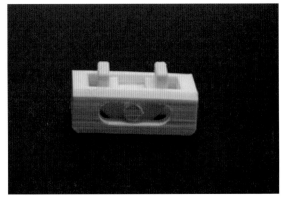

❻ 출력물의 적층 결이 구동 방향과 동일하여 구동이 매끄럽게 잘 된다.

(13) 공개도면 ⑬ 후처리하기

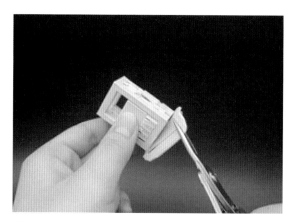

❶ 바닥 지지대 제거하기

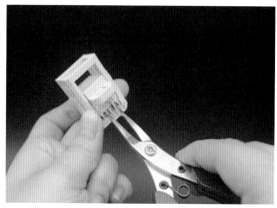

❷ 주변의 서포트 제거하기

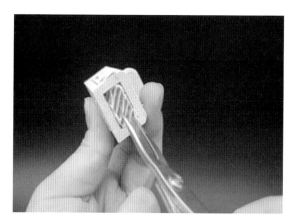

❸ 안쪽의 서포트 제거하기

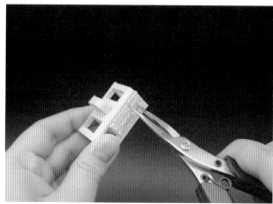

❹ 옆쪽의 서포트 제거하기

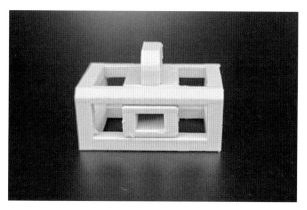

❺ 세워서 출력을 하여 서포트가 많이 생기지만, 서포트 제 거만 하면 쉽고 매끄럽게 구동이 된다.

(14) 공개도면 ⑭ 후처리하기

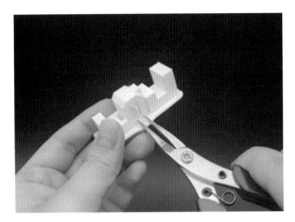

❶ 주변의 서포트 제거하기

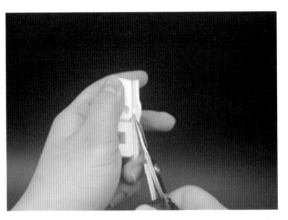

❷ 출력물을 감싸듯이 잡으며 바닥 지지대를 제거하기

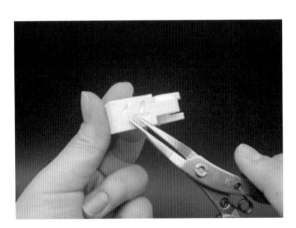

❸ 바닥의 서포트와 거스러미 제거하기

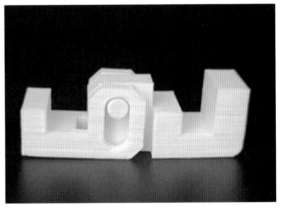

❹ 출력물이 파손되지 않도록 주의하며 구동이 되도록 움직여 보기

(15) 공개도면 ⑮ 후처리하기

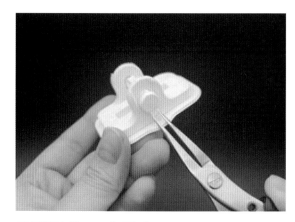

❶ 주변의 서포트 제거하기

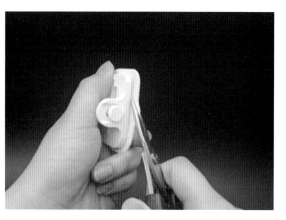

❷ 출력물을 감싸듯이 잡으며 바닥 지지대를 제거하기

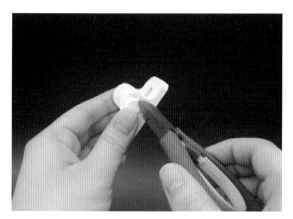

❸ 둥근 출력물의 거스러미를 꼼꼼히 제거하기

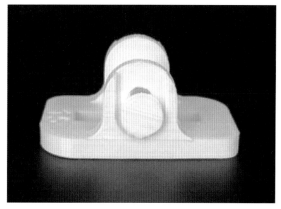

❹ 출력물이 파손되지 않도록 주의하며 구동이 되도록 움직여 보기

(16) 공개도면 ⑯ 후처리하기

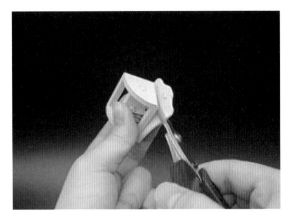

❶ 바닥 지지대 제거하기(출력물 기둥이 부러질 수 있으므로 출력물을 감싸듯이 잡으면서 제거한다.)

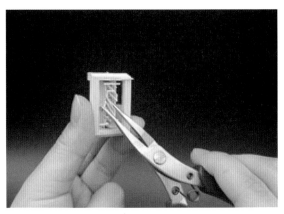

❷ 주변의 서포트 제거하기

❸ 바닥의 서포트와 거스러미 제거하기

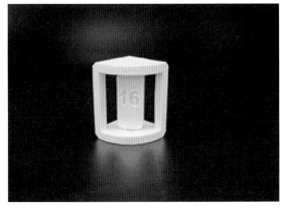

❹ 출력물이 파손되지 않도록 주의하며 구동이 되도록 움직여 보기

(17) 공개도면 ⑰ 후처리하기

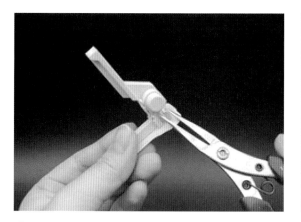

❶ 주변의 서포트 제거하기

❷ 바닥 지지대 제거하기

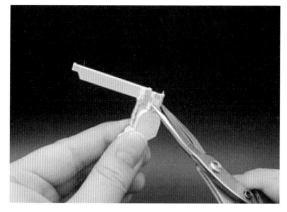

❸ 둥근 모양의 출력물 서포트와 거스러미를 꼼꼼히 제 거하기

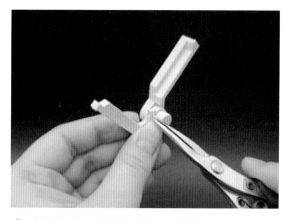

❹ 나머지 서포트와 거스러미도 제거하기

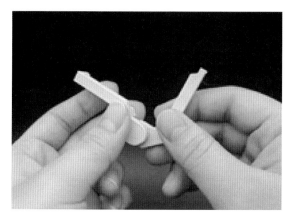

❺ 출력물이 파손되지 않도록 주의하며 구동이 되도록 움직여 보기

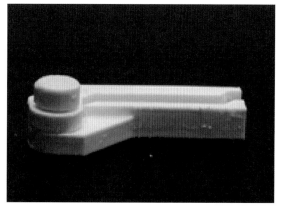

❻ 출력물이 막대모양이므로 쉽게 부러질 수 있다. 후 처리 시 파손에 주의해야 한다.

(18) 공개도면 ⑱ 후처리하기

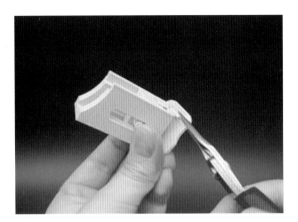

❶ 바닥 지지대 제거하기

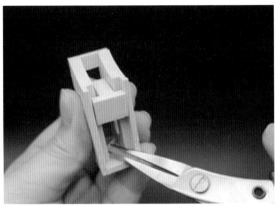

❷ 부품 안쪽의 서포트 제거하기

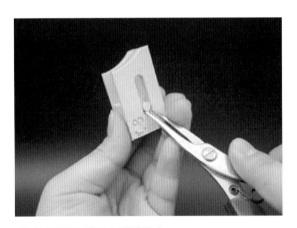

❸ 원 주변의 서포트 제거하기

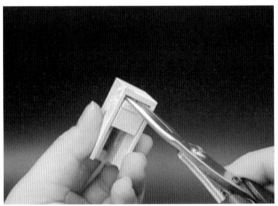

❹ 출력물 안쪽의 서포트 제거하기

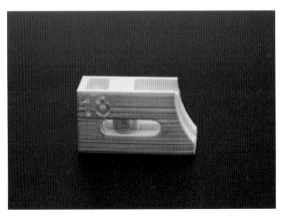

❺ 모델링 시 원 주변과 출력물 안쪽의 서포트 제거가
쉽도록 어셈블리하는 것이 후처리에 도움이 된다.

3D 프린터운용 기능사 실기

2021년 5월 10일 인쇄
2021년 5월 15일 발행

저자 : 장미선 · 정상준
펴낸이 : 이정일

펴낸곳 : 도서출판 일진사
www.iljinsa.com

(우)04317 서울시 용산구 효창원로 64길 6
대표전화 : 704-1616, 팩스 : 715-3536
등록번호 : 제1979-000009호(1979.4.2)

값 28,000원

ISBN : 978-89-429-1672-6